Network Security
Principles and Practices

網路安全
原理與實務

呂沐錡　著

國家圖書館出版品預行編目資料

網路安全：原理與實務 Network Security : Principles and Practices / 呂沐錡著. -- 1 版. -- 臺北市：臺灣東華, 2014.11

320 面；19x26 公分

ISBN 978-957-483-802-8（平裝）

1. 資訊安全　2. 電腦網路

312.76　　　　　　　　　　　　103023749

網路安全：原理與實務
Network Security : Principles and Practices

著　　者	呂沐錡
發 行 人	陳錦煌
出 版 者	臺灣東華書局股份有限公司
地　　址	臺北市重慶南路一段一四七號三樓
電　　話	(02) 2311-4027
傳　　真	(02) 2311-6615
劃撥帳號	00064813
網　　址	www.tunghua.com.tw
讀者服務	service@tunghua.com.tw
門　　市	臺北市重慶南路一段一四七號一樓
電　　話	(02) 2371-9320
出版日期	2015 年 1 月 1 版 2019 年 3 月 1 版 2 刷

ISBN　　978-957-483-802-8

版權所有　‧　翻印必究

作者簡介

呂沐錡 (Muh-Chyi Leu)

清華大學資訊工程學博士。主要研究興趣為網路安全、密碼學、數位視訊系統。曾任職於工業技術研究院，從事資通領域計 20 餘年研發經驗，曾擔任數位視訊系統與寬頻網路等相關之多項經濟部科技專案計畫主管，已累計申請 8 件發明專利，已發表 7 篇以上國內外學術期刊／研討會論文。作者也曾受聘於中華民國電機電子環境發展協會 (CED) 擔任「台灣數位電視實驗電視台試播計畫」顧問。作者近年也於國內之大學及科技大學擔任兼任助理教授。

序

在一個網際網路高度普及化的今日,全球各種業務或服務全面電子化,電子商務也蓬勃發展,電腦與網路已帶給我們非常多生活的便利,電腦與網路也已成為我們生活不可或缺的一部分;然而,在我們享受這些便利的同時,各種駭客攻擊、病毒感染、機密資訊外洩等事件無時無可刻都在發生,往往造成巨大的傷害與損失;使得資訊與網路安全顯得格外的重要。本書基於這些重要需求,討論網路安全原理與實務,希望藉此幫助產業在網路安全技術的提升,也希望藉此幫助產業對資訊與網路安全的重視與落實。

本書目標

本書將網路安全原理與實務作深入淺出的討論,除了將討論網路安全的基礎知識之外,也將討論網路安全的原理與實務,希望提供適合作為網路安全領域之上課學習或自修之書籍。本書除了將討論基礎數學與重要的密碼學之外,也將討論網際網路安全、無線區域網路安全、無線行動網路安全及雲端計算等網路安全的技術與應用,希望讀者能瞭解網路安全的基礎知識,也能了解網路安全應用。

本書內容安排

第一部分將討論「網路安全基礎篇」。此部分將先介紹網路安全概論,然後討論基礎數學與重要的密碼學,希望藉此讓讀者瞭解網路安全的基礎。

第二部分將討論「網際網路應用篇」。由於網際網路已全面普及化,此部分將針對網際網路相關的網路安全技術與實務作討論;此部份討論內容分別包含 IP 安全機制、公開金鑰基礎架構、網路攻擊與防治策略、網際網路安全機制及惡意程式與防禦措施等議題,藉此強化我們對網路與資訊系統的防護。

第三部分將討論「無線網路安全篇」。鑑於無線通訊已成為我們生活的必需品，這部份將討論無線區域網路 (WLAN) 安全及無線行動網路（如，GSM、GPRS、3G UMTS 及 4G LTE 等）安全等內容。

　　第四部分將討論「雲端安全篇」。鑑於雲端計算與服務越來越被重視，這部份將討論雲端計算安全，藉此加強我們對雲端計算安全之重視。

本書的適合對象

　　本書除了適合用於一般大學、科技大學、獨立學院、技術學院、大專等之資訊工程、資訊科學、資訊管理及電機工程等科系之學生的上課教材之外，也適合成為一般資訊或網通等相關領域之工程師或主管作為其研習或自修之書籍。

呂沐錡　謹致 2014

推薦序

　　近年來網際網路蓬勃發展，網路安全越來越顯得重要，然而能夠真正兼顧理論與實務，而且內容深入淺出的專書卻不多見，網路安全--原理與實務這一本書，是我覺得最值得推薦的一本好書。

　　呂沐錤博士曾任職於工業技術研究院，從事資通領域方面之研發二十餘年，曾負責多項經濟部科專計畫之計畫主管，是一位實務經驗豐富的專書作者，對此書內容的探討清楚而具體，在這個領域的專書中算是獨樹一幟。

　　隨著網際網路的普及化，網路安全問題與日俱增，基於網路安全需求，本書除了介紹網路安全基礎與網際網路相關之安全議題之外，也詳細介紹了無線區域網路安全及無線行動通訊網路安全。本書介紹的無線區域網路安全及無線行動通訊網路安全是此書中非常重要的特色之一，這也是目前市面上之網路安全專書中所缺乏的部份。除此之外，本書也對時下重要的議題－－雲端計算安全也做了充分的介紹，對產業之發展將發揮催化作用。

　　此書內容描述清楚易懂，切合產業發展需要，個人特別推薦這本書給大家，也希望我們共同為網路安全貢獻一些心力。

清華大學資訊工程系教授

孫宏民

May, 2014

目錄

第 1 章　網路安全概論　1
　　1.1　網路安全概述　3
　　1.2　古典加密技術　7
　　1.3　現代密碼系統概述　10
　　1.4　結語　12

第 2 章　基本數論　15
　　2.1　同餘運算　16
　　2.2　有限體　17
　　2.3　基本數論　19
　　2.4　結語　25

第 3 章　對稱式加密系統　27
　　3.1　資料加密標準系統　28
　　3.2　三重 DES 加密　37
　　3.3　區塊加密模式　39
　　3.4　RC4 串流加密器　43
　　3.5　RC5 加密系統　47
　　3.6　結語　51

第 4 章　進階加密標準系統　53
　　4.1　AES 沿革與評選標準　54
　　4.2　AES 加密演算法　55
　　4.3　AES 安全性評估　66
　　4.4　結語　67

第 5 章　公開金鑰密碼系統　69

5.1　公開金鑰密碼系統　70

5.2　數位簽章系統　75

5.3　橢圓曲線密碼學　78

5.4　結語　83

第 6 章　雜湊函數　85

6.1　MD5　86

6.2　SHA-1　90

6.3　HMAC　94

6.4　訊息認證　96

6.5　結語　98

第 7 章　IP 安全機制　101

7.1　網際網路概述　102

7.2　IPSec 運作方式　104

7.3　結語　114

第 8 章　公開金鑰基礎架構　117

8.1　數位憑證　118

8.2　PKI 的運作方式　120

8.3　PKI 應用　125

8.4　結語　128

第 9 章　網路攻擊與防制策略　131

9.1　網路資訊安全防制的意義　132

9.2　網路駭客攻擊方式　132

9.3　網路安全防護策略　139

9.4　結語　155

第 10 章　網際網路安全機制　157

10.1　電子郵件安全機制 PGP　158

10.2　網際網路安全 SSL/TLS　161

10.3　安全電子交易 SET 機制　165

10.4　電子商務安全　172

10.5　結語　181

第 11 章　惡意程式與防禦措施　183

11.1　惡意程式　184

11.2　惡意程式防禦措施　189

11.3　結語　191

第 12 章　無線區域網路安全　193

12.1　無線區域網路發展狀況　194

12.2　無線區域網路安全　195

12.3　WEP 安全機制　195

12.4　802.1x EAP 身份認證機制　198

12.5　WPA/WPA2 安全機制　200

12.6　結語　206

第 13 章　無線行動通訊網路安全　**209**

13.1　無線行動通訊網路安全　210

13.2　GSM 和 GPRS 無線網路安全　211

13.3　3G UMTS 之無線網路安全　220

13.4　4G LTE 之無線網路安全　237

13.5　結語　245

第 14 章　雲端計算安全　**247**

14.1　雲端計算　248

14.2　雲端計算安全　251

14.3　結語　259

附　　錄　系統安全實務　**261**

A.1　SNORT 安裝實務　262

A.2　Wireshark 安裝與實務　270

A.3　OWNS 安裝實務　287

A.4　nmap 安裝與實務　291

Chapter 1

網路安全概論

本章大綱

1.1 網路安全概述

1.2 古典加密技術

1.3 現代密碼系統概述

1.4 結語

隨著網際網路的蓬勃發展，已帶給人們快速而巨大的影響，也改變了人類生活模式。然而由於網路普及與資訊的便利，網路安全即成為重要議題。網路安全技術提供網路的安全防護措施，預防未授權的使用者對網路資訊之竊取、誤用、竄改或攻擊之情事發生。因此，我們在網路中若要獲得安全通訊，必須保護資料而不外洩之外，也要確保資料正確可靠。近年來，電子商務蓬勃發展，企業或政府之各項業務與服務電子化，然而，機密資料外洩與各種攻擊事件頻頻發生，造成資訊與網路安全嚴重的威脅與隱憂。基於資訊與網路安全需求，與後續章節介紹所需之基礎，本章首先對網路安全作介紹，其次對古典加密技術作介紹，然後對近代密碼系統作概述。

網路安全技術隨著電腦與網路技術發展而進步，在此發展過程中，網路安全發展經歷了許多重要歷程，如下介紹幾個比較重要的歷程：

- 西元 1930 年以前，電腦技術只是初期發展階段，密碼演算法只能簡單將訊息作簡單加密。
- 西元 1930 期間，電腦科學之父，英國數學家，圖林 (Turing)，成功破解第二次世界大戰德軍的 Enigma 密碼系統，對第二次世界大戰盟軍勝利有一定的貢獻。
- 西元 1960 期間，駭客 (Hacker) 首次由美國麻省理工學院 (MIT) 之學生使用來描述電腦攻擊事件。
- 西元 1980 期間，駭客與網路犯罪者開始猖獗，許多軍事電腦被駭客攻擊成功，也致使大家開始重視電腦與網路安全。
- 西元 1990 期間，網際網路 (Internet) 開始大量普及，網路安全事件更加嚴重，造成企業或組織非常大的損失，電腦與網路安全方面的投資才逐漸變成優先的選項。
- 西元 2000 年後，無線寬頻通訊的普及，更多新型態的網通安全事件發生，各種攻擊技術更為進步難防，造成的傷害也更深更廣，世界各國政府與組織更加強資訊與網路安全管理。

電腦出現之後，我們藉由網路作資訊交換，在資訊交換過程可能遭受惡意人士或駭客等竊取或破壞資訊，當然也可能遭受電腦病毒入侵而破壞資訊，因此，電腦與網路需要有一個安全防護機制來保護資訊安全。若先就簡單的安全概念來瞭解，網路安全機制應提供保密性 (Confidentiality)、認證性 (Authentication)、完整性 (Integrity) 及不可否認性 (Non-repudiation) 等安全服務，本書即基於網路安全服務，討論網路安全技術及網路安全機制與服務等內容。

1.1 網路安全概述

由於網際網路的普及，我們已常利用網際網路環境進行電子郵件 (e-mail) 收發、網路購物、網路報稅、網路銀行、Facebook 社交、YouTube 欣賞影片等各種網路活動。假設這些網路活動沒有妥善的安全機制，我們的許多機密資訊或隱私在網路上很容易被洩漏或竊取，這將造成我們生活上極大的威脅與隱憂。我們在網路上進行的網路購物或網路銀行等電子交易活動，通常需要電子交易的雙方進行交易行為與資料的數位簽章確認，數位簽章機制提供了我們許多電子交易活動的便利性。網路安全是提供網路通訊之資訊安全機制，預防未授權的使用者對網路資訊非法存取、竊取、誤用、竄改或攻擊。為了確保網路與資訊的安全，國際電信聯盟 ITU (International Telecommunication Union) 針對 OSI (Open System Interconnection) 安全架構定義了 ITU-T X.800 安全架構標準。ITU-T X.800 定義了通訊系統的安全服務。ITU-T X.800 將安全服務分成五大類。

- **認證性** (Authentication)：確認通訊者身份之合法性；確認接收者收到的訊息確實是從其宣稱的來源所傳送的。
- **存取控制** (Access Control)：對網路資訊之存取行為加以設限和管控。網路資訊之存取之人員必須先確認其身份和權限，避免為授權者非法使用網路資訊。

- **資料保密性** (Data Confidentiality)：確保授權使用者可以存取資訊而不外洩，避免資訊在未經授權下被讀取或使用。
- **資料完整性** (Data Integrity)：確保網路資訊之正確與完整。確保收到資料跟合法使用者所傳送出來的資料是相同；亦即未被竄改、插入、刪除或重送。
- **不可否認性** (Non-repudiation)：避免傳送者和接收者否認收發過訊息；亦即，接收者能夠證明接收到的訊息確實是傳送者所送出的，傳送者也能證明接收者已經收到訊息。

ITU-T X.800 定義了通訊系統的安全機制。藉由這些安全機制提供通訊系統的安全服務。

- **加密** (Encipherment)：利用數學演算法將資料轉換成無法輕易理解的形式的機制。
- **數位簽章** (Digital Signature)：利用密碼學技術達成鑑別數位訊息的機制。
- **存取控制** (Access Control)：維護資源存取權限的機制。
- **資料完整性** (Data Integrity)：確保資料完整正確的機制。
- **認證訊息交換** (Authentication Exchange)：藉由訊息交換來認證身份的機制。
- **流量附加位元** (Traffic Padding)：在資料的間隙中加入額外位元來阻擋流量分析。
- **路徑控制** (Routing Control)：當發生安全性問題時，允許更換路徑選擇的機制。
- **公正** (Notarization)：利用信任的第三者來確保資料交換的機制。

ITU X.800 將攻擊分成「主動式攻擊」和「被動式攻擊」。主動式攻擊企圖改變系統資源或影響系統運作；被動式攻擊則企圖竊取或使用來自系統但卻不至於影響系統的資訊。

1. **主動式攻擊** (Active Attacks)

   主要可分成如下幾種攻擊：

   (1) **偽裝** (Masquerade)：攻擊者假裝是某合法使用者而獲得使用權限的攻擊形式。

   (2) **訊息內容修改** (Modification of Message Content)：訊息在儲存或傳輸中其完整性被修改或毀壞之攻擊。

   (3) **重送** (Replay)：攔截訊息並複製一份以認證封包且重送給對方之攻擊。

   (4) **阻絕服務** (Denial of Service, DoS)：阻止或妨礙通信設備的正常使用或管理之攻擊。

2. **被動式攻擊** (Passive Attacks)

   重點是在竊取資訊或者監視資訊傳輸。目前有兩種較典型的被動式攻擊：

   (1) **訊息內容洩漏** (Release of Message Contents)：監視通訊訊息以竊取資訊方式。

   (2) **流量分析** (Traffic Analysis)：藉由監控通訊訊息，並加以分析或猜測來獲得資訊的竊取方式。

   面對主動式攻擊，我們應該採取偵測的方式，並且要能夠復原主動式攻擊之後所造成的任何破壞。因為偵測具有嚇阻的作用，所以主動式攻擊的偵測可能會對預防攻擊有所幫助。被動式攻擊很困難偵測，因為攻擊者不會變更資料。因此在面對被動式攻擊時，處理的重點是預防而非偵測。

1.1.1 密碼學分析法 (Cryptanalysis)

密碼學分析法 (Cryptanalysis) 是破解密碼演算法的方法與技術，密碼學分析法是破解密碼學演算法之弱點 (Weaknesses)，以獲得加密後之訊息之密鑰 (Key) 或內文 (Content) 的方法。密碼學分析法主要分成密碼學破解法 (Cryptanalysis) 和暴力攻擊法 (Brute-Force Attack) 兩大類：

密碼學破解法

密碼學破解法又可分成數學分析法 (Mathematics Analysis) 及副頻道攻擊法 (Side-Channel Attacks) 兩類。

1. **數學分析法**

    目前較有名的數學分析法之密碼學破解法主要有如下幾種：

    (1) **頻率分析法** (Frequency Analysis)：頻率分析法是統計分析密文之字母或字母組出現的頻率 (Frequency)，以找出密文之字母或字母組發生頻率之分布特徵來破解密碼的方法。

    (2) **差分攻擊法** (Differential Attack)：差分攻擊法是利用相同輸入導致不同輸出的差異來估算出密鑰的方法。最早應用差分攻擊法擊密碼演算法的人是 Eli Biham 和 Adi Shamir，他們成功破解 DES 加密方法。

    (3) **線性攻擊法** (Linear Attack)：線性攻擊法的方法是利用明文與密文各種組合找到一個有效的線性方程式，然後試著去解出密鑰。最早應用線性攻擊法攻擊密碼演算法的人是日本 Mitsuru Matsui，他成功以線性攻擊法破解一個稱為 FEAL 密碼方法。線性攻擊法也已成功破解 DES 加密方法。

2. **副頻道攻擊法** (Side-Channel Attacks)

    副頻道攻擊並不是利用密碼學演算法本身之弱點來破解攻擊，而是利用密碼學演算法實作 (Implementation) 所呈現之弱點來攻擊破解，以竊取密碼演算法之密鑰 (Key)。目前較有名之副頻道攻擊主要有如下幾種：

    (1) **能量攻擊法** (Power Attack)：能量攻擊法為了進行能量攻擊，必須藉由執行密碼學演算法時，將對於不同輸入 (Input) 所量測到的能量消耗記錄下來。這些記錄下來的能量消耗稱之為能量記錄 (Power Trace)。能量記錄與硬體所運算的資料之間，存在著某些的關係，經由統計模型推算出機密資訊 (如密鑰)。

    (2) **時序攻擊法** (Timing Attack)：時序攻擊法之方法是藉由執行密碼學演算法，並針對不同輸入，量測不同輸入產生時間規律性特徵，然後利用此時間規律特徵統計模型推算出密鑰等機密資訊。

    (3) **快取時序攻擊法** (Cache-Timing Attack)：快取時序攻擊法即是藉由分析快取 (Cache) 之存取時型 (Access Time Patterns) 來竊取密碼學演算法之

密鑰的一種攻擊法。

暴力攻擊法

暴力攻擊法之破解者重複嘗試所有可能密鑰 (Key) 直到解開密文 (Ciphertext) 成明文 (Plaintext) 為止。因此，暴力攻擊法非常耗時，以目前電腦效能來分析，目前較安全的密碼演算法已能對抗暴力攻擊法的攻擊，亦即它無法在有效時間內破解這些較安全的演算法。

1.2 古典加密技術

1.2.1 Caesar 密碼法

在密碼學中，Caesar 密碼法是一種最簡單的加密技術。它是一種替換法 (Substitution) 加密的技術，明文 (Plaintext) 中的所有字母都在字母表上向後（或向前）按照一個固定數目進行偏移後被替換成密文 (Ciphertext)。例如將明文之字母表向後偏移 5 個字母即可成為密文字母表。

明文字母表：ABCDEFGHIJKLMNOPQRSTUVWXYZ

密文字母表：FGHIJKLMNOPQRSTUVWXYZABCDE

Caesar 密碼法演算法利用數學之同餘的方法進行計算。假設明文之字母以 P 表示，如下即為 Caesar 密碼法演算法。

加密程序：

$$E(P) = (P+5) \bmod 26$$

解密程序：

$$D(P) = (P-5) \bmod 26$$

當然，以現代密碼學技術來分析，Caesar 密碼法很容易用暴力法 (Brute force) 破解。攻擊者僅需試 25 種可能的金鑰對應即可破解 Caesar 密碼法。

1.2.2　Vigenère 密碼法

　　Vigenère 密碼法是利用關鍵字當金鑰並用文字對應表來加密的一種方法。Vigenère 密碼法需要一個文字對應表，如表 1.1 Vigenère 密碼法文字對應表所示。Vigenère 密碼法利用雙方同意使用之關鍵字 (Keyword) 為金鑰，並產生與明文相同長度之金鑰文，然後以明文之字母為行 (Column) 索引，金鑰之字母為列 (Row) 索引，對應 Vigenère 密碼法文字對應表得到密文字母。例如：

　　假設關鍵字為 VICTORY，明文為 "I LOVE NETWORK SECURITY"，然後將關鍵字 VICTORY 重複補成跟明文的長度一樣長。此明文以 Vigenère 密碼法加密為如下訊息：

明文：I　LOVE　NETWORK　SECURITY
金鑰：V　ICTO　RYVICTO　RYVICTOR
密文：D　TQOS　ECOEQKY　JCXCTBHP

表 1.1　Vigenère 密碼法文字對應表

	A	B	C	D	E	F	G	H	I	J	K	L	M	N	O	P	Q	R	S	T	U	V	W	X	Y	Z
A	A	B	C	D	E	F	G	H	I	J	K	L	M	N	O	P	Q	R	S	T	U	V	W	X	Y	Z
B	B	C	D	E	F	G	H	I	J	K	L	M	N	O	P	Q	R	S	T	U	V	W	X	Y	Z	A
C	C	D	E	F	G	H	I	J	K	L	M	N	O	P	Q	R	S	T	U	V	W	X	Y	Z	A	B
D	D	E	F	G	H	I	J	K	L	M	N	O	P	Q	R	S	T	U	V	W	X	Y	Z	A	B	C
E	E	F	G	H	I	J	K	L	M	N	O	P	Q	R	S	T	U	V	W	X	Y	Z	A	B	C	D
F	F	G	H	I	J	K	L	M	N	O	P	Q	R	S	T	U	V	W	X	Y	Z	A	B	C	D	E
G	G	H	I	J	K	L	M	N	O	P	Q	R	S	T	U	V	W	X	Y	Z	A	B	C	D	E	F
H	H	I	J	K	L	M	N	O	P	Q	R	S	T	U	V	W	X	Y	Z	A	B	C	D	E	F	G
I	I	J	K	L	M	N	O	P	Q	R	S	T	U	V	W	X	Y	Z	A	B	C	D	E	F	G	H
J	J	K	L	M	N	O	P	Q	R	S	T	U	V	W	X	Y	Z	A	B	C	D	E	F	G	H	I
K	K	L	M	N	O	P	Q	R	S	T	U	V	W	X	Y	Z	A	B	C	D	E	F	G	H	I	J
L	L	M	N	O	P	Q	R	S	T	U	V	W	X	Y	Z	A	B	C	D	E	F	G	H	I	J	K
M	M	N	O	P	Q	R	S	T	U	V	W	X	Y	Z	A	B	C	D	E	F	G	H	I	J	K	L
N	N	O	P	Q	R	S	T	U	V	W	X	Y	Z	A	B	C	D	E	F	G	H	I	J	K	L	M
O	O	P	Q	R	S	T	U	V	W	X	Y	Z	A	B	C	D	E	F	G	H	I	J	K	L	M	N
P	P	Q	R	S	T	U	V	W	X	Y	Z	A	B	C	D	E	F	G	H	I	J	K	L	M	N	O
Q	Q	R	S	T	U	V	W	X	Y	Z	A	B	C	D	E	F	G	H	I	J	K	L	M	N	O	P
R	R	S	T	U	V	W	X	Y	Z	A	B	C	D	E	F	G	H	I	J	K	L	M	N	O	P	Q
S	S	T	U	V	W	X	Y	Z	A	B	C	D	E	F	G	H	I	J	K	L	M	N	O	P	Q	R
T	T	U	V	W	X	Y	Z	A	B	C	D	E	F	G	H	I	J	K	L	M	N	O	P	Q	R	S
U	U	V	W	X	Y	Z	A	B	C	D	E	F	G	H	I	J	K	L	M	N	O	P	Q	R	S	T
V	V	W	X	Y	Z	A	B	C	D	E	F	G	H	I	J	K	L	M	N	O	P	Q	R	S	T	U
W	W	X	Y	Z	A	B	C	D	E	F	G	H	I	J	K	L	M	N	O	P	Q	R	S	T	U	V
X	X	Y	Z	A	B	C	D	E	F	G	H	I	J	K	L	M	N	O	P	Q	R	S	T	U	V	W
Y	Y	Z	A	B	C	D	E	F	G	H	I	J	K	L	M	N	O	P	Q	R	S	T	U	V	W	X
Z	Z	A	B	C	D	E	F	G	H	I	J	K	L	M	N	O	P	Q	R	S	T	U	V	W	X	Y

Vigenère 密碼法中一個明文字元會對應到好幾個密文字元，每個密文字元是由關鍵字的字母來決定。因此，Vigenère 密碼法最大特色是明文字母出現頻率被隱藏起來了，所以頻率分析攻擊法就不易破解了。

1.2.3　Rail Fence 密碼法

Rail Fence 密碼法屬於一種換位法 (Transposition) 的加密法。最簡單方式是將明文排成一連串的對角線形式，然後再一列一列讀出來。例如，我們用深度為 2 的 Rail Fence 密碼法對明文 "I LOVE YOU FOREVER" 來加密，明文就被寫成如下形式：

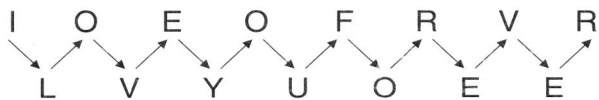

經由 Rail Fence 密碼法加密後之密文就變成：IOEOFRVRLVYUOEE。

這種單純的換位加密方式很容易被破解，因為密文和原始明文的字元頻率分佈都相同。我們將它改成比較複雜的方法；此複雜方法是將訊息一列一列排成矩形，再一行一行讀出來，但仍要交換行與行之間的順序。這個方法中的「行的順序」就變成這個演算法的金鑰。例如，我們用此複雜的 Rail Fence 密碼法對明文 "NETWORK SECURITY IS INTERESTING" 來加密，明文就被寫成如下形式：

金鑰：4 3 2 1 7 6 5
明文：N E T W O R K
　　　S E C U R I T
　　　Y I S I N T E
　　　R E S T I N G

密文：WUIT TCSS EEIE NSYR KTEG RITN ORNI

我們可以利用多重換位來改善換位加密的安全性。若上述例子再以複雜的 Rail Fence 密碼法用同樣方式將密文再加密一次，再加密後之密文就變成 "TITOIEKNUERTWSYISSRICNGNTEER"，密碼被破解就更困難了。

1.3 現代密碼系統概述

現代密碼學一般認為自第二次世界大戰之後，以國防安全發展為目標的密碼學研究起才開始是屬於現代密碼學發展進程。其後，隨著電腦技術的蓬勃發展，目前現代密碼學發展在電腦、通訊、網路等諸多領域已扮演極為重要的角色。近年因網際網路服務和電子商務的崛起，現代密碼學的研究與應用更是網路安全主要基礎。

現代密碼系統架構

一個現代密碼系統主要基於公開的環境，將訊息自發送端以秘密方式傳送給接收端。因此，發送端需要將其明文之訊息加密後傳送給對方，接收端收到秘密訊息將它解密後就可以得到原傳送的明文。一個現代密碼系統主要以五個基本要素組成。

- 明文 (Plaintext) M：原始為加密的訊息或資料。
- 加密器 (Encryption)：加密演算法之機制；一般以 $E_K(\cdot)$ 表示。
- 金鑰 (Key)：加密金鑰及解密金鑰。
- 密文 (Ciphertext) C：明文被加密後之訊息或資料。
- 解密器 (Decryption)：解密演算法之機制；一般以 $D_K(\cdot)$ 表示。

一個典型的現代密碼系統的基本架構如圖 1.1 現代密碼系統架構圖所示。發送端將明文之訊息 M 利用加密器 E_{K1} 及加密金鑰 K1，將明文訊息加密 $C = E_{K1}(M)$ 並以公開通道 (Public Channel) 傳送出去給對方；接收端收到密文 C 後，利用解密器 D_{K2} 及解密金鑰 K2，將密文 C 解密成明文 $M = D_{K2}(C)$。

一個好的現代密碼系統必須要有強固的加密演算法，才能抵擋各種攻擊。一個安全的密碼系統必須以密鑰以安全的方式取得，並且要將密鑰安全地保

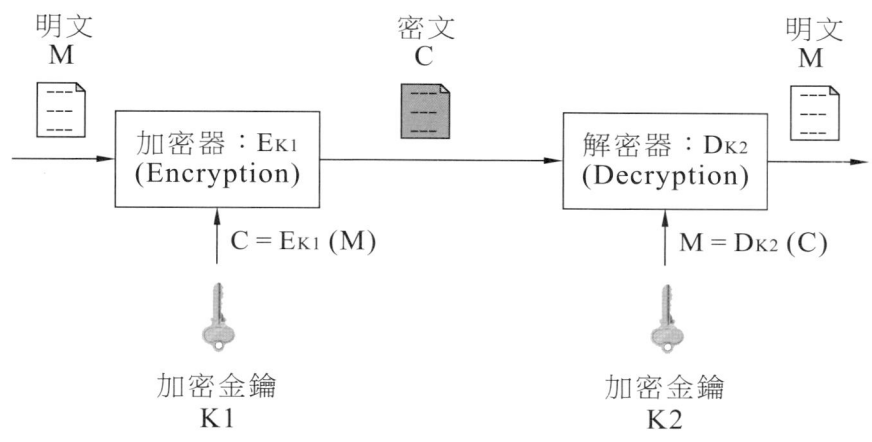

圖 1.1　現代密碼系統架構圖

管好,否則加密訊息很容易就被解讀出來。因此,一個好的加密系統其加密演算法不需被保護,而是密鑰必須安全地被保管好。另外也需要很好的加密效率,適合應用到各種環境。隨著電腦科技日新月異,密碼系統及其應用仍是永遠需要再進步發展的議題,才能滿足未來各種應用需求。

現代密碼系統依其解碼金鑰取得方式不同可分成兩大類:對稱金鑰密碼系統 (Symmetric Key Cryptosystem) 和非對稱金鑰密碼系統 (Asymmetric Key Cryptosystem)。對稱金鑰密碼系統是加密金鑰 (K1) 和解密金鑰 (K2) 相同 (K1 = K2)。因此,此加解金鑰必須雙方均秘密保管好,所以,對稱金鑰密碼系統一般也稱為秘密金鑰密碼系統 (Secret Key Cryptosystem)。目前已被普遍應用的秘密金鑰密碼系統有如早期的 DES (Data Encryption Standard) 加密系統,或者為了改善 DES 所發展出來的 AES (Advanced Encryption Standard) 加密系統等就屬於對稱金鑰密碼系統。

非對稱金鑰密碼系統是加密金鑰 (K1) 和解密金鑰 (K2) 不相同 (K1 ≠ K2)。西元 1976 年 Diffie-Hellman 首先提出公開金鑰密碼系統 (Public Key Cryptosystem),以單向暗門函數 (One Way Trapdoor Function) 設計公開金鑰密碼系統,此密碼系統的加解密方式是利用公開金鑰加密而用秘密金鑰解密。Diffie-Hellman 之密碼系統開啟了公開金鑰密碼系統研究發展的大門。公開金鑰密碼系統即是加密金鑰和解密金鑰不相同的一種加密方式，因此，也稱為非對稱金鑰密碼系統。目前較被廣泛應用的公開金鑰密碼系統如 Rivist、Shamir 及 Adleman 三位學者提出的 RSA 密碼系統即屬於非對稱金鑰密碼系統。RSA 密碼系統主要基於數學因數分解的困難性來作為單向暗門函數的一種公開金鑰密碼系統。此外，較有名的公開金鑰密碼系統有 ElGamal 及橢圓曲線密碼系統 (Elliptic Curve Cryptosystem, 簡稱 ECC) 等均屬非對稱金鑰密碼系統。公開金鑰密碼系統可以達到不可否認性，也可以用作數位簽章之用途。隨著各種應用需求推陳出新，公開金鑰密碼系統的發展與應用仍是非常重要的課題。

1.4　結語

　　人類通訊方式隨著人類文明發展越來越進步，不變的是人類通訊環境始終存在「攻」與「守」兩個角色。人類對密碼學的研究與發展仍會是永無止境的工作。古典式加密技術開啟了我們對密碼學認識。古典式加密技術的許多觀念深深影響到現代密碼學的發展，進而影響了網路安全技術的發展。隨著網路科技進步與發展，資訊與網路安全將是我們最關心的一部分，密碼學與網路安全的發展在資通訊 (ICT) 產業發展中仍將佔極為重要的角色。

習 題

1. ITU-T X.800 定義的五大安全服務為何？

2. 請寫出至少四種主動式攻擊 (Active Attacks)。

3. 請敘述我們面對主動式攻擊與被動式攻擊的應該採取的因應方式為何？

4. 假設關鍵字為 HONEY，明文為 "YOU ARE THE BEST"，請以 Vigenère 密碼法加密，請問加密後密文訊息為何？

5. 請問一個現代密碼系統主要的五個基本要素組成為何？

6. 請比較對稱式加密系統與非對稱式加密系統優缺點。

Chapter 2

基本數論

本章大綱

2.1 同餘運算
2.2 有限體
2.3 基本數論
2.4 結語

網路安全技術的基礎是密碼學 (Cryptography)，而密碼學的核心是數學之數論 (Number Theory)。現代密碼學中知名的密碼學演算法大都以數論為基礎。例如，因數分解問題或離散對數問題等都是屬於數論範疇之中。本章將針對常用密碼學其相關的數論作介紹，以作為其它章節之密碼學和網路安全技術的基礎。首先，本章將先介紹同餘運算 (Modular Arithmetic)，接下來介紹有限體 (Finite Field)，最後則介紹基本數論，如費馬小定理 (Fermat's Little Theorem)、尤拉定理 (Euler's Theorem)、中國餘式定理 (Chinese Remainder Theorem) 及有限體 $GF(P^n)$ 等基本數論。

2.1 同餘運算

同餘運算 (Modular Arithmetic) 是現代密碼學中重要的基礎運算。假設存在一個正整數 n 和一個整數 p，使得 p 除以 n 的商數為 q，而餘數為 r；則我們可以得到如下之數學式子：

$$p = q \times n + r \qquad 0 \leq r < n, \quad q = \lfloor p/n \rfloor\ ;$$

其中 $\lfloor p/n \rfloor$ 為小於或等於 p 除以 n 之最大整數。

若 p 為一整數，而 n 為一正整數，我們將 p 除以 n 的餘數表示為 **$p\ mod\ n$** 的值。若 $(p\ mod\ n) = (q\ mod\ n)$，我們便稱 p 和 q 對 n **同餘** (Congruent Modulo n)。一般習慣寫成 $p \equiv q\ mod\ n$。基本上，對於 $(mod\ n)$ 運算，所有的整數會映射 (map) 到 $\{0, 1, 2,..., (n-1)\}$ 的整數集合內；這種運算我們稱為**同餘運算**或稱為模數運算。同餘運算存在如下列特性：

1. $(p + q)\ mod\ n = [(p\ mod\ n) + (q\ mod\ n)]\ mod\ n$
2. $(p - q)\ mod\ n = [(p\ mod\ n) - (q\ mod\ n)]\ mod\ n$
3. $(p \times q)\ mod\ n = [(p\ mod\ n) \times (q\ mod\ n)]\ mod\ n$

如下我們以一些例子來幫助我們了解這些特性。

24 mod 13 = 11

17 mod 13 = 4

(1) (24 + 17) mod 13 = [(24 mod 13) + (17 mod 13)] mod 13 = (11 + 4) mod 13 = 2
(2) (24 − 17) mod 13 = [(24 mod 13) − (17 mod 13)] mod 13 = (11 − 4) mod 13 = 7
(3) (24 × 17) mod 13 = [(24 mod 13) × (17 mod 13)] mod 13 = (11 × 4) mod 13 = 5

2.2 有限體

一個**體** (Field) 是一種數學代數結構。一個體是一個集合，且在此集合中任兩數作加 (+)、減 (−)、乘 (·) 及除 (/) 必須滿足特定的一些特性；以正規式表示方式是，若有一個集合 F 定義在 "+" 及 "·" 之兩個運算中，記作 $\{F, +, ·\}$，滿足如下的特性：

(1) F 在 "+" 運算中為一個**交換群** (Abelian Group)，且具有單位元素 0。
(2) F 非零的元素 (Element) 在 "·" 運算中是交換群。
(3) F 之 "·" 對 "+" 運算滿足分配率 (Distributed Law)。

在討論**有限體** (Finite Field) 之前，我們先來了解一下代數結構之群 (Group)。群是一種數學代數結構。群一般表示為 $\{G, *\}$，符號 * 表示群的運算子 (Operator)，此運算子 * 是加法、減法、乘法或其它特定運算之數學運算。對群 G 之任兩個元素 (Element) a 及 b，其 $a*b$ 也會是 G 的元素。群必須滿足如下之特性：

(1) 封閉性：若 a 屬於 G 且 b 屬於 G，則 $a*b$ 也會屬於 G。
(2) 結合性：對於任 a, b, c 屬於 G，$a*(b*c) = (a*b)*c$。
(3) 單位元素：對任 a 屬於 G，存在唯一之單位元素 e，使得 $a*e = e*a = a$。
(4) 反元素：對於 G 中每一個元素 a，若 e 為 a 之單位元素，必定存在一個 a^{-1}，使得 $a*a^{-1} = a^{-1}*a = e$。

若一個群滿足交換性，我們稱此群為**交換群** (Abelian Group)，其交換性可表示為：

(5) 交換性：對於任 a, b 屬於 G，$a*b = b*a$。

一個體 F 若其元素之個數是無限多個則稱為**無限體** (Infinite Field)。反之，若 F 之元素個數是有限多個則稱為**有限體** (Finite Field)。有限體的個數稱為**維度** (Order)。若維度為 $p = q^n$, $n \geq 1$，則 q 為質數的有限體稱為**高斯有限體** (Galois Field)。我們通常用 $GF(p)$ 來表示高斯有限體。例如表 2.1 是 $GF(7)$ 之加法運算值表及表 2.2 是 $GF(7)$ 之乘法運算值表所示。

表 2.1　$GF(7)$ 之加法運算值表

+	0	1	2	3	4	5	6
0	0	1	2	3	4	5	6
1	1	2	3	4	5	6	0
2	2	3	4	5	6	0	1
3	3	4	5	6	0	1	2
4	4	5	6	0	1	2	3
5	5	6	0	1	2	3	4
6	6	0	1	2	3	4	5

表 2.2　$GF(7)$ 之乘法運算值表

·	0	1	2	3	4	5	6
0	0	0	0	0	0	0	0
1	0	1	2	3	4	5	6
2	0	2	4	6	1	3	5
3	0	3	6	2	5	1	4
4	0	4	1	5	2	6	3
5	0	5	3	1	6	4	2
6	0	6	1	4	3	2	1

乘法反元數

對於一個整數 a，且 a 與 n 互質，若存在一個 b 使得 $a \cdot b = 1 \bmod n$，則稱 b 為 a 在同餘 (Modulo) n 之乘法反元數。

例如：請找出 3 在同餘 7 之乘法反元數。

$$3 \cdot b = 1 \bmod 7$$

$b = 12$ 時，滿足 $3 \cdot 12 = 1 \bmod 7$，因此 12 是 3 同餘 7 之乘法反元數。

同理，$b = 19$ 時，滿足 $3 \cdot 19 = 1 \bmod 7$，因此 19 是 3 同餘 7 之乘法反元數。我們可以一般化表示，$(12 + 7 \cdot Z)$ 均是 3 同餘 7 之乘法反元數，此處 Z 是任意一個整數。亦即，$\{..., -2, 5, 12, 19, 26, ...\}$ 均是 3 同餘 7 之乘法反元數。

2.3 基本數論

本節將介紹幾個公開金鑰密碼系統所用到數論的定理及有限體 (Finite Field)。比較重要的有費馬小定理 (Fermat's Little Theorem)、尤拉定理 (Euler's Theorem) 及中國餘式定理 (Chinese Remainder Theorem) 等定理。

2.3.1 質數

質數 (Prime Numbers) 是大於 1 的自然數 (Natural Number)，且除了 1 及此數本身以外，無法被其它自然數所整除的數；亦即，質數的因數只有 1 和其本身。

一個自然數可以因數分解為質數的乘積，一個自然數 N 即可被質因數分解為如下形式：

$$N = p_1^{e_1} p_2^{e_2} p_3^{e_3} ... p_t^{e_t}$$

費馬小定理 (Fermat's Little Theorem)

若令 p 為質數，且 a 為無法被 p 整除的正整數，則

$$a^{p-1} \bmod p = 1$$

尤拉函數 (Euler's Totient Function)

尤拉函數一般表示為 $\phi(n)$，$\phi(n)$ 是小餘 n 且互質的正整數的個數。因此，對於一個質數 p 來說，$\phi(p) = p-1$。

若有兩個質數 p 和 q 且 $p \neq q$，則

$$\phi(n) = \phi(p \times q) = \phi(p) \times \phi(q) = (p-1) \times (q-1)$$

例如：求整數 $n = 15$ 的尤拉函數值。即

$$\phi(15) = \phi(3) \times \phi(5) = (3-1) \times (5-1) = 8 \text{ ；}$$

此 8 個與 $n = 15$ 互質的正整數為 $\{1, 2, 4, 7, 8, 11, 13, 14\}$。

若對於任一個整數 n，我們將 n 以 $p_1, p_2, p_3, \ldots p_k$ 等質數作質因數分解後，$n = p_1^{e_1} \times p_2^{e_2} \times \cdots \times p_k^{e_k}$ 則

$$\phi(n) = \prod_{i=1}^{k} p_i^{e_i - 1}(p_i - 1)$$

例如：求整數 $n = 225$ 的尤拉函數值。即

$$\begin{aligned}\phi(n) &= \phi(225) = 3^{(2-1)} \times (3-1) \times 5^{(2-1)} \times (5-1) \\ &= 3 \times 2 \times 5 \times 4 \\ &= 120\end{aligned}$$

尤拉定理 (Euler's Theorem)：

若 a 與 n 互質，則

$$a^{\phi(n)} \bmod n = 1$$

例如：若 $a = 2$，$n = 15$；則 $\phi(15) = 8$，
因此，$2^8 \bmod 15 = 256 \bmod 15 = 1$

2.3.2 質數測試

質數在密碼學中扮演極為重要的角色。密碼學的許多演算法常常需要隨機選取一個或幾個大質數。然而，目前並沒有非常有效的方法可以正確選取一個質數。質數測試 (Prime Test) 最簡單的方法是利用費馬小定理 (Fermat's Little Theorem) 來測試。目前已經有一些方法可以進行測試，但是這些方法都仍然非常沒有效率，這些方法大部份是費馬小定理測試法的改善方法。此節介紹利用費馬小定理來測試質數的方法。

(1) 若已知一個整數 p，選定一個數 a 且與 p 互質；
(2) 計算費馬小定理之式子 $m = a^{p-1} \bmod p$；
(3) 若 $m \neq 1$，則 p 不是質數；
(4) 若 $m = 1$，則 p 可能是質數，也可能不是質數。

從許多已知的質數來觀察，我們可以發現 $m = 1$ 時，通常是質數，但仍存在一小部分不是質數。若想要更確定所選的 p 是否是質數，最好方式是再更換新的數 a，而且再執行一次費馬小定理之式子 $m = a^{p-1} \bmod p$，若經過多次執行結果仍然 $m = 1$，p 是質數的機率就非常高。值得慶幸的是，對於絕大部分密碼學之演算法的應用，我們所希望選定的大質數，即使不是質數，對其密碼學之演算法應用仍然是正確的，而且仍然不易被破解。

中國餘式定理

中國餘式定理 (Chinese Remainder Theorem, 簡稱 CRT) 是中國古代留下來的智慧。中國餘式定理在現代密碼學上佔有即為重要的角色。中國餘式定理對 RSA 等公開金鑰演算法之加速運算有非常大的幫助。中國餘式定理的描述如下：

令 $m_1, m_2, \cdots, m_n$ 為兩兩互質的正整數，$M = m_1 \times m_2 \times \cdots \times m_n$。則如下之同餘系統中，

$$x \equiv a_1 \bmod m_1,$$
$$x \equiv a_2 \bmod m_2,$$
$$\vdots$$
$$x \equiv a_n \bmod m_n$$

在 $[0, M-1]$ 中有唯一解。

接下我們描述如何得到中國餘式定理唯一解的過程：

(1) 首先找出 $M = m_1 \times m_2 \times \cdots \times m_n$
(2) 接下來分別找出 $M_1 = M/m_1, M_2 = M/m_2, \cdots, M_n = M/m_n$
(3) 然後再找出 $M_1, M_2, \cdots, M_n$ 的乘法反元素；即 $M_1^{-1}, M_2^{-1}, \cdots, M_n^{-1}$
(4) 最後找出共同解 $x = (a_1 \times M_1 \times M_1^{-1} + a_2 \times M_2 \times M_2^{-1} + \cdots + a_n \times M_n \times M_n^{-1}) \bmod M$

例如：請利用中國餘式定理求如下同餘系統之唯一正整數解 x，滿足

$$x \equiv 2 \bmod 3$$
$$x \equiv 3 \bmod 5$$
$$x \equiv 3 \bmod 7$$

因此，同餘系統唯一正整數解 x 之計算過程如下：

(1) $M = 3 \times 5 \times 7 = 105$
(2) $M_1 = 105/3 = 35, M_2 = 105/5 = 21, M_3 = 105/7 = 15$
(3) $M_1^{-1} = 2, M_2^{-1} = 1, M_3^{-1} = 1$
(4) $x = (2 \times 35 \times 2 + 3 \times 21 \times 1 + 3 \times 15 \times 1) \bmod 105 = 38$

有限體 $GF(P^n)$

現代密碼學幾乎都是以數論為基礎，如 AES 加密演算法即是定義在 $GF(2^8)$。本節將介紹有限體 $GF(P^n)$ 之基礎運算。對於一個有限體 $GF(P^n)$，P

必須是一個質數。若令 $f(x) \in GF(P^n)$，則 $f(x)$ 可以表示為一個 n 階多項式：

$$f(x) = a_n x^n + a_{n-1} x^{n-1} + \ldots + a_1 x + a_0$$

對於一個多項式 $f(x)$，若且唯若無法由兩個或兩個以上之多項式（階數都低於 n）乘積表示，則稱此多項式 $f(x)$ 為不可分解 (irreducible)。例如，$x^2 + x + 1$，$x^3 + x^2 + 1$ 等多項式是屬於不可分解多項式；而如 $x^4 + 1$ 卻是一個可分解多項式，因為 $x^4 + 1 = (x + 1)(x^3 + x^2 + x + 1)$。對於 $f(x) \in GF(P^n)$，若存在 $f^{-1}(x) \in GF(P^n)$，使得 $f(x) f^{-1}(x) = 1 \bmod q(x)$，則稱 $f^{-1}(x)$ 是 $f(x) \bmod q(x)$ over $GF(P^n)$ 之**乘法反元素**。此節將特別介紹 $GF(2^n)$ 有限體。一個 $GF(2^n)$ 有限體多項式其係數是 2 進位值；因此，若有對於一個 8 位元之位元組 (10101101)，表示為 $GF(2^n)$ 有限體多項式則是：$1x^7 + 0x^6 + 1x^5 + 0x^4 + 1x^3 + 1x^2 + 0x^1 + 1$；亦即 $x^7 + x^5 + x^3 + x^2 + 1$。

1. 有限體 $GF(2^n)$ 之加法

有限體 $GF(2^n)$ 之加法其實是相當於多項式之係數作 XOR 運算。例如，對於 $f(x) = x^3 + x^2 + 1$ 與 $g(x) = x^3 + x + 1$，其作加法後為：

$(x^3 + x^2 + 1)(x^3 + x + 1) - x^2 + x + 1$；亦即 $(1101) \oplus (1011) = (0110)$。

2. 有限體 $GF(2^n)$ 之乘法

有限體 $GF(2^n)$ 之乘法大致與一般多項式乘法相同，主要差別在於有限體 $GF(2^n)$ 之乘法要再做一次不可分解多項式 $q(x)$ 之同餘運算 (Modular Operation)。例如：

若 $f(x) = x + 1, g(x) = x^2 + 1, q(x) = x^3 + x + 1$，求 $f(x) g(x) \bmod q(x)$

	x^2	$0x$	1
		x	1
	x^2	$0x$	1
x^3	$0x^2$	x	
x^3 +	x^2 +	x	+ 1

然後將 $x^3 + x^2 + x + 1$ 取 mod $q(x)$ 運算,即可得到乘積:

$$(x^3 + x^2 + x + 1) \bmod (x^3 + x + 1) = x^2$$

3. 有限體 $GF(2^n)$ 之同餘運算

有限體 $GF(2^n)$ 之同餘運算 (Modular Operation),基本上是在 $GF(2^n)$ 下作除法所得到的餘。例如:

$$f(x) = x^6 + x^5 + x^4 + x^3, \quad q(x) = x^3 + x^2 + 1,\ \text{求}\ f(x) \bmod q(x)$$

$$
\begin{array}{r}
x^3 + 0 + x + 1 \\
x^3 + x^2 + 0 + 1 \overline{\smash{)}\,x^6 + x^5 + x^4 + x^3 + 0 + 0 + 0} \\
\underline{x^6 + x^5 + 0 + x^3} \\
x^4 + 0 + 0 + 0 \\
\underline{x^4 + x^3 + 0 + x} \\
x^3 + 0 + x + 1 \\
\underline{x^3 + x^2 + 0 + 1} \\
x^2 + x + 1
\end{array}
$$

因此,$f(x) \bmod q(x) = x^2 + x + 1$

4. 求有限體 $GF(2^n)$ 之乘法反元素

對於 $f(x) \in GF(2^n)$,若存在 $f^{-1}(x) \in GF(2^n)$,使得 $f(x)f^{-1}(x) = 1 \bmod q(x)$,則稱 $f^{-1}(x)$ 是 $f(x) \bmod q(x)$ over $GF(2^n)$ 之乘法反元素。我們以一個例子來了解:

對於 $f(x) = x^2 + x + 1 \bmod x^3 + x^2 + 1$ over $GF(2^3)$ 之乘法反元素可由下式得知:

$$(x^2 + x + 1)(x^2 + 1) \bmod (x^3 + x^2 + 1)$$
$$= (111)(101) \bmod (1101)$$
$$= 1$$

因此，我們可以知道對於 $f(x) = x^2 + x + 1 \mod x^3 + x^2 + 1$ over $GF(2^3)$ 之乘法反元素是 $x^2 + 1$。

或者，我們藉由尤拉定理得知：

若 $q(x)$ 是不可分解多項式，則與 $q(x)$ 互質的多項式個數是 $\phi(q(x)) = 2^{n-1}$ 個；若 a 為 $f(x)$ over $GF(2^n)$ 之係數的向量 $(a_n, a_{n-1}, ...a_0)$，由尤拉定理得知，已知 $\phi(q(x))$，$a^{\phi(q(x))} = 1 \mod q(x)$，亦即 $aa^{\phi(q(x))-1} = 1 \mod q(x)$，所以其乘法反元素 $a^{2^n-2} = a^{-1} \mod q(x)$。如上例：

$$a^{2^n-2} = a^{-1} \mod q(x)$$
$$(111)^{2^3-2} \mod (1101)$$
$$= (1010001000101) \mod (1101)$$
$$= (101)$$
$$= x^2 + 1 \text{。}$$

因此，利用尤拉定理，我們也可求得 $f(x) = x^2 + x + 1 \mod x^3 + x^2 + 1$ over $GF(2^3)$ 之乘法反元素是 $x^2 + 1$。

2.4 結語

數論是現代密碼學與網路安全技術之最重要的基礎。此章介紹了基礎的數論與密碼學常用的定理，我們也以循序漸進的方式介紹基礎數論，希望能提供讀者對密碼學及網路安全技術有較深入的瞭解，以期更能幫助對本書其它章節內容的學習與認識。

習 題

1. P 及 Q 為整數,請證明 $((P \bmod N) - (Q \bmod N)) \bmod N = (P - Q) \bmod N$

2. 何謂尤拉函數?

3. $\phi(N)$ 是小餘 N 且互質的正整數的個數,請證明 $a^{x \bmod \phi(N)} = a^x$。

4. 若 $N = 18$,請問小餘 N 且互質的正整數有哪些?且 $\phi(N)$ 是多少?

5. 對於 $f(x) = x^3 + 1$ 與 $g(x) = x^3 + x + 1$,請對 $f(x)$ 與 $g(x)$ 作有限體 $GF(2^n)$ 之加法。

Chapter 3

對稱式加密系統

本章大綱

3.1　資料加密標準系統
3.2　三重 DES 加密
3.3　區塊加密模式
3.4　RC4 串流加密器
3.5　RC5 加密系統
3.6　結語

本章將先介紹現代密碼系統之對稱式加密系統 (Symmetric Cryptosystem)。加解密時使用相同密鑰的加密系統稱為對稱式加密系統。相對於公開金鑰加密系統，對稱式加密系統發展得比較早，不過，其中有些知名加密系統仍是目前比較常用的加密系統。本章節中，我們將介紹非常普及的資料加密標準系統：DES (Data Encryption Standard)；然後介紹 DES 加密的改良組合加密方式：3-DES；其次將介紹對稱式加密系統之區塊加密模式 (Block Cipher Mode)；最後介紹 RC4 (Rivest Cipher 4) 串流加密系統及 RC5 (Rivest Cipher 5) 加密系統。

3.1 資料加密標準系統

在 1970 年初期，美國 IBM 公司 Feistel 研發了一套 "Lucifer" 加密方法。這個 Feistel 加密方法在當時 IBM 是一套相當不錯的區塊加密方法 (Block Cipher)。後來美國國家標準局採用了這個加密方法，命名為資料加密標準 (Data Encryption Standard，簡稱 DES)。

一般的 DES 系統的設計是利用混淆 (Confusion) 與擴散 (Diffusion) 為主要的安全基礎，其中混淆是將明文 (Plaintext) 轉換成不同型式的位元組合表示。擴散則讓明文中的一個位元若變動就會牽一髮而動全身，形成更好的複雜度。

整個 DES 加密流程如圖 3.1 DES 加密流程圖所示，整個 DES 加密流程經過 16 個回合 (Round) 的排列 (Permutation) 和取代 (Substitution) 運算。DES 加密的輸入是 64 位元明文，此明文先經過 IP 初始排列 (Initial Permutation) 處理，IP 處理是利用 IP 表格 (IP Table) 作位置排列之位置重排處理。接著將 IP 處理後之 64 位元分成兩個 32 位元左右兩部分資料，此左右兩部分資料分別標記為 L_0 和 R_0。R_0 訊息次金鑰 (Sub key) K_1 做 F 函數運算處理得到 32 位元的輸出。

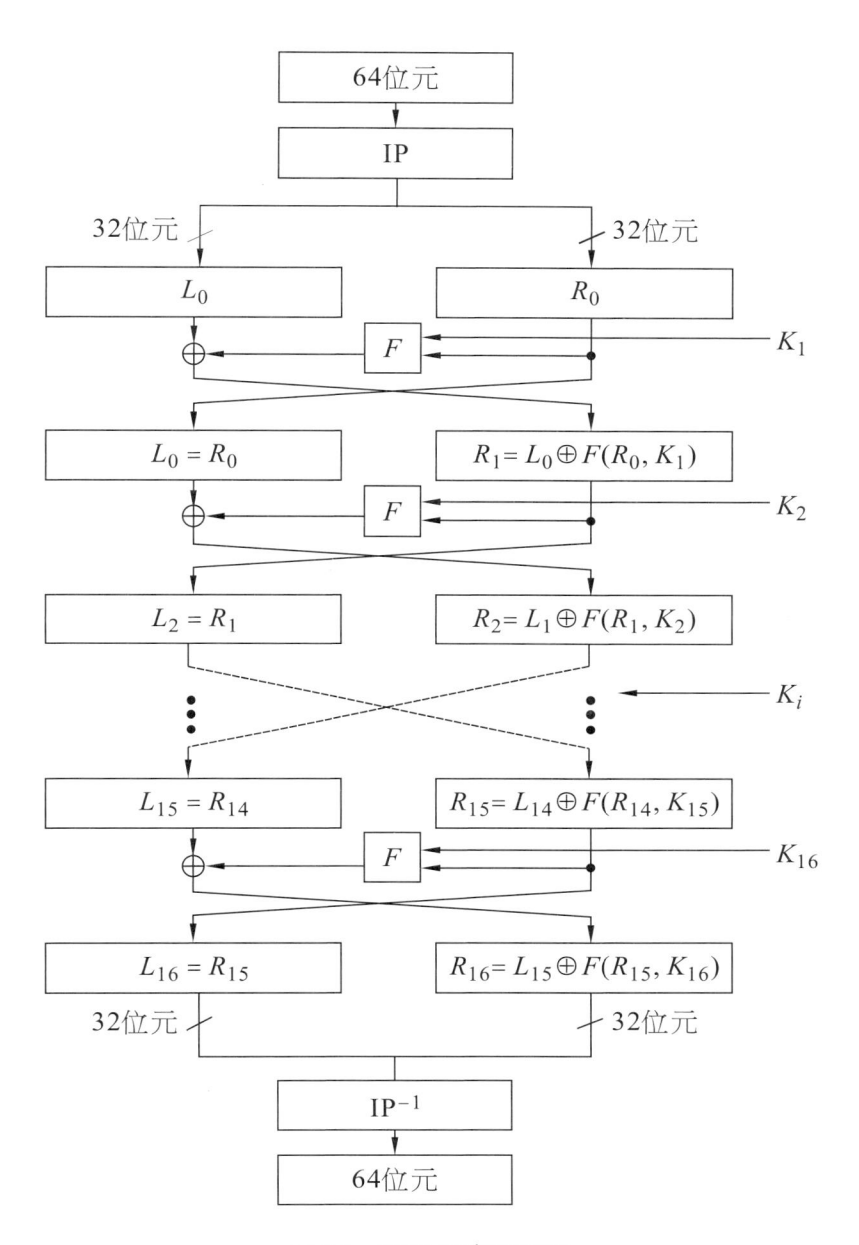

```
                    ┌─────────┐
                    │  64位元  │
                    └────┬────┘
                         │
                    ┌────┴────┐
                    │   IP    │
                    └────┬────┘
         32位元 ╱         │         ╲ 32位元
         ┌──────────┐         ┌──────────┐
         │   L_0    │         │   R_0    │
         └──────────┘         └──────────┘
```

圖 3.1　DES 加密流程圖

　　圖 3.1 之 F 函數運算中，如圖 3.2 $F(R_{i-1}, K_i)$ 函數運算流程圖所示，首先經過擴充運算 (Expansion)，標記為 E 運算；然後，E 運算的結果再跟次金鑰 K_i，做 "XOR" 運算產生 48 位元之結果；接下來，再將此 48 位元之結果藉由 8 組的取代函數 (Substitution) 運算，標記為 S_i，取代函數運算是利用所謂

右側位元組 R_{i-1}(32-Bits)

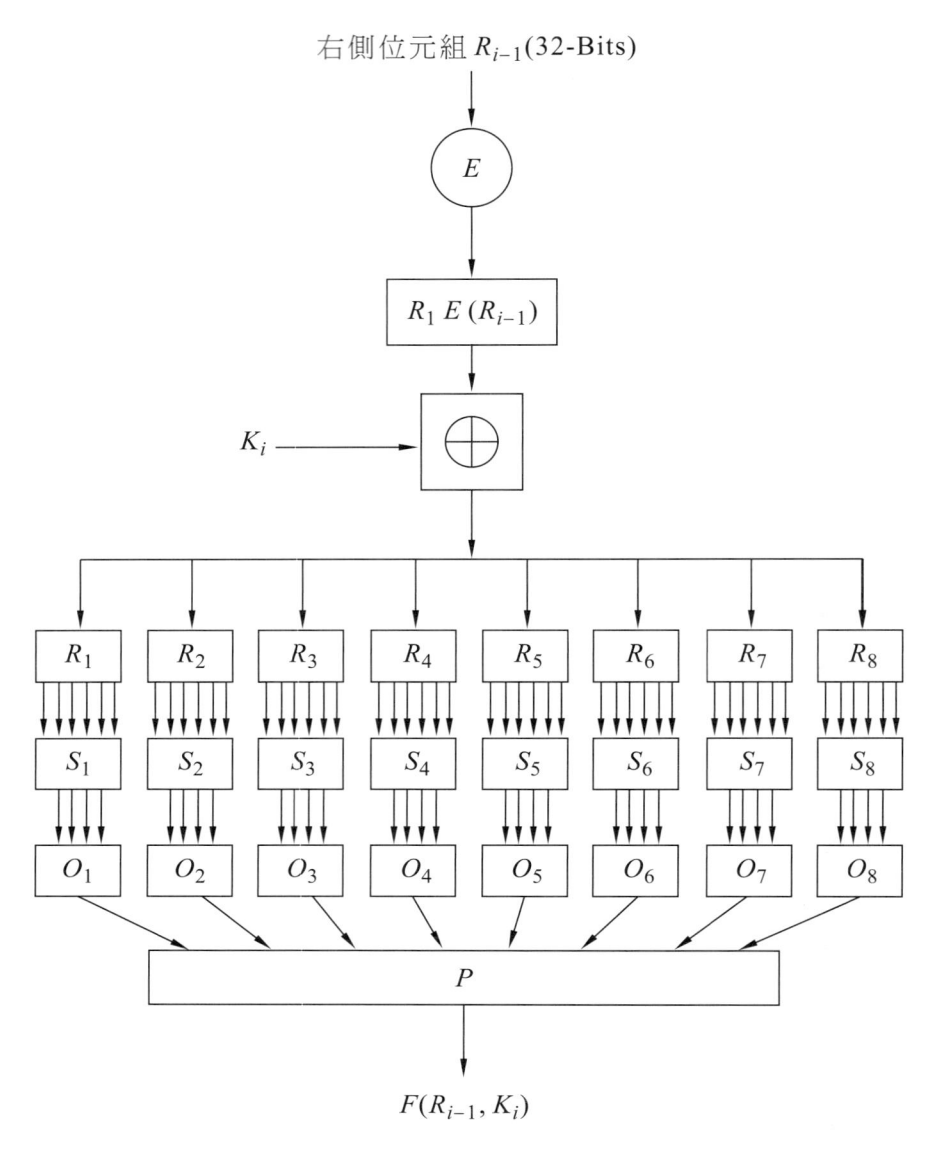

E

$R_1\ E\,(R_{i-1})$

$K_i \longrightarrow \oplus$

R_1	R_2	R_3	R_4	R_5	R_6	R_7	R_8
S_1	S_2	S_3	S_4	S_5	S_6	S_7	S_8
O_1	O_2	O_3	O_4	O_5	O_6	O_7	O_8

P

$F(R_{i-1}, K_i)$

圖 3.2　$F(R_{i-1}, K_i)$ 函數運算流程圖

S-box 的取代表格之對應轉換處理而達成之運算，即 S_1 到 S_8 之 8 組對應轉換，每一組取代函數運算都會產生 4 位元輸出，因此此 8 組之取代運算共產生 32 位元的輸出；最後，此 32 位元的輸出再經過排列運算，標記為 P 運算，P 排列運算之輸出即產生 F 函數運算之結果。

在圖 3.1 之加密流程中，經過 F 函數運算後，將其結果與左部分資料 L_0 做 "XOR" 運算，經過此 "XOR" 運算之結果當做下一回合的右邊部分資料，標記為 R_1，我們可以用 $R_1 = L_0 \oplus F(R_0, K_1)$ 式子來表示。經過 16 回合之重複交叉運算，一直到第 16 回合運算產生 L_{16} 與 R_{16}。最後將此 L_{16} 與 R_{16} 再做一次 IP^{-1} 之反初始排列運算，即得到 64 位元的密文輸出。針對每一回合處理，我們可以用下例的式子來表示：

$$L_i = R_{i-1}$$
$$R_i = L_{i-1} \oplus F(R_{i-1}, K_i), i = 1, 2, 3, \cdots, 16$$

圖 3.1 DES 加密流程所需之表格 (Table) 定義如表 3.1 所示。IP 表格共 8 列，每列 8 格，共計 64 格；第一列索引 (Index) 標記為 1 到 8，第 2 列則由 9 到 16，依續標記到最後一列，即第 8 列，則由 49 到 64；IP 初始排列處理即用輸入值對應 IP 表格內之表格值，表格值所在的索引值即是它的輸出值；例如，輸入值 12 則它的輸出值即為 15，若輸入值 15 則它的輸出值即為 63。IP 表格的第 1 列到第 4 列所轉換之結果當做 L_0 輸入，而第 1 列到第 4 列所轉換之結果當做 R_0 輸入。IP^{-1} 表、E 表及 P 表之排列處理方式跟 IP 排列處理相同，處理方式都是以輸入值對應表格值，而表格值所在的索引值當做它的輸出值。接下來，我們來了解一下擴充運算是如何處理的。E 表共有 8 列 (Row)，每列有 6 格；所以 E 表也可以說有 6 行 (Column)，每行有 8 格。E 表格之擴充運算之輸入是 32 位元，輸出則需擴充為 48 位元。因此，E 表的第 1 行和第 6 行表格內的數值是由擴充之重複值，藉由擴充重複值之對應形成擴充轉換結果。

表 3.1　DES 加密流程之相關表格

(a) IP 表

58	50	42	34	26	18	10	2
60	52	44	36	28	20	12	4
62	54	46	38	30	22	14	6
64	56	48	40	32	24	16	8
57	49	41	33	25	17	9	1
59	51	43	35	27	19	11	3
61	53	45	37	29	21	13	5
63	55	47	39	31	23	15	7

(b) IP^{-1} 表

40	8	48	16	56	24	64	32
39	7	47	15	55	23	63	31
38	6	46	14	54	22	62	30
37	5	45	13	53	21	61	29
36	4	44	12	52	20	60	28
35	3	43	11	51	19	59	27
34	2	42	10	50	18	58	26
33	1	41	9	49	17	57	25

(c) E 表

32	1	2	3	4	5
4	5	6	7	8	9
8	9	10	11	12	13
12	13	14	15	16	17
16	17	18	19	20	21
20	21	22	23	24	25
24	25	26	27	28	29
28	29	30	31	32	1

表 3.1　DES 加密流程之相關表格 (續)

(d) P 表

16	7	20	21	29	12	28	17
1	15	23	26	5	18	31	10
2	8	24	14	32	27	3	9
19	13	30	6	22	11	4	25

(e) S-box 表

S_1

14	4	13	1	2	15	11	8	3	10	6	12	5	9	0	7
0	15	7	4	14	2	13	1	10	6	12	11	9	5	3	8
4	1	14	8	13	6	2	11	15	12	9	7	3	10	5	0
15	12	8	2	4	9	1	7	5	11	3	14	10	0	6	13

S_2

15	1	8	14	6	11	3	4	9	7	2	13	12	0	5	10
3	13	4	7	15	2	8	14	12	0	1	10	6	9	11	5
0	14	7	11	10	4	13	1	5	8	12	6	9	3	2	15
13	8	10	1	3	15	4	2	11	6	7	12	0	5	14	9

S_3

10	0	9	14	6	3	15	5	1	13	12	7	11	4	2	8
13	7	0	9	3	4	6	10	2	8	5	14	12	11	15	1
13	6	4	9	8	15	3	0	11	1	2	12	5	10	14	7
1	10	13	0	6	9	8	7	4	15	14	3	11	5	2	12

S_4

7	13	14	3	0	6	9	10	1	2	8	5	11	12	4	15
13	8	11	5	6	15	0	3	4	7	2	12	1	10	14	9
10	6	9	0	12	11	7	13	15	1	3	14	5	2	8	4
3	15	0	6	10	1	13	8	9	4	5	11	12	7	2	14

S_5

2	12	4	1	7	10	11	6	8	5	3	15	13	0	14	9
14	11	2	12	4	7	13	1	5	0	15	10	3	9	8	6
4	2	1	11	10	13	7	8	15	9	12	5	6	3	0	14
11	8	12	7	1	14	2	13	6	15	0	9	10	4	5	3

表 3.1　DES 加密流程之相關表格（續）

(e) S-box 表（續）

S_6	12	1	10	15	9	2	6	8	0	13	3	4	14	7	5	11
	10	15	4	2	7	12	9	5	6	1	13	14	0	11	3	8
	9	14	15	5	2	8	12	3	7	0	4	10	1	13	11	6
	4	3	2	12	9	5	15	10	11	14	1	7	6	0	8	13

S_7	4	11	2	14	15	0	8	13	3	12	9	7	5	10	6	1
	13	0	11	7	4	9	1	10	14	3	5	12	2	15	8	6
	1	4	11	13	12	3	7	14	10	15	6	8	0	5	9	2
	6	11	13	8	1	4	10	7	9	5	0	15	14	2	3	12

S_8	13	2	8	4	6	15	11	1	10	9	3	14	5	0	12	7
	1	15	13	8	10	3	7	4	12	5	6	11	0	14	9	2
	7	11	4	1	9	12	14	2	0	6	10	13	15	3	5	8
	2	1	14	7	4	10	8	13	15	12	9	0	3	5	6	11

S-box 是由表 S_1 到 S_8 組成。S-box 表的輸入是 6 位元，而輸出是 4 位元。此輸入之 6 位元，我們可以用二進位表示法為 $(b_5, b_4, b_3, b_2, b_1, b_0)$；可以將 $(b_5, b_4, b_3, b_2, b_1, b_0)$ 分成兩組表示，分別為 (b_5, b_0) 和 (b_4, b_3, b_2, b_1)。(b_5, b_0) 用來表示 S-box 的列數，而 (b_4, b_3, b_2, b_1) 表示行數。我們以 S_1 為例，若輸入之 6 位元 (1, 1, 0, 1, 0, 0)，因此，$(b_5, b_0) = (1, 0)$，而 $(b_4, b_3, b_2, b_1) = (1010)$，對應到 S_1 的值就是 9。S-Box 是 DES 唯一非線性運算之部份，這是 DES 對抗攻擊的主要部份，若 S-Box 是線性運算，DES 將非常容易被破解。S-Box 的大小 (Size) 越大越能阻擋攻擊。

接下來，我們討論次金鑰 (Sub-key) 的產生方式。次金鑰的產生流程如圖 3.3 DES Sub-key 產生流程圖所示。整個 DES Sub-Key 產生流程也是經過金鑰排列 (Key Permutation) 及 16 個回合的左移 (Left-Shift) 與金鑰排列運算。每一回合左移運算和金鑰排列運算會產生一個次金鑰，這 16 回合的次金鑰即是提供圖 3.2 $F(R_{i-1}, K_i)$ 函數運算所需之次金鑰。

在圖 3.2 $F(R_{i-1}, K_i)$ 函數運算中，每一回合輸入之次金鑰需要 48 位元。圖 3.3 首先會將 56 位元 DES 金鑰擴充成 64 位元。DES 金鑰的擴充方法是將 56 位元的金鑰以每 7 個位元為單位，加上 1 個位元的同位檢查位元 (Parity Check Bit)，即形成 64 位元的擴充金鑰。這個 64 位元的擴充金鑰在經過 KP-1 金鑰排列運算之後會產生兩組 28 位元的區塊，接著經過 16 回合的左移和 KP-2 金鑰排列運算，每一回合左移和 KP-2 金鑰排列運算產生一個提供

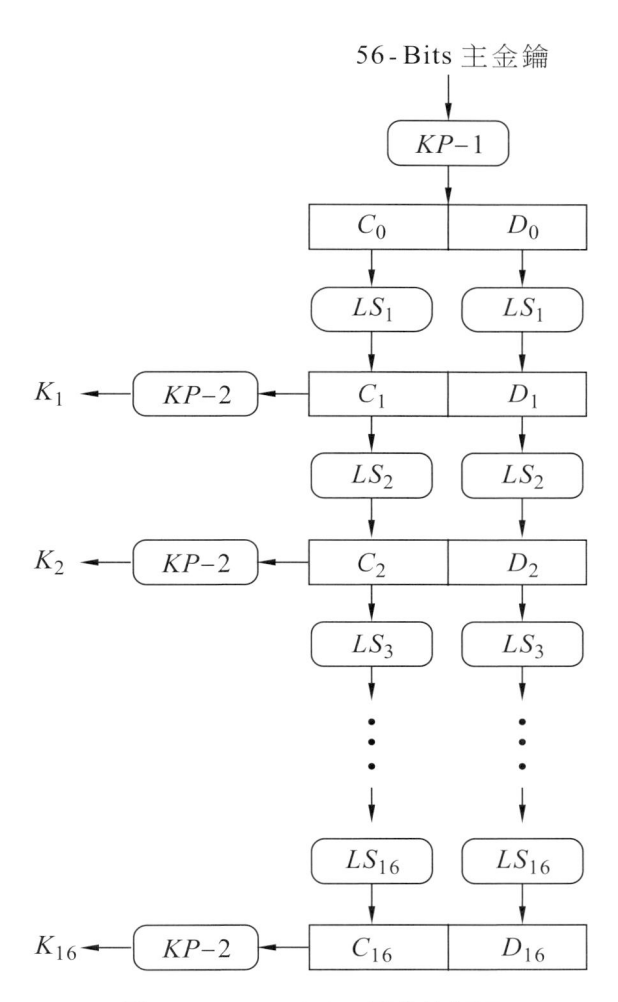

圖 3.3　DES Sub-key 產生流程圖

表 3.2　金鑰排列表

KP-1						
57	49	41	33	25	17	9
1	58	50	42	34	26	18
10	2	59	51	43	35	27
19	11	3	60	52	44	36
63	55	47	39	31	23	15
7	62	54	46	38	30	22
14	6	61	53	45	37	29
21	13	5	28	20	12	4

KP-2						
14	17	11	24	1	5	3	28
15	6	21	10	23	19	12	4
26	8	16	7	27	20	13	2
41	52	31	37	47	55	30	40
51	45	33	48	44	49	39	56
34	53	46	42	50	36	29	32

$F(R_{i-1}, K_i)$ 函數運算所需之 48 位元次金鑰 K_i。DES 次金鑰的產生流程所需之相關表格如表 3.2 金鑰排列表所示。

DES 加密系統之安全性評估

　　DES 的安全上最大問題是密鑰太短，DES 密鑰只有 56 個位元，這種長度的密鑰，以現今的電腦效能，很容易就可以用暴力攻擊法破解。文獻上資料顯示，近年更發展出差分攻擊法 (Differential Attack) 及線性攻擊法 (Linear Attack) 可以破解 DES。差分攻擊法是利用相同輸入導致不同輸出的差異來估算出密鑰的方法；線性攻擊法的方法是利用明文與密文各種組合找到一個有效的線性方程式，然後試著去解出密鑰。DES 的 S-Box 是 DES 唯一非線性的部份，即使如此，DES 仍被線性攻擊法攻擊成功；若 DES 的 S-Box 是一個線性運算組合，那麼更容易被攻擊成功。

3.2 三重 DES 加密

電腦技術一日千里，基本上，DES 加密系統很容易受暴力法攻擊而破解。因此，需要尋求改善方案，比較廣泛被接受的方案是三重 DES 加密 (Triple-DES)，簡稱 3-DES。3-DES 的作法是將加／解密運算以三次 DES 加／解密組合運算來達成。三次 DES 加／解密組合運算等於使用了更長 (56 × 3 = 168) 的金鑰來加密。基本上，三次 DES 加／解密組合運算可以有三種串接組合來達成，這三種串接組合方式如圖 3.4 3-DES 三種組合方式示意圖。

第一種 DES 串接組合方式如圖 3.4 之 (a) 圖所示。圖 3.4 中之 E 表示加密運算，D 表示解密運算。加密過程是經過三次 DES 加密運算，並且此三次加密運算都使用不同的金鑰來進行加密，而解密過程則經過三次 DES 解密運算。第二種 DES 串接組合方式如圖 3.4 3-DES 三種組合方式示意圖之 (b) 圖所示。加密過程是第一次先經過 DES 加密運算，然後第二次再經過解密運算，第三次則經過加密運算，而此三次加密運算都使用不同的金鑰來進行加密，解密時則以對應相反程序執行加解密。

第三種 DES 串接組合方式如圖 3.4 3-DES 三種組合方式示意圖之 (c) 圖所示。第三種 DES 串接組合方式之加／解密過程與第二種 DES 串接組合方式相同；它在加密過程也是第一次先經過 DES 加密運算，然後第二次再經過解密運算，第三次則經過加密運算，但是，第二次加／解密之金鑰跟第一次和第三次加／解密之金鑰不同 (亦即 $K_1 = K_3 \neq K_2$)。3-DES 採用三次加解密運算，而不採用二次加解密運算，主要因為二次加解密運算不易抵抗中間相遇法 (Meet-in-the-Middle) 的攻擊。對於二次加密運算之組合方式，若第一次加密運算的結果與第二次解密運算的結果相同時，加密之安全效果並未成倍數增加，中間相遇法攻擊只要比對第一次加密運算結果與第二次解密運算結果是否相同，即可提高破解速度而將其破解。

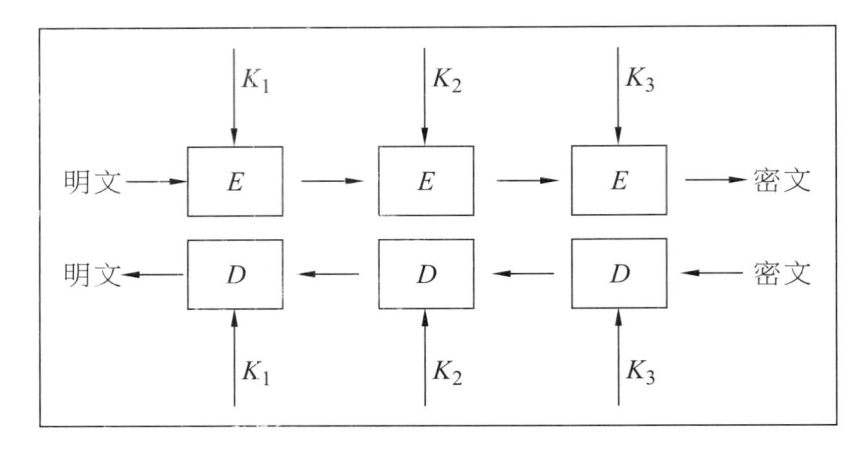

(a) EEE $K_1 \neq K_2 \neq K_3$

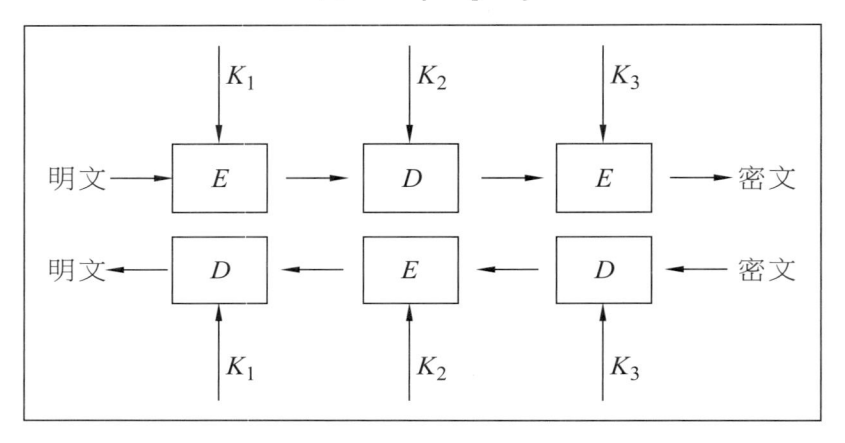

(b) EDE $K_1 \neq K_2 \neq K_3$

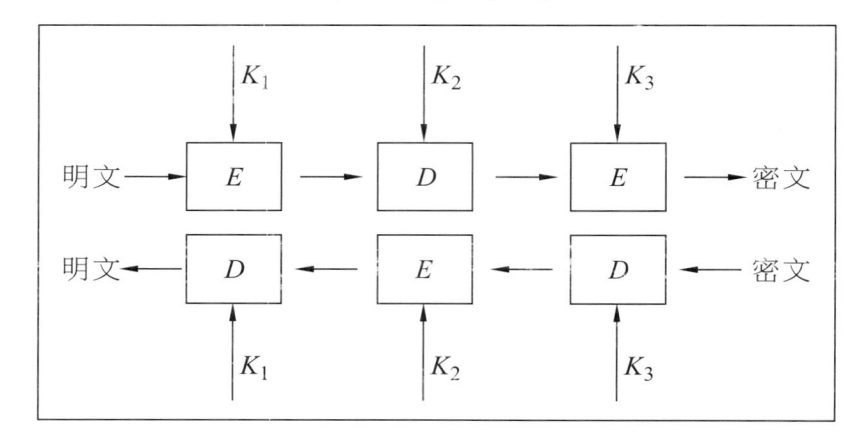

(c) EDE $K_1 = K_3 \neq K_2$

圖 3.4　3-DES 三種組合方式示意圖

3.3 區塊加密模式

一般對稱式加密系統屬於區塊式 (Block) 加密系統。對於較長訊息加密之應用時，有一些組合模式可以加強其加密安全。此節中我們介紹幾個常用的區塊加密模式。

3.3.1 ECB 模式

區塊加密模式中最簡單的模式是 ECB 模式 (Electronic Codebook Mode)。ECB 模式是將明文訊息切成連續的區塊，並對每一區塊獨立加密。如圖 3.5 ECB 模式所示，明文之訊息被切成連續 64 位元的區塊 $P_1, P_2, ..., P_N$ 來組成，切割後之最後一個區塊若不足 64 位元，將它補足到 64 位元，經過加密後產

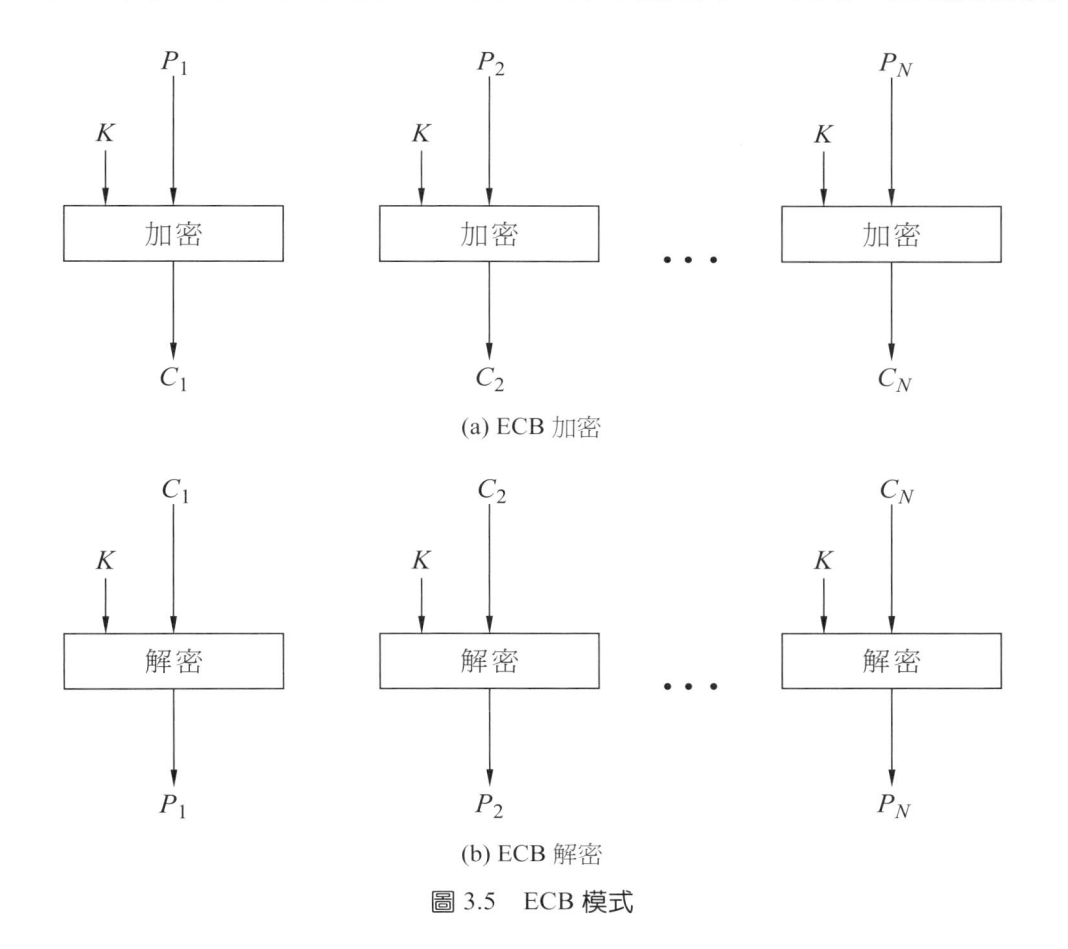

(a) ECB 加密

(b) ECB 解密

圖 3.5　ECB 模式

生連續相對應的密文 $C_1, C_2, ..., C_N$。解密的時候，則以對應的過程將連續密文區塊 $C_1, C_2, ..., C_N$ 經過獨立解密在還原成明文 $P_1, P_2, ..., P_N$。ECB 模式並不是很安全，特別是明文區塊若是相同情況，如 $P_i = P_j$，它所得到的密文也相同，這樣會增加被破解的機會。例如，網路訊息往往它的開頭是相同的特定欄位組成，這就容易造成被破解的可能。

3.3.2　CBC 模式

CBC 不安全的缺失主要在於相同重複的明文區塊機密後會產生相同重複的密文，造成容易被破解的可能。為了改善這一缺失，解決方法 CBC 模式

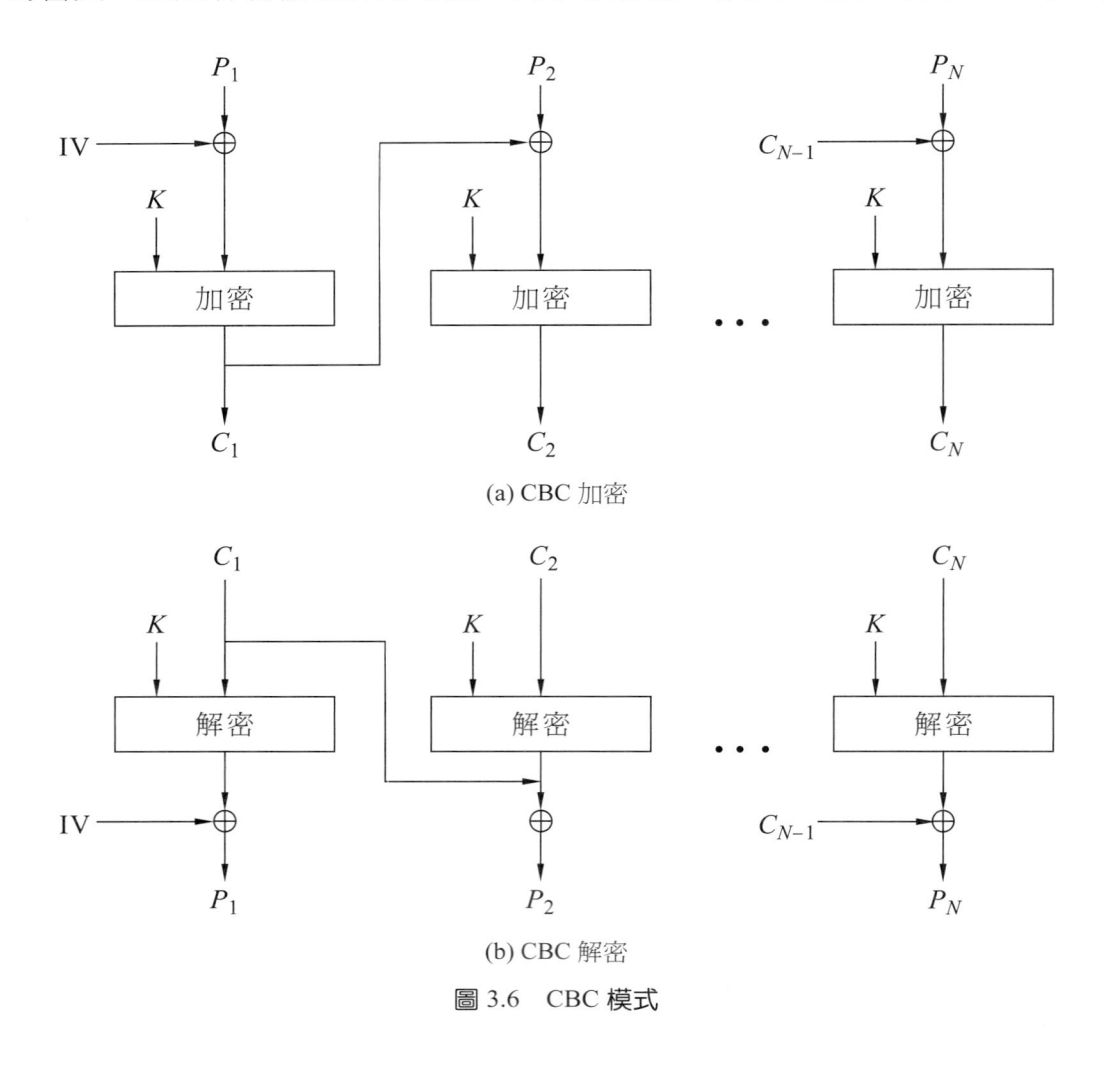

圖 3.6　CBC 模式

(Cipher Block Chaining Mode) 就被提出。如圖 3.6 CBC 模式所示，每個明文區塊加密前先要跟前一個回合之密文區塊進行 XOR 運算後，再進行加密。在 CBC 模式中，每個密文區塊都依賴於它前面的所有明文區塊。同時，為了保證每一個訊息的唯一性，在第一個區塊中需要使用初始化向量 (IV)。解密過程時，則先將密文區塊進行解密，然後將其解密區塊再跟前一個密文區塊進行 XOR 運算後，才能得到原來的明文區塊。因此，重複明文區塊加密後就不會有相同重複的密文區塊了。

整體來說，CBC 模式是以串接方式來加解密，不易被平行化處理。CBC 模式適合較長的訊息加密。

3.3.3　CFB 模式

ECB 模式和 CBC 模式加密過程會將訊息切成連續的 64 位元區塊，然後以區塊方式來進行加密，每次加解密單位是一個區塊，這種模式我們稱為區塊式加密 (Block Cipher)。這種模式對於處理一連串字元 (WORD) 及每次處理只需少數幾個字元或一個字元之串流 (Stream) 的應用並不適合。CFB 模式即是適合處理串流訊息的加密模式。如圖 3.7 CFB 模式所示，假設我們要傳輸的單位是 S 位元 (一般應用是用 8 位元為單位)，CFB 模式處理單位即是 S 位元的區塊，而不是 64 位元的區塊。

我們現在就來了解一下 CFB 加解密過程。CFB 加解密需要一個移位暫存器 (Shift Register)。加密的時候，移位暫存器要先存著前一個回合的密文，前一回合的密文加密後，選出最左邊的 S 位元成為此回合之金鑰區塊 (Key Block)，此金鑰區塊再跟此階段之明文區塊作 XOR 運算，即得到這一回合之密文。第一回合之移位暫存器需要給定一個初始向量 (IV)。這種每一回合加密會利用前一回的一部分密文來進行加密稱為密文回饋模式 (Cipher Feedback Mode)。

(a) CFB 加密

(b) CFB 解密

圖 3.7　CFB 模式

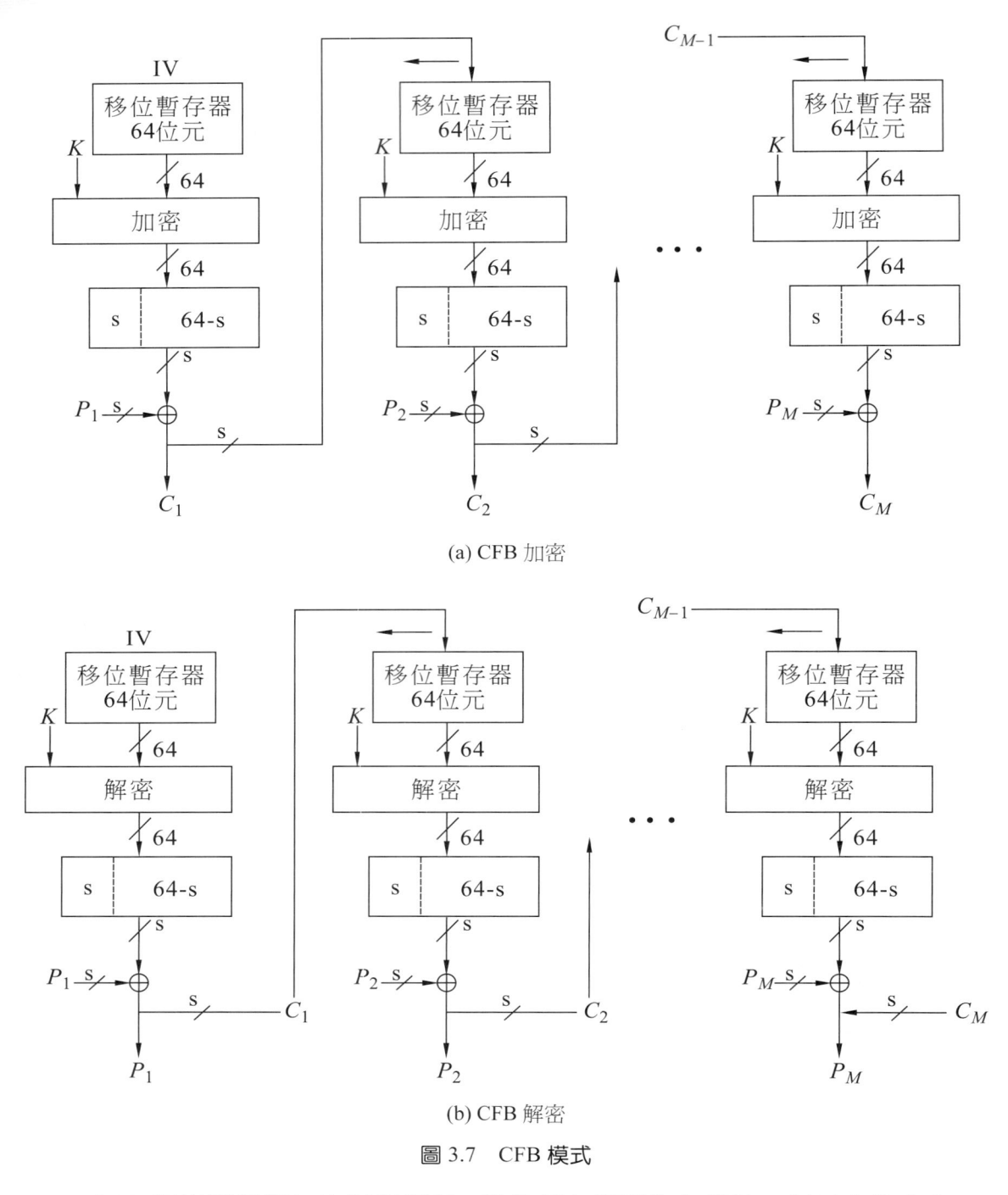

　　CFB 解密過程與加密過程類似。移位暫存器要先存著前一個回合的密文，前一回合的密文加密後，選出最左邊的 S 位元產生此回合之金鑰區塊，此金

鑰區塊再跟此階段之密文區塊選出最左邊的 S 位元作 XOR 運算，即得到這一回合之明文。

3.3.4 OFB 模式

在 CBC 模式或 CFB 模式加密中，若密文被攻擊或篡改會造成其後面各回合一連串加密的錯誤。這種錯誤情形稱為錯誤傳遞 (Error Propagation)。為了改善此錯誤傳遞情形，OFB 模式 (Output Feedback Mode) 即被提出來。

OFB 模式的加解密過程跟 CFB 模式非常類似。差別是 OFB 是移位暫存器先存的是金鑰區塊，而不是如 CFB 的前一回合之密文區塊。如圖 3.8 OFB 模式所示，若有一個回合加密遭到攻擊發生錯誤，OFB 加密模式就不會讓錯誤擴散下去，它只會造成該一回合的錯誤而已。

3.3.5 CTR 模式

CTR 模式的好處是它能平行化又不會造成 ECB 之相同重複區塊的缺失。如圖 3.9 CTR 模式所示。CTR 模式加密時需要用到計數器 (Counter)，每一回合加密時計數器就逐次加 1。加密時先將計數器值用金鑰加密後，再將結果跟明文區塊作 XOR 運算，運算後的結果即是密文區塊。解密時需要使用相同的計數器值，同樣地，它先將計數器值用金鑰加密後，再將結果跟密文區塊作 XOR 運算產生明文區塊。

3.4 RC4 串流加密器

RC4 (Rivest Cipher 4) 是一種串流加密器 (Stream Cipher)。RC4 串流加密器是 RSA 發明人之一 Ronald Rivest 所發明的串流加密方法。RC4 串流加密器也是屬於對稱式加密系統。RC4 串流加密器已被應用到無線區域網路 (WLAN) WEP 之中。基本上，串流加密器是每一次只加密一個位元組 (Byte)。圖 3.10 是一個基本的串流加密結構圖。串流加密器需要一個密鑰串流產生器

(a) OFB 加密

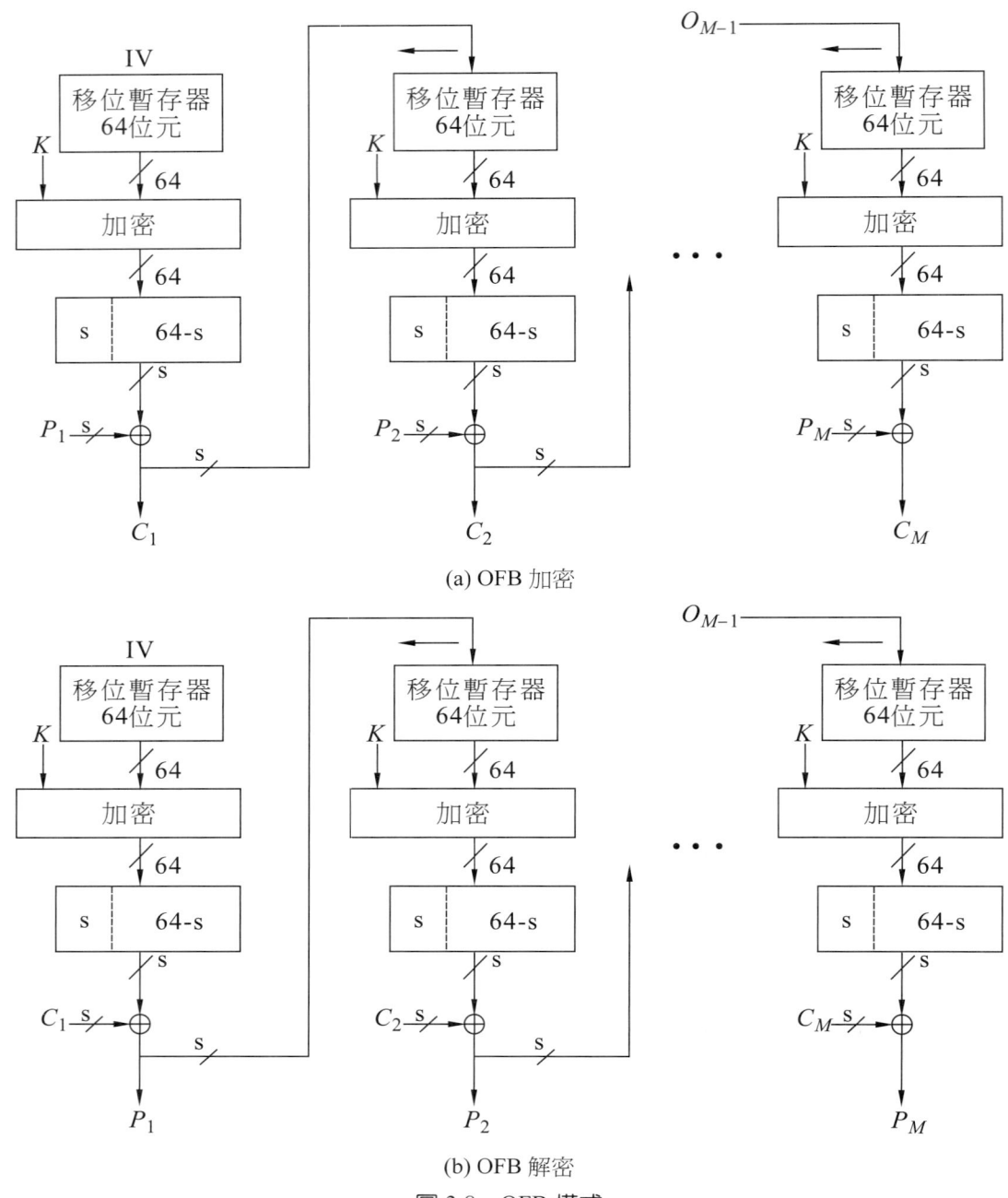

(b) OFB 解密

圖 3.8　OFB 模式

(a) CTR 加密

(b) CTR 解密

圖 3.9　CTR 模式

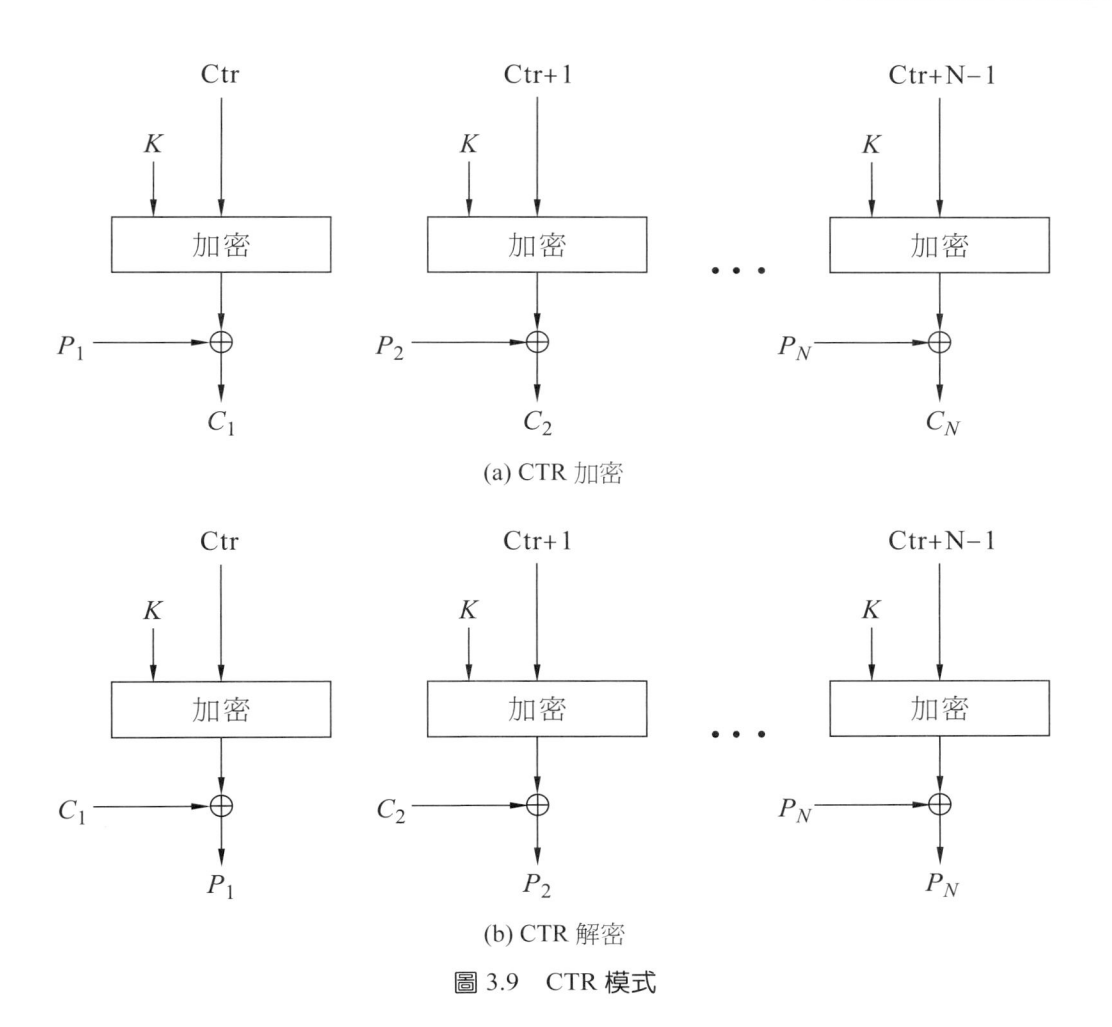

(Key Stream Generator)，密鑰串流產生器是一個隨機位元組產生器 (Random Byte Generator)。在串流加密器之加密程序中，它的輸入是密鑰 (Key)：K，經過密鑰串流產生器運算之後，會產生一次密鑰串流 (Key Stream)，密鑰串流與明文 (Plaintext) 作 XOR 運算即可得到密文 (Ciphertext)。串流加密器之解密程序與串流加密器之加密程序相同，經過相同程序即可得到明文。

密鑰:K   密鑰:K
  ↓   ↓
┌─────────────────┐   ┌─────────────────┐
│ 密鑰串流產生器 │   │ 密鑰串流產生器 │
│(Key Stream Generator)│   │(Key Stream Generator)│
└─────────────────┘   └─────────────────┘
        │ 密鑰串流   │ 密鑰串流
        │ (Key Stream)   │ (Key Stream)
明文   ↓   密文   明文   ↓
(Plaintext) ⊕ ────(Ciphertext)──── (Plaintext) ⊕ ────→

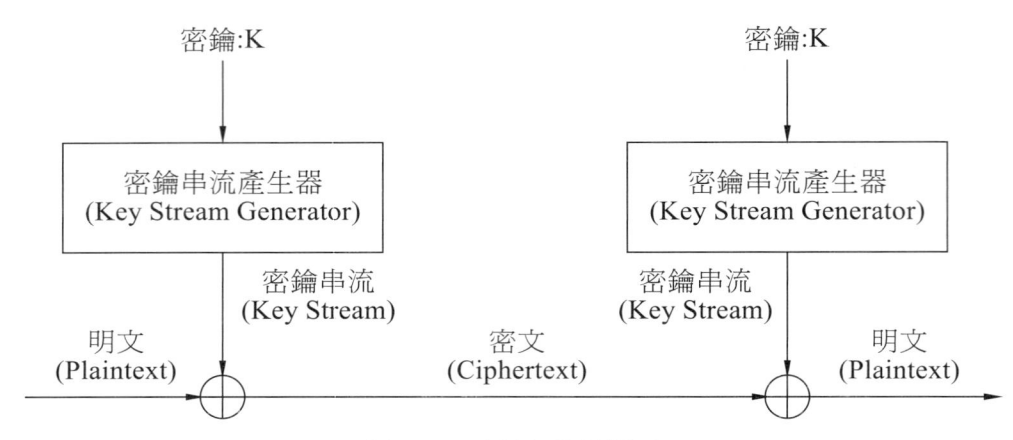

圖 3.10　串流加密結構圖

密鑰串流產生器

　　RC4 之密鑰串流產生器 (Key Stream Generator) 演算法描述如下。密鑰串流產生器在運算過程中是利用一個 256 個位元組的 S 盒 (Box) 來儲存運算過程之過程值。首先，密鑰串流產生器演算法需對 S 盒作初值化運算，概念上來說，其實是將 S 盒內得所有值作一次隨機交換 (Swap)，如下是密鑰串流產生器之 S 盒初值化演算法。

```
for(i = 0; i < 255;i++)
{
    S[i] =i;
}
j = 0 ;
for(i = 0; i < 255;i++)
{
    j = (j + S[i] +K[i mod keylength]) mod 256;
    swap(S[i], S[j]);
}
```

　　密鑰串流產生器經過對 S 盒初值化之後，密鑰串流產生器即可進行密鑰串流的產生。概念上來說，密鑰串流的產生演算法在作法和密鑰串流產生器之 S 盒初值化是相同的，只是密鑰串流的產生演算法不需要使用者密鑰 K，而是在 S 盒作隨機選取兩個位元組值作交換；藉由交換運算後，再用隨機選取兩個位元組值再算一次隨機索引值，最後利用此隨機索引值輸出 S 盒的一組值當作密鑰串流。如下是密鑰串流產生器之密鑰串流產生演算法。

```
i = 0;
j = 0;
while(TRUE)
{
     i = (i + 1) mod 256;
     j = (j + S[i]) mod 256;
     Swap(S[i], S[j]);
     KeyStream = S[(S[i] + S[j]) mod 256;]
     Output KeyStream;
}
```

RC4 串流加密法之安全評析

　　RC4 串流加密法會將使用者密鑰以隨機方式產生密鑰串流，讓密鑰串流每次使用都不會重複，安全性非常高。目前為止，雖然已有許多對 RC4 加密法作攻擊，事實上，並未發生在合理範圍內而被破解的情況；不過，已有文獻顯示，若 RC4 加密法之實作不適當，將使用者密鑰重複使用時，則 RC4 加密法受串流加密攻擊法之攻擊。串流加密攻擊法是利用 XOR 的交換律來解回明文的種攻擊法。基本上，這是實作不適當所造成的問題，並不是 RC4 加密法本身的安全問題。

3.5　RC5 加密系統

　　RC5 (Rivest Cipher 5) 也是一個對稱式加密系統，它也是 Ronald Rivest 發明的加密方法。RC5 加密的回合數可以是 0 到 255 回合 (Round)，最初建議回合數是 $r = 12$ 回合；RC5 所採用字組大小 (w) 有 16 位元、32 位元或 64 位元三種；而其密鑰 K 的位元組 (Byte) 個數 b 是 0 到 255 個位元組。RC5

之規格版本表示法為 RC5-w/r/b，例如 RC5-32/12/16 是 32 位元之字組，執行 12 回合，密鑰長度 b 是 16 位元組 (Bytes)。RC5 加密系統主要包含三部分：RC5 加密、RC5 解密及 RC5 密鑰擴充 (Key Expansion) 等三部分。

3.5.1　RC5 加密

首先假設輸入資料是放在 w 個位元 (bit) 的 X 及 Y 之中。另外，假設已完成密鑰擴充 (Key Expansion) 運算。RC5 加密會用到一個 S 表 (S Table)。RC5 加密即利用 S 表來進行加密運算。S 表在 RC5 演算法之一開始，RC5 會利用使用者密鑰 K 藉由密鑰擴充演算法來將 S 表作初值化。加密後之結果也是被放到 X 及 Y 之中。如下是 RC5 加密之演算法：

```
X = X + S[0];
Y = Y + S[1];
for(i = 1; i < r; i++)
{
    X = ((X⊕Y) <<< Y) + S[2 * i];
    Y = ((Y⊕X) <<< X) + S[2 * i + 1];
}
```

此處加密演算法之運算符號 ⊕ 表示 XOR 運算；運算符號 <<< 表示向左旋轉 (Left Circular Rotation)；例如，X <<< Y 表示字元 (Word) X 被向左旋轉 Y 個位元 (Bits)。

3.5.2　RC5 解密

基本上，RC5 解密演算法其實是自 RC5 加密演算法反推即可得到。RC5 解密演算法描述如下：

```
for(i = r; i > 1; i--)
{
    Y = ((Y - S[2 *i + 1]) >>> X) ⊕ X;
    X = ((X - S[2 *i]) >>> Y) ⊕ Y;
}
Y = Y - S[1];
X = X - S[0];
```

3.5.3　RC5 密鑰擴充

RC5 密鑰擴充 (Key Expansion) 分成三個步驟處理：S 表初值化、將密鑰 K 從位元組 (Bytes) 轉成字元組 (Words) 及密鑰混合等三個步驟。

1. 魔術常數 (Magic Constants) 定義

RC5 密鑰擴充是把使用者密鑰 K 擴充成密鑰陣列 S。RC5 密鑰擴充演算法定義了兩個魔術常數 (Magic Constants) P_w 及 Q_w。如下是 P_w 及 Q_w 的定義。此處之符號 // 表示註解說明。P_w 及 Q_w 所用的函數 Odd(x) 是取接近某數 x 之奇數。

$$e = 2.718281828459\cdots \quad ; \text{// (自然對數)}$$
$$\phi = 1.618033988749\cdots \quad ; \text{//(黃金比例值)}$$
$$P_w = \text{Odd}\ ((e-2)2^w);$$
$$Q_w = \text{Odd}\ ((\phi-1)2^w);$$

// Odd (x) 是接近 x 之奇數
// w 是字組(Word) 的大小(一般w = 32 bits)
// r 是回合數 (Rounds)

2. 將密鑰 K 從位元組 (Bytes) 轉成字元組 (Words)

密鑰擴充的第一步是將密鑰 K 從位元組 (Bytes) 轉成字元組 (Words)。此程序是將密鑰 K 轉成 $c = \lceil b/u \rceil$ 個字元組 (Words) 的 L 陣列 (Array) 內。將密鑰 K 從位元組轉成字元組的演算法如下：

```
u = w/8;
c = max(b,1)/u;
for(i = b -1; i > 0; i-- )
{
    L[i/u] = (L[i/u] <<< 8) + K[i];
    // 符號 <<< 表示向左旋轉
}
```

3. S表初值化

密鑰擴充的第二步是將 S 表作初值化處理。將 S 表作初值化之演算法描述如下：

```
S[0] = P_w;
for(i = 1; i < t-1; i++)  // t = 2(r+1)
{
    S[i] = S[i - 1] + Q_w;
}
```

4. 密鑰混合

RC5 密鑰擴充的第三步是密鑰混合。此步驟是將密鑰值混合至 S 陣列與 L 陣列之中。共需花費 3 * max(t, c) 次的混合處理。密鑰混合的演算法描述如下：

```
i = j = 0;
X = Y = 0;
for(k=0; k < 3 * max(t, c); k++)  // 3 *max(t, c)次
{
    X = S[i] = (S[i] + X + Y) <<< 3;
    Y = L[j] = (L[j] + X + Y) <<< (X + Y);
    i = (i + 1) mod (t);
    j = (j + 1) mod (c);
}
```

3.5.4　RC5 加密法之安全評析

目前文獻分析，RC4 加密法已能對抗差分攻擊法及線性攻擊法之攻擊。以目前電腦效能及資訊技術來判斷，它是一個非常安全的加密法。

3.6 結語

　　本章介紹對稱式加密系統，主要包含 DES 加密系統、3-DES 加密方法、對稱式加密之區塊加密模式、RC4 及 RC5 等加密系統。目前雖然已發展出許多新式的對稱式加密方法，DES 加密方法的探討對新式對稱式加密系統的了解仍有非常大的幫助。以目前電腦效能與技術來分析，DES 容易遭受暴力攻擊法、差分攻擊法及線性攻擊法等攻擊而破解，因此，改善方案 3-DES 旋即被提出。目前 3-DES 加密方法仍然是一個被廣泛使用的加密方法。本章也介紹了區塊加密模式，區塊加密模式可以提供對稱式加密更安全且更有效率的加密。最後，本章也介紹了 RC4 串流加密系統及 RC5 加密系統。基本上，RC4 串流加密系統及 RC5 加密系統是非常安全的對稱式加密法。

習 題

1. DES 加密中之 S-Box 目的為何？

2. 請說明 DES 加密系統之安全性。

3. 請說明 CBC 模式。

4. 請說明 OFB 模式。

5. 若 CBC 模式之加密方式以 $C_i = E_k(P_i \oplus C_{i-1})$，$C_0 = \text{IV}$ 來表示，請將 CBC 解密也以此正規化形式表示之。

6. 若 CFB 模式之加密方式以 $C_i = E_k(C_{i-1}) \oplus P_i$，$C_0 = \text{IV}$ 來表示，請將 CFB 解密也以此正規化形式表示之。

7. 請描述串流加密結構及其運作方式。

Chapter 4

進階加密標準系統

本章大綱

4.1　AES 沿革與評選標準

4.2　AES 加密演算法

4.3　AES 安全性評估

4.4　結語

由於電腦軟硬體的快速進步，電腦的運算能力日益提昇，而密碼之破解技術快速演進，傳統對稱式加密系統已面臨嚴重的攻擊威脅，因此進階加密標準 (Advanced Encryption Standard) 之加密系統也就應運而生。AES 加密系統比傳統對稱式加密系統更安全，而效能上比 3-DES 加密更有效率。AES 加密系統是美國 NIST (National Institute of Standard and Technology, 美國國家標準與技術研究院) 評估選定的加密標準，到目前為止仍是最安全且最有效率的加密系統之一。本章節將先介紹 NIST 針對 AES 評選考量，然後介紹 AES 加密演算法。

4.1 AES 沿革與評選標準

電腦技術日新月異，56 位元之 DES 加密系統面臨暴力攻擊之嚴重威脅。而 3-DES 加密在實作上效能很差。DES 或 3-DES 雖然都是區塊加密方法 (Block Cipher)，但是，以目前電腦技術發展狀況之安全度考量，區塊長度有必要加長。美國國家標準與技術研究院 (NIST) 發起了一項新的加密演算法徵選活動。經過徵選審核與評估，NIST 選定 Rijndael 演算法為新的加密演算法，稱為**進階加密標準** (Advanced Encryption Standard, 簡稱 AES)。

NIST 徵選新的加密演算法之評選標準主要基於幾個因素來考慮。主要以下列三種考慮因素來做評估標準：

- **安全性**：它是指破解演算法所需的代價。此項標準重視的是被實際攻擊的安全強度。Rijndael 演算法之最小金鑰長度是 128 位元，已不易受暴力攻擊而破解。Rijndael 演算法在實作上也能抵抗簡單時序攻擊法 (Timing Attack) 和功耗分析攻擊法 (Power Analysis Attack) 的攻擊。
- **成本**：NIST 希望新的加密演算法有低的成本且更好的效能，打算將新的加密演算法實施到各種應用上。Rijndael 演算法在實作上具備很好的效能，記憶體需求也非常低。

- **演算法與實作特性**：此項標準內含各種不同實用性考量，包括靈活性、軟／硬體實作的適用性及便利性。基於 Rijndael 演算法，AES 金鑰長度有 128/192/256 位元等三種選擇，具備相當彈性度；Rijndael 演算法也提供更大至 128 位元的區塊長度，讓 Rijndael 演算法在實作上更靈活；另外，Rijndael 演算法在實作上很容易備用在各種不同平台上，具有更大的應用範圍。

基於安全性、成本及演算法與實作特性等之考量，NIST 評選 Rijndael 演算法為新的加密標準 AES 演算法。相對上來說，AES 仍是目前最安全且較有效率的對稱式加密系統。AES 在軟體及硬體上都能快速地加解密，相對來說較易於實作，而且只需要很少的記憶體。目前，AES 加密系統已被廣泛實作到各種應用上。

4.2 AES 加密演算法

AES 加密方法主要透過多次的排列與取代之運算過程達成加密的目的。整個 AES 加密流程經過 10 個回合 (Round) 的排列與取代運算來達到加密的目的。整個 AES 加密流程如圖 4.1 AES 加解密流程圖所示。AES 的加密和解密的輸入都是 128 位元的區塊。加密的流程之一開始會先做一次新增回合密鑰運算 (Add Round Key)，接下來進行 10 回合排列與取代運算。每一回合的運算均包含下列四種運算：

- 取代位元組 (Substitute Bytes) 運算：利用 S-box 來進行區塊中的位元做逐一取代。
- 列的位移 (Shift Rows) 運算：做簡單位移重排。
- 行的混合 (Mix Columns) 運算：利用 $GF(2^8)$ 計算進行取代。
- 新增回合密鑰 (Add Round Key) 運算：針對目前回合之區塊與擴充密鑰的一部分來進行逐一位元 XOR 運算。

圖 4.1　AES 加解密流程圖

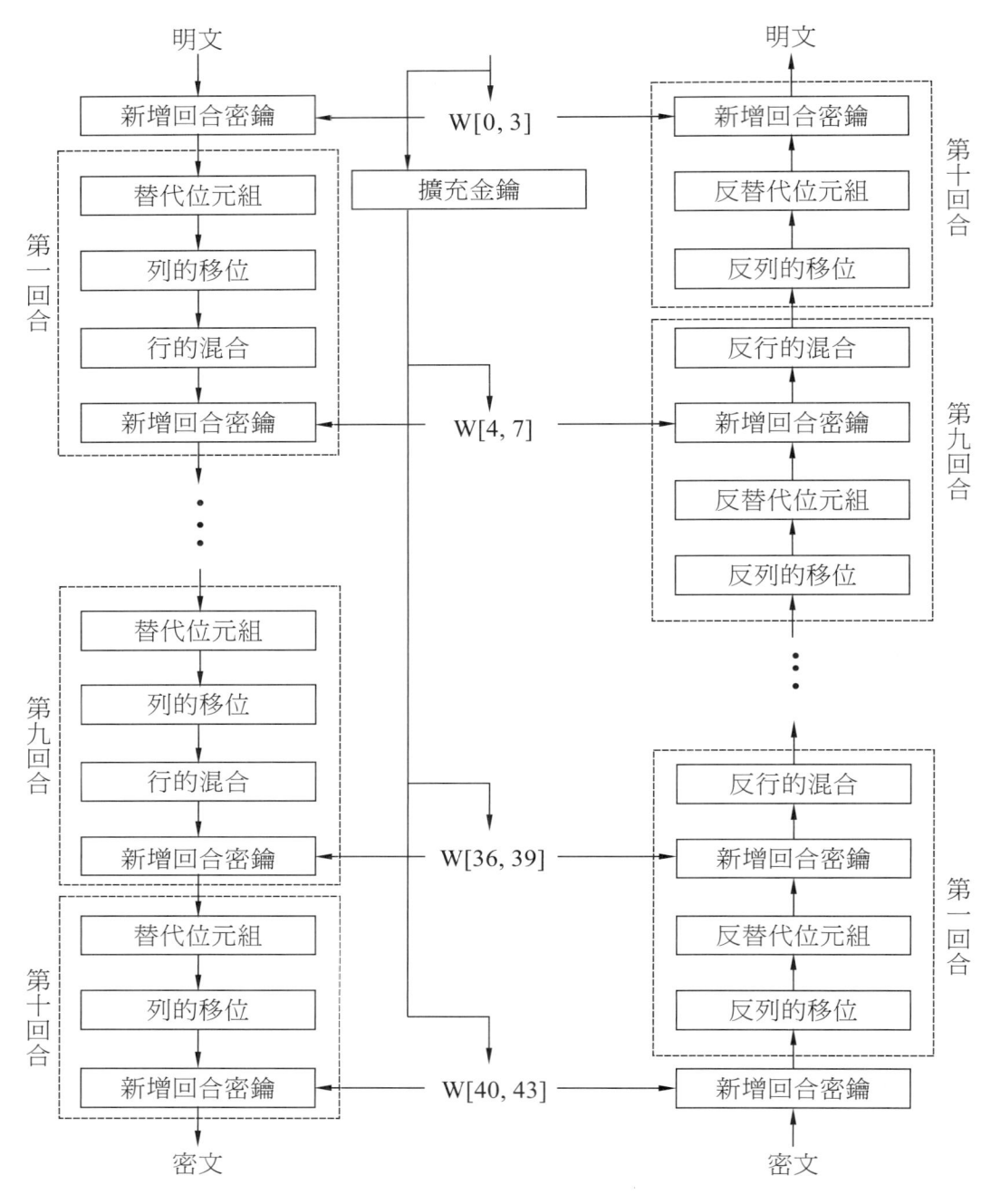

對應圖 4.1 AES 加解密流程圖所示，首先我們先概略地了解 AES 演算法架構，然後再詳細討論 AES 加解密演算法。AES 加解密演算法架構描述如下：

```
AESEncrypt(byte in[4 * Nb], byte out [4 * Nb], word w[Nb * (Nr + 1)])
{ /* Nb: 明文區塊之數目 , Nr: 回合次數 ,Nk: 密鑰區塊之數目 ,state:
運算過程之狀態陣列 , w: 密鑰字元 */
byte state [4, Nb];
state = in;
AddRoundKey (state, w[0, Nb - 1]);
for (round = 1; round <= Nr -1; round++)
{
    SubBytes (state);
    ShiftRows (state);
    MixColumns (state);
    AddRoundKey (state, w[round * Nb, (round+1)*Nb -1]);
}
SubBytes (state);
ShiftRows (state);
AddRoundKey (state, w[Nr*Nb, (Nr+1)*Nb -1]);
out = state;
}
```

AES 解密演算法架構描述如下：

```
AESDecrypt(byte in[4*Nb], byte out[4*Nb], word w[Nb*(Nr+1)])
{
byte  state[4, Nb];
state = in;
AddRoundKey (state, w[Nr*Nb, (Nr+1)*Nb -1]);
for (round = (Nr -1); round <= 1; round--)
{
    InvSubBytes (state);
    InvShiftRows (state);
    InvMixColumns (state);
    AddRoundKey (state, w[round*Nb, (round+1)*Nb -1]);
}
InvSubBytes (state);
InvShiftRows (state);
AddRoundKey (state, w[0, Nb -1]);
out = state;
}
```

1. 新增回合密鑰運算

AES 加密過程是在一個 4×4 的位元組矩陣上運作，這個矩陣又稱為**狀態矩陣** (State Matrix)。新增回合密鑰 (Add Round Key) 運算是將目前回合之狀態矩陣 State 矩陣中的每一個位元組都與該次之回合密鑰 (Round Key) 做 XOR 運算。新增回合密鑰運算如圖 4.2 新增回合密鑰運算示意圖所示。圖 4.2 中，將 State 矩陣 $[a_{ij}]_{4\times 4}$ 跟回合密鑰 $[k_{ij}]_{4\times 4}$ 做 XOR 運算產生新的 State 矩陣 $[b_{ij}]_{4\times 4}$。

2. 取代位元組運算

取代位元組 (Substitute Bytes) 運算是把 State 矩陣之 a_i 利用下列矩陣運算轉換成 b_i。取代位元組運算可以用如下矩陣運算式來表示，如 (4.1) 式。此矩陣計算方式是將輸入 a_i 求其在 $GF(2^8)$ 中之乘法反元素，然後帶入 (4.1) 式子中，經過 (4.1) 式子計算後即可得到轉換值 b_i。

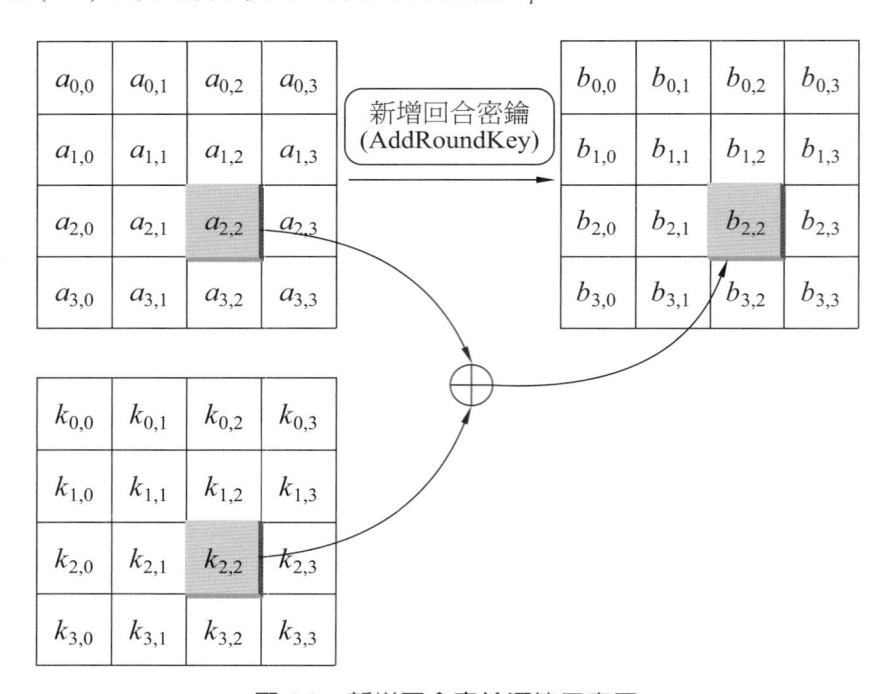

圖 4.2　新增回合密鑰運算示意圖

$$\begin{bmatrix} b0 \\ b1 \\ b2 \\ b3 \\ b4 \\ b5 \\ b6 \\ b7 \end{bmatrix} = \begin{bmatrix} 10001111 \\ 11000111 \\ 11100011 \\ 11119991 \\ 11111000 \\ 01111100 \\ 00111110 \\ 00011111 \end{bmatrix} \begin{bmatrix} a0 \\ a1 \\ a2 \\ a3 \\ a4 \\ a5 \\ a6 \\ a7 \end{bmatrix} + \begin{bmatrix} 1 \\ 1 \\ 0 \\ 0 \\ 0 \\ 1 \\ 1 \\ 0 \end{bmatrix} \quad (4.1)$$

但是上述 (4.1) 之矩陣計算方式之取代方法會花費許多計算時間；在實作上每個位元都要利用此矩陣計算方式才能得到轉換值，如此會增加許多計算時間。因此，在實作上是利用 S-box 來做轉換，如此可以加快計算而增加效能。實作上，取代位元組運算如圖 4.3 取代位元組運算示意圖所示。AES 在取代位元組運算在加密過程是位元組正向取代，簡稱為 SubBytes。如下圖之 SubBytes 步驟中，State 矩陣中的各位元組透過一個 8 位元的 S-box 進行轉換。

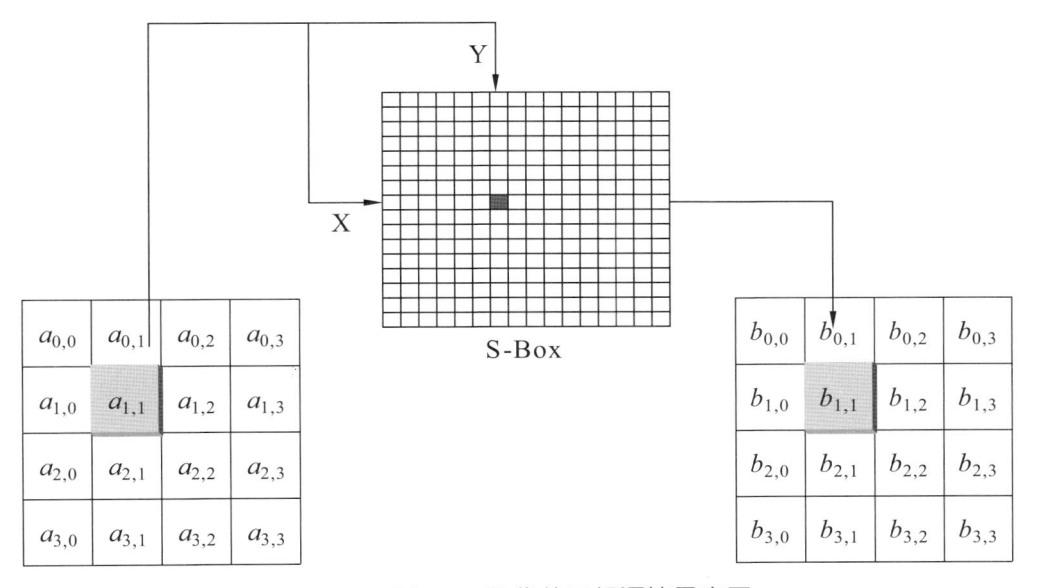

圖 4.3　取代位元組運算是意圖

如表 4.1 AES 的 S-box 矩陣所示，S-box 內的值是 8 位元的 16 進位值。State 矩陣之每個位元組之最左邊 4 個位元形成之值，當做 S-box 索引 (Index) 之列號；最右邊 4 個位元形成之值，當做 S-box 索引之行號。表 4.1 之列號與行號分別以 X 和 Y 表示。利用此列號及行號的值就可當做 S-box 之索引對應 S-box 內一個輸出值。例如，State 矩陣之一個位元組之 16 進位數值 {83}，對照表 4.1 AES 的 S-box 矩陣之第 8 列第 3 行的值是 {EC}。因此，利用 S-box 之取代位元組運算所對應的值就是 {EC}。如下表是一個利用 S-box 做取代位元組運算之範例。

EB	07	65	85
87	45	5D	95
5C	33	0A	B0
F0	3E	AD	C5

→

E9	C5	4D	97
17	6E	4C	2A
4A	C3	67	E7
8C	B2	95	A6

表 4.1　AES 的 S-box 表
(a) S-box 表

	Y	0	1	2	3	4	5	6	7	8	9	A	B	C	D	E	F
X	0	63	7C	77	7B	F2	6B	6F	C5	30	01	67	2B	FE	D7	AB	76
	1	CA	82	C9	7D	FA	59	47	F0	AD	D4	A2	AF	9C	A4	72	C0
	2	B7	FD	93	26	36	3F	F7	CC	34	A5	E5	F1	71	D8	31	15
	3	04	C7	23	C3	18	96	05	9A	07	12	80	E2	EB	27	B2	75
	4	09	83	2C	1A	1B	6E	5A	A0	52	3B	D6	B3	29	E3	2F	84
	5	53	D1	00	ED	20	FC	B1	5B	6A	CB	BE	39	4A	4C	58	CF
	6	D0	EF	AA	FB	43	4D	33	85	45	F9	02	7F	50	3C	9F	A8
	7	51	A3	40	8F	92	9D	38	F5	BC	B6	DA	21	10	FF	F3	D2
	8	CD	0C	13	EC	5F	97	44	17	C4	A7	7E	3D	64	5D	19	73
	9	60	81	4F	DC	22	2A	90	88	46	EE	B8	14	DE	5E	0B	DB
	A	E0	30	3A	0A	49	06	24	5C	C2	D3	AC	62	91	95	E4	79
	B	E7	C8	37	6D	8D	D5	4E	A9	6C	56	F4	EA	65	7A	AE	08
	C	BA	78	25	2E	1C	A6	B4	C6	E8	DD	74	1F	4B	DB	8B	8A
	D	70	3E	B5	66	48	03	F6	0E	61	35	57	B9	86	C1	1D	9E
	E	E1	F8	98	11	69	D9	8E	94	9B	1E	87	E9	CE	55	28	DF
	F	8C	A1	89	0D	BF	E6	42	68	41	99	2D	0F	B0	54	BB	16

表 4.1　AES 的 S-box 表 (續)

(b) Inverse S-box 表

X \ Y	0	1	2	3	4	5	6	7	8	9	A	B	C	D	E	F
0	52	09	6A	D5	30	36	A5	38	BF	40	A3	9E	81	F3	D7	FB
1	7C	E3	39	82	9B	2F	FF	87	34	8E	43	44	C4	DE	E9	CB
2	54	7B	94	32	A6	C2	23	3D	EE	4C	95	0B	42	FA	C3	4E
3	08	2E	A1	66	28	D9	24	B2	76	5B	A2	49	6D	8B	D1	25
4	72	F8	F6	64	86	68	98	16	D4	A4	5C	CC	5D	65	B6	92
5	6C	70	48	50	FD	ED	B9	DA	5E	15	46	57	A7	8D	9D	84
6	90	D8	AB	00	8C	BC	D3	0A	F7	E4	58	05	B8	B3	45	06
7	D0	2C	1E	8F	CA	3F	0F	02	C1	AF	BD	03	01	13	8A	6B
8	3A	91	11	41	4F	67	DC	EA	97	F2	CF	CE	F0	B4	E6	73
9	96	AC	74	22	E7	AD	35	85	E2	F9	37	E8	1C	75	DF	6E
A	47	F1	1A	71	1D	29	C5	89	6F	B7	62	0E	AA	18	BE	1B
B	FC	56	3E	4B	C6	D2	79	20	9A	DB	C0	FE	78	CD	5A	F4
C	1F	DD	A8	33	88	07	C7	31	B1	12	10	59	27	80	EC	5F
D	60	51	7F	A9	19	B5	4A	0D	2D	E5	7A	9F	93	C9	9C	EF
E	A0	E0	3B	4D	AE	2A	F5	B0	C8	EB	BB	3C	83	53	99	61
F	17	2B	04	7E	BA	77	D6	26	E1	69	14	63	55	21	0C	7D

　　AES 在取代位元組運算在解密過程是位元組反向取代，簡稱為 InvSubBytes。位元組反向取代，即 InvSubBytes，作法上與 SubBytes 相同，只是 InvSubBytes 利用 Inverse S-box 來實作取代轉換。

3. 列的位移運算

　　列的位移 (Shift Rows) 運算在加密過程是列正向循環移位，簡稱為 ShiftRows。ShiftRows 運算方式如圖 4.4 列的位移運算示意圖所示。State 矩陣之第 1 列不變的；而第 2 列中，每個元素向左循環位移 1 個位元組；第 3 列中，每個元素向左循環位移 2 個位元組；第 4 列中，每個元素向左循環位移 3 個位元組。

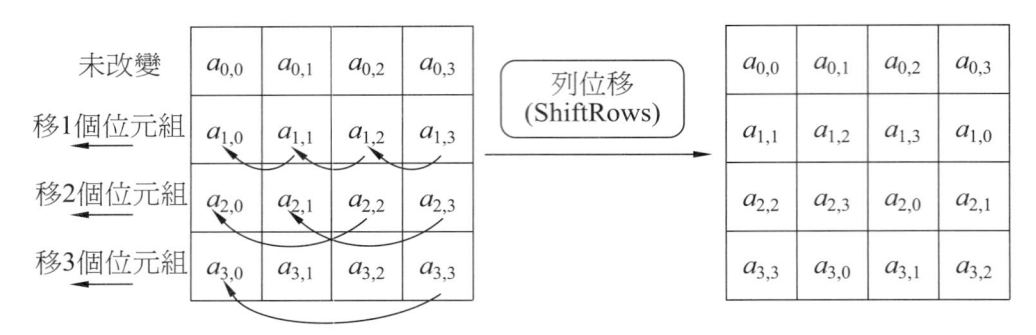

```
                                         列位移
未改變    a_{0,0} a_{0,1} a_{0,2} a_{0,3}  (ShiftRows)   a_{0,0} a_{0,1} a_{0,2} a_{0,3}
移1個位元組 a_{1,0} a_{1,1} a_{1,2} a_{1,3}  ----------→   a_{1,1} a_{1,2} a_{1,3} a_{1,0}
移2個位元組 a_{2,0} a_{2,1} a_{2,2} a_{2,3}               a_{2,2} a_{2,3} a_{2,0} a_{2,1}
移3個位元組 a_{3,0} a_{3,1} a_{3,2} a_{3,3}               a_{3,3} a_{3,0} a_{3,1} a_{3,2}
```

圖 4.4　列的位移 (Shift rows) 運算示意圖

下面是 ShiftRows 的一個範例。依據圖 4.4 之 ShiftRows 運算，State 矩陣之第 1 列不變，即是 {7A, E3, 4D, 83} 轉換後仍是 {7A, E3, 4D, 83}；第 2 列中，每個元素向左循環位移 1 個位元組，即是 {B5, 6E, 3F, 90} 轉換後變成 {6E, 3F, 90, B5}；第 3 列中，每個元素向左循環位移 2 個位元組，即是 {4A, C7, 46, D3} 轉換後變成 {46, D3, 4A, C7}；第 4 列中，每個元素向左循環位移 3 個位元組，即是 {8C, D5, 95, A6} 轉換後變成 {A6, 8C, D5, 95}。

7A	E3	4D	83
B5	6E	3F	90
4A	C7	46	D3
8C	D5	95	A6

→

7A	E3	4D	83
6E	3F	90	B5
46	D3	4A	C7
A6	8C	D5	95

列的位移運算在解密過程是列反向循環移位，簡稱為 InvShiftRows。InvShiftRows 作法上與 ShiftRows 非常類似，只是 InvShiftRows 將 State 矩陣之後三列做反向循環移位。也就是說，第 2 列之每個元素向右循環位移 1 個位元組；第 3 列之每個元素向右循環位移 2 個位元組；第 4 列之每個元素向右循環位移 3 個位元組。

4. 行的混合運算

行的混合 (Mix Columns) 運算在加密過程是執行一個正向行的混合，簡稱 MixColumns。MixColumns 運算是將 State 矩陣之每一行為單位，經過遵循 $GF(2^8)$ 規範之可逆函數之運算。行的混合運算將 State 矩陣之每一行經過如下 (4.2) 式子之運算之後即可得到新的混合值，達到混合編碼之功能。

$$\begin{bmatrix} S'_{0,j} \\ S'_{1,j} \\ S'_{2,j} \\ S'_{3,j} \end{bmatrix} = \begin{bmatrix} 02 & 03 & 01 & 01 \\ 01 & 02 & 03 & 01 \\ 01 & 01 & 02 & 03 \\ 03 & 01 & 01 & 02 \end{bmatrix} \begin{bmatrix} S_{0,j} \\ S_{1,j} \\ S_{2,j} \\ S_{3,j} \end{bmatrix} \quad (4.2)$$

(4.2) 式乘開之後,將會得到如下之 (4.3) 式:

$$\begin{aligned} S'_{0,j} &= (2 \bullet S_{0,j}) \oplus (3 \bullet S_{1,j}) \oplus S_{2,j} \oplus S_{3,j} \\ S'_{1,j} &= S_{0,j} \oplus (2 \bullet S_{1,j}) \oplus (3 \bullet S_{2,j}) \oplus S_{3,j} \\ S'_{2,j} &= S_{0,j} \oplus S_{1,j} \oplus (2 \bullet S_{2,j}) \oplus (3 \bullet S_{3,j}) \\ S'_{3,j} &= (3 \bullet S_{0,j}) \oplus S_{1,j} \oplus S_{2,j} \oplus (2 \bullet S_{3,j}) \end{aligned} \quad (4.3)$$

在 (4.3) 式中之運算符號 $\bullet$ 表示在 $GF(2^8)$ 內之乘法運算;而 $\oplus$ 則表示 XOR 運算,這相當於在 $GF(2^8)$ 內之加法運算。如下轉換是 MixColumns 運算之一個範例:

2B	F2	4D	97
6E	3D	90	EC
C5	E7	3A	C3
A6	6C	D8	95

$\rightarrow$

87	33	D3	4C
05	D6	E0	9F
25	AE	DA	42
81	0F	D6	BC

行的混合運算在解密過程是執行一個反向行的混合,簡稱 InvMixColumns。InvMixColumns 運算方式與 MicColumns 非常類似,只是 InvMixColumns 是用另一個反矩陣來進行運算。InvMixColumns 的運算式如下之 (4.4) 式所示。

$$\begin{bmatrix} S'_{0,j} \\ S'_{1,j} \\ S'_{2,j} \\ S'_{3,j} \end{bmatrix} = \begin{bmatrix} 0E & 0B & 0D & 09 \\ 09 & 0E & 0B & 0D \\ 0D & 09 & 0E & 0B \\ 0B & 0D & 09 & 0E \end{bmatrix} \begin{bmatrix} S_{0,j} \\ S_{1,j} \\ S_{2,j} \\ S_{3,j} \end{bmatrix} \quad (4.4)$$

(4.4) 式乘開之後,將會得到如下之 (4.5) 式:

$$\begin{aligned} S'_{0,j} &= (0E \bullet S_{0,j}) \oplus (0B \bullet S_{1,j}) \oplus (0D \bullet S_{2,j}) \oplus (09 \bullet S_{3,j}) \\ S'_{1,j} &= (09 \bullet S_{0,j}) \oplus (0E \bullet S_{1,j}) \oplus (0B \bullet S_{2,j}) \oplus (0D \bullet S_{3,j}) \\ S'_{2,j} &= (0D \bullet S_{0,j}) \oplus (09 \bullet S_{1,j}) \oplus (0E \bullet S_{2,j}) \oplus (0B \bullet S_{3,j}) \\ S'_{3,j} &= (0B \bullet S_{0,j}) \oplus (0D \bullet S_{1,j}) \oplus (09 \bullet S_{2,j}) \oplus (0E \bullet S_{3,j}) \end{aligned} \quad (4.5)$$

5. 各回合金鑰產生方式

圖 4.1 AES 加解密流程中各個回合需要搭配各回合密鑰 (Round key)。AES 之各回合密鑰是由主金鑰 (Key) 逐回合循序所產生。AES 加密流程所需之各回合密鑰是經過金鑰擴充方式來解決。AES 金鑰分成 4 個字元 (128 位元)、6 個字元 (192 位元) 或 8 個字元 (256 位元) 等三種金鑰。如下以 4 個字元金鑰為例來說明金鑰擴充方法。AES 金鑰擴充方法是輸入的 4 個字元 (16 個位元組) 之金鑰，將其擴充輸出成 44 個字元 (176 個位元組)，以提供加密過程中所需要之各回合密鑰。金鑰擴充方法的虛擬程式碼如下所示：

```
KeyExpansion(byte  key[4*N_k], word  w[N_b *(N_r+1)], N_k)
/* 主金鑰輸入 key[]，子金鑰字元輸出 w[]，金鑰字元數量輸入 N_r */
/* N_k = 4（AES-128），N_k = 6（AES-192），N_k = 8（AES-256） */
{
word  temp
i = 0
while (i < N_k)
{
   w[i] = word(key[4*i], key[4*i + 1], key[4*i +2], key[4*i + 3])
   i = i +1
}
i = N_k
while (i < N_b * (N_r + 1))
{
   temp = w[i −1]
   if (i mod N_k = 0)
           temp = SubWord(RotWord(temp)) ⊕ Rcon[i/Nk]
   else if (N_k > 6 and  i mod N_k = 4)
           temp = SubWord(temp)
   end if
   w[i] = w[i − N_k] ⊕ temp
   i = i +1
}
}
```

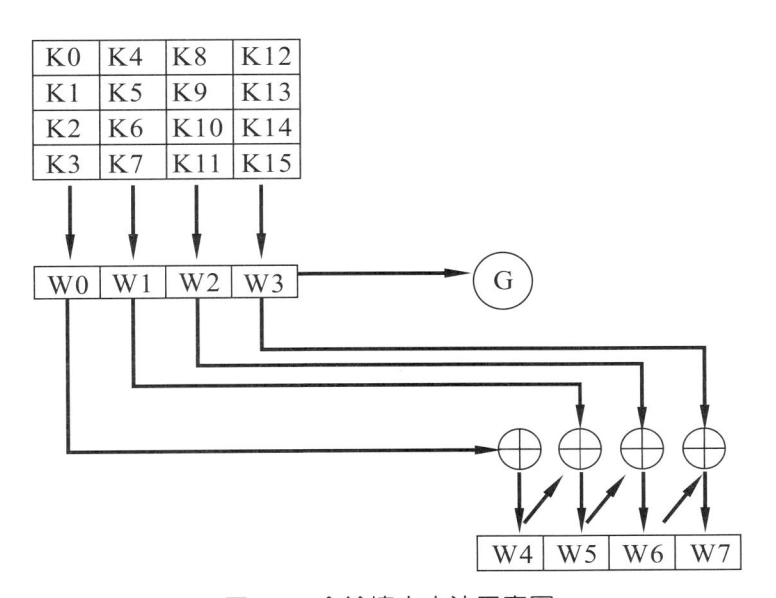

AES 金鑰擴充方法如圖 4.5 金鑰擴充方法示意圖所示。開始時輸入之金鑰會被複製到擴充金鑰的前 4 個字元 (Word)，這個 4 個字元的金鑰即提供 AES 加密之初始新增回合密鑰運算所需之金鑰。擴充金鑰的其餘部分則以一次填入 4 個字元的方式來補滿。擴充方法是將最近擴充得到的 4 個字元，標記為 $\{W_{i-4}, W_{i-3}, W_{i-2}, W_{i-1}\}$，經過圖 4.5 所示之 G 函數運算後得到的 1 個字元的 G 字元，將 G 字元跟最近擴充得到字元組的第一個字元 W_{i-4} 作 XOR 會產生一個新的擴充字元 W_i；然後，將 W_i 跟 W_{i-3} 作 XOR 會產生另一個新的擴充字元 W_{i+1}；同樣方式，將 W_{i+1} 跟 W_{i-2} 作 XOR 會產生 W_{i+2}；再將 W_{i+2} 跟 W_{i-1} 作 XOR 會產生 W_{i+3}；如此就得到新擴充的 4 個字元的擴充金鑰，標記為 $\{W_i, W_{i+1}, W_{i+2}, W_{i+3}\}$。藉由同樣方式重複 10 次即會產生加密過程中所需要之各回合金鑰。

圖 4.5 之 G 函數之演算方式如下：

1. 子函數 RotWord 會將一個字元向左旋轉 1 個位元組；也就是輸入字元 [B0, B1, B2, B3] 會被轉換為 [B1, B2, B3, B0]。

圖 4.5　金鑰擴充方法示意圖

2. 子函數 SubWord 利用 S-box 來取代輸入字元中的每一個位元組。
3. 將子函數 RotWord 及子函數 SubWord 的結果與回合常數 Rcon[j] 作 XOR 運算。
4. 回合常數 Rcon[j] 定義為：Rcon[j] = (RC[j], 0, 0, 0)，並且 RC[1] = 1，RC[j] = 2 • RC[j - 1]，i ≧ 2 over $GF(2^8)$。RC[j] 的十六進位表示法的值為：

j	1	2	3	4	5	6	7	8	9	10
RC[j]	01	02	04	08	10	20	40	80	1B	36

4.3 AES 安全性評估

　　美國 NIST 評選 AES 為國家標準時已充分考量其安全強度；基本上，AES 仍是目前最安全的加密系統之一。一般而言，128 位元密鑰的 AES 已足夠對抗現今已知的攻擊，AES 比 DES 更安全許多；相對安全情況下，AES 比 3-DES 更有效率許多，適合用在各種應用環境。不過，已有文獻顯示，AES 的特定實作方式會受快取時序攻擊法 (Cache-Timing Attack) 之攻擊。快取時序攻擊法是副頻道攻擊法 (Side Channel Attacks) 之其中一種攻擊法。副頻道攻擊法是藉由記錄硬體資訊，經由統計模型分析其資訊關係而達到秘密資訊或密鑰之竊取或破解的一種攻擊法。快取時序攻擊法即是藉由分析 Cache 存取時型 (Access Time Patterns) 來竊取 AES 密鑰的一種攻擊法。但是，快取時序攻擊法之攻擊者必須在執行 AES 加密的系統上擁有其執行程式的權限，才能破解 AES 密碼系統。另外，文獻也顯示，由於 AES 有一個代數結構，它可能受數學理論分析方式攻擊而破解。

4.4 結語

　　本章針對 AES 加密系統作介紹。AES 是美國 NIST 評估選定的美國國家標準。AES 目前已廣泛被應用到各種環境上，它是一個非常安全而有效率的對稱式加密系統。AES 加密方法在理論上來說結構強韌，實作上可以應用到各種不同平台，硬體需求不高，它是一個實用性很高的加密演算法。隨著科技不斷進步，AES 加密系統的安全性確實遭受挑戰，但是到目前為止 AES 仍是最安全的對稱式加密系統。

習 題

1. NIST 徵選新的加密演算法之評選標準主要基於三種考慮因素來做評估標準，請問是哪三種？

2. AES 加密流程會進行 10 回合排列與取代運算，每一回合的運算均包含四種運算，請問這四種運算為何？

3. 請敘述 AES 之新增回合密鑰 (Add Round Key) 運算。

4. 請對 DES 與 AES 作其安全性分析與比較。

5. 何謂副頻道攻擊法 (Side Channel attacks) 與快取時序攻擊法 (Cache-Timing Attack)？

Chapter 5

公開金鑰密碼系統

本章大綱

5.1 公開金鑰密碼系統

5.2 數位簽章系統

5.3 橢圓曲線密碼學

5.4 結語

公開金鑰密碼學 (Public Key Cryptography) 可以說是近代密碼學演進上重要的變革。西元 1976 年 Diffie 與 Hellman 首先提出公開金鑰加密系統的構想，啟發了許多人們對公開金鑰加密系統之研究。西元 1978 年美國麻省理工學院的 Rivest、Shamir 及 Adleman 三位學者提出了一個基於因數分解難題為基礎的公開金鑰加密系統，稱為 **RSA 公開金鑰加密系統**，那是一個重要的里程碑。多年來陸續有許多新的公開金鑰加密系統被提出，也廣泛被實施在許多不同應用上。從現在看未來發展來看，公開金鑰密碼系統仍會是極為重要發展議題。本章節即將介紹這些常用的公開金鑰密碼系統，我們將介紹 Diffie-Hellman 金鑰交換系統、RSA 加密系統、ElGamal 加密系統、DSA 數位簽章、盲簽章及橢圓曲線密碼學 (Elliptic Curve Cryptography) 等公開金鑰密碼系統。

5.1 公開金鑰密碼系統

5.1.1 公開金鑰密碼系統之運作模式

基本上，對稱式加密系統的密鑰 (Key) 分送 (Distribution) 時必須要靠非常安全的機制來分送，否則很容易發生被竊取的安全問題；此外，密鑰的分送是一個繁雜的過程，這也造成對稱式加密系統的負擔。這些問題引發了公開金鑰密碼系統研究與發展。公開金鑰密碼系統相較於對稱式密碼系統是另一種發展路線的密碼系統。對稱式加密系統在加／解密時只共用一把金鑰；然而，在構想上公開金鑰密碼系統在加密時和解密時是使用不同把金鑰，而且加密後會將加密金鑰公開。公開金鑰加密系統是使用兩把不同金鑰來做加／解密，它常被稱為**非對稱加密系統** (Asymmetric Encryption System)。

公開金鑰加密系統的基本運作方式如圖 5.1 公開金鑰加密系統之基本架構圖所示。公開金鑰加密系統主要包含五大組成單元：明文 (Plaintext)、加密器 (Encryptor)、解密器 (Decryptor)、公開金鑰 (Public Key) 與私密金鑰

(Private Key) 及密文 (Ciphertext)。訊息發送端用公開金鑰 (Public Key) 將明文 (Plaintext) 加密成密文，密文可以在不安全通道 (Channel) 來傳送，發送端也將其加密用之公開金鑰對外公開，訊息的接收端先利用一個金鑰產生程序 (Key Generation Procedure) 產生一把私密金鑰 (Private Key)，接收端即可用此私密金鑰來作解密產生明文。私密金鑰必須很安全地保管好，才不致造成安全問題。

公開金鑰密碼系統的特色是它用兩把金鑰，一把可以公開，而另一把需私有保存。若把傳送端用私密金鑰來加密而接收端用公開金鑰來解密以執行 [簽署] 功能，則可應用成數位簽章系統。基本上，公開金鑰密碼系統相較於對稱式密碼系統有如下幾個優點：

1. 加密金鑰可以公開，不需利用安全通道傳送，不會發生如對稱式加密系統之金鑰分送問題。
2. 公開金鑰密碼系統可應用至數位簽章系統，可以達到不可否認性 (Non-Repudiation)。
3. 網路通訊的雙方，只要取得對方公開金鑰即可加密而傳送給對方，對公開金鑰之分送與管理很方便。

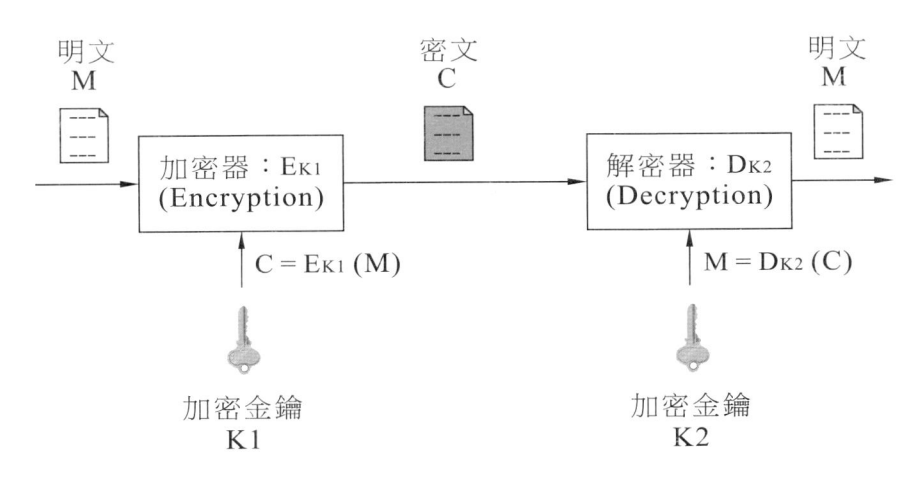

圖 5.1　公開金鑰加密系統之基本架構圖

5.1.2 Diffie-Hellman 金鑰交換系統

Diffie-Hellman 金鑰交換系統是最早發表之公開金鑰演算法。Diffie-Hellman金鑰交換系統之演算法的安全性是基於**離散對數** (Discrete Logarithm)的困難度。

Diffie-Hellman 金鑰交換系統之演算法

- 參數定義：
  - 令 p 為一個大質數
  - 令 g 為 p 第一個原根 (Primitive Root)
- 使用者 A 金鑰產生：
  - 選取一個私密金鑰 x_A 且 $x_A < p$
  - 計算一個公開金鑰 y_A：$y_A = g^{x_A} \mod p$
- 使用者 B 金鑰產生：
  - 選取一個私密金鑰 x_B 且 $x_B < p$
  - 計算一個公開金鑰 y_B：$y_B = g^{x_B} \mod p$
- 使用者 A 產生共同金鑰：
  - 計算一個秘密共同金鑰：$K_{AB} = (y_B)^{x_A} \mod p$
- 使用者 B 產生共同金鑰：
  - 計算一個秘密共同金鑰：$K_{AB} = (y_A)^{x_B} \mod p$
- 正確性分析：

$$\begin{aligned}
K_{AB} &= (y_B)^{x_A} \mod p \\
&= (g^{x_B} \mod p)^{x_A} \mod p \\
&= (g^{x_B})^{x_A} \mod p \\
&= g^{x_B x_A} \mod p \\
&= (g^{x_A})^{x_B} \mod p \\
&= (g^{x_A} \mod p)^{x_B} \mod p \\
&= (y_A)^{x_B} \mod p
\end{aligned}$$

Diffie-Hellman 金鑰交換系統之安全性

Diffie-Hellman 金鑰交換系統演算法之安全主要基於數學離散對數難題；亦即，攻擊者若想攻擊使用者 A 以獲得 K_{AB} 時，他必須要知道 x_A，但是基於離散對數困難度，攻擊者對於 $x_A = \log_g y_A$ 離散對數不易求出 x_A 值。

5.1.3 RSA 公開金鑰加密系統

RSA 公開金鑰加密方法是由 Rivest、Shamir 及 Adleman 共同提出的演算法。RSA 公開金鑰加密演算法是基於大因數分解難題來達成安全加密的方法。RSA 公開金鑰加密系統也是屬於區塊加密 (Block Cipher) 方法。

RSA 演算法

1. 金鑰產生：
   - 選取兩個大質數 p 和 q 且 $p \neq q$
   - 計算 $N = p \times q$
   - 計算 $\Phi(N) = (p-1)(q-1)$
   - 選取整數 e，使得 $\Phi(N)$ 和 e 互質且 $1 < e < \Phi(N)$
   - 計算 d，即 $d \equiv e^{-1} \mod \Phi(N)$
   - 公開金鑰：$\{e, N\}$；私密金鑰：$\{d\}$

2. 加密程序：
   - 令明文 $M < N$
   - 計算 $C = M^e \pmod N$

3. 解密程序：
   - 密文為 C
   - 計算 $M = C^e \pmod N$

4. 正確性分析：

$$(C)^d \mod N$$
$$= [M^e]^d \mod N$$
$$= (M)^{e \cdot d} \mod N，由尤拉定理得知 e \cdot d = 1 \mod \Phi(N)$$
$$= M \mod N$$
$$= M，因 M < N$$

RSA 安全性

RSA 加密演算法主要基於數學上因數分解之難題；亦即，對一個很大的整數 $N = p \times q$ 中，p 和 q 不易被因數分解得出。在安全性考量上，p 和 q 的選擇應該大到讓 N 不易被因數分解；同時，公開金鑰 e 不應太小，否則容易遭受低指數攻擊法之攻擊。

5.1.4 ElGamal 公開金鑰加密系統

ElGamal 加密演算法是 ElGamal 在 1984 年提出來，ElGamal 加密演算法主要基於數學離散對數 (Discrete Logarithm) 難題。

ElGamal 加密演算法

1. 金鑰產生：
   - 設若 $\alpha \in Z_q^*$ 為一個生成數 (Generator)，而 q 為一個大質數 (Prime)
   - 隨機選定一個整數 a
   - 計算 $\beta \equiv \alpha^a \bmod q$
   - 公開金鑰為 (α, β, q)，而 a 為私密金鑰

2. 加密程序：
   - 設若 $M \in Z_q^*$ 為明文
   - 選定隨機數 $k \in Z_{q-1}$
   - 計算 $Y_1 \equiv \alpha^k \bmod q$ 及 $Y_2 \equiv M \cdot \beta^k \bmod q$
   - 將密文 (Y_1, Y_2) 傳給接收者

3. 解密程序：
   - 計算 $M \equiv Y_2 \cdot (Y_1^a)^{-1} \bmod q$

4. 正確性分析：

$$Y_2 \cdot (Y_1^a)^{-1} \bmod q$$
$$= (M \cdot \beta^k) \cdot ((\alpha^k \bmod q)^a)^{-1} \bmod q$$
$$= (M \cdot (\alpha^a \bmod q)^k) \cdot ((\alpha^k \bmod q)^a)^{-1} \bmod q$$
$$= M \cdot (\alpha^{a \cdot k}) \cdot (\alpha^{k \cdot a})^{-1} \bmod q$$
$$= M$$

ElGamal 加密演算法之安全性

ElGamal 加密演算法主要基於數學離散對數 (Discrete Logarithm) 難題；亦即，對於 $a = \log_\alpha \beta$ 離散對數不易求出 a 值。

5.2 數位簽章系統

美國 NIST 頒佈的**數位簽章** (Digital Signature) 標準，主要是依據 ElGamal 數位簽章修改而來。數位簽章可以提供訊息的完整性 (Integrity)、訊息來源的認證鑑別 (Authentication)、不可否認性 (Non-Repudiation) 等安全服務，數位簽章在電子化環境是重要的工具之一，目前已廣泛應用在電子商務及數位憑證等應用之中。

基本上，數位簽章一般需要三個程序，圖 5.2 數位簽章程序所示，首先需要進行金鑰產生，一般數位簽章演算法是採用公開金鑰系統，因此，需產生一對私密金鑰及公開金鑰，以便作為簽章與驗證之用。接下來，第二個程序是簽章程序，在簽章程序是以私密金鑰來簽章，驗證時則用公開金鑰來解密。第三個程序是驗證程序，將簽章值作比對看是否相同。

一般來說大部分公開金鑰加密演算法均適合用作簽章機制的簽章演算法，如 RSA 等，最簡單的用法就是，利用公開金鑰加密演算法，只要將訊息用私密金鑰加密，而以公開金鑰解密，那麼加密後密文及其私密金鑰即是可舉證

圖 5.2　數位簽章程序

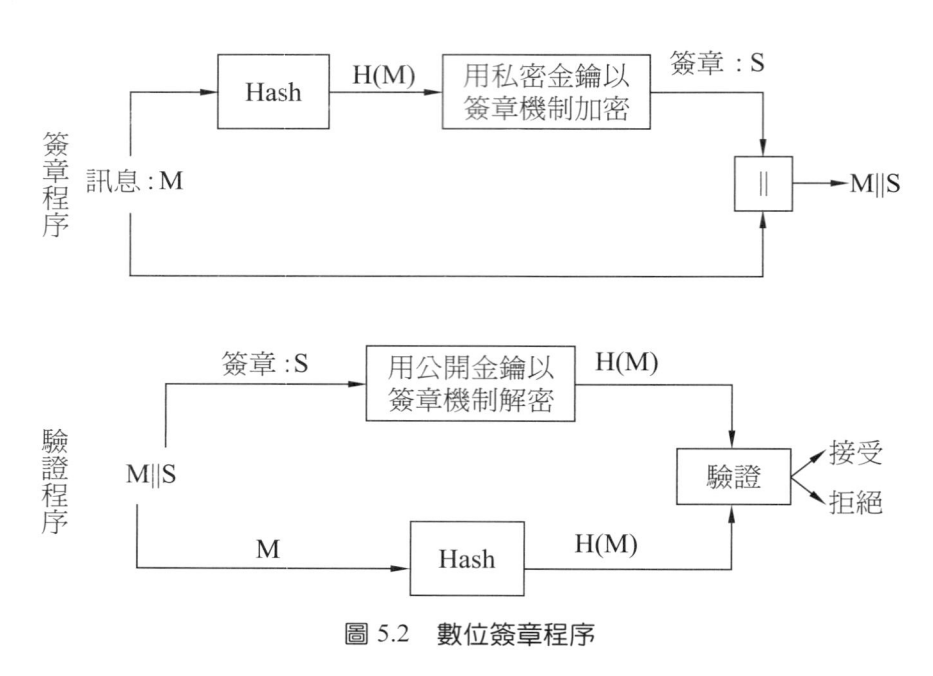

的簽章值。本節即介紹兩個用於簽章機制的簽章演算法：DSA 數位簽章和盲簽章。

5.2.1　DSA 數位簽章

1. 參數說明：

   (1) p 為滿足 $2^{L-1} < p < 2^L$ 的大質數，其中 $512 \leq L \leq 1024$ 且 L 是 64 的倍數

   (2) q 是 $(p-1)$ 的質因數，其中 $2^{159} < q < 2^{160}$

   (3) g 為 $g = h^{(p-1)q} \bmod p$，其中 h 滿足 $1 < h < (p-1)$ 的任意整數，使得 $h^{(p-1)q} \bmod p > 1$

   (4) x 為簽章者私密金鑰，x 為滿足 $0 < x < q$ 之亂數

   (5) y 為簽章者公開金鑰，y 為 $y = g^x \bmod p$ 計算所得之算值

   (6) k 是簽章者每次選取的私密數字，k 滿足 $0 < k < q$ 之亂數

   (7) M 為待簽署的訊息

   (8) $H(M)$ 為 M 使用 SHA-1 之雜湊 (Hash)

   (9) M' 為收到之 M，r' 為收到之 r，s' 為收到之 s

2. 簽章程序：

   (1) $r = (g^k \bmod p) \bmod q$

   (2) $s = [k^{-1}(H(M) + x \cdot r)] \bmod q$

   (3) (r, s) 為簽署於訊息 M 之簽章

3. 驗證程序：

   (1) $\alpha = (s')^{-1} \bmod q$

   (2) $u1 = [H(M') \cdot \alpha] \bmod q$

   (3) $u2 = (r') \cdot \alpha \bmod q$

   (4) $v = [(g^{u1} y^{u2}) \bmod p] \bmod q$

   (5) 驗證 $v = r'$

4. 正確性分析：

$$\begin{aligned}
v &= [(g^{u1} y^{u2}) \bmod p] \bmod q \\
  &= [(g^{H(M') \cdot \alpha} \cdot y^{(r') \cdot \alpha}) \bmod p] \bmod q \\
  &= [(g^{H(M') \cdot \alpha} \cdot (g^x)^{(r') \cdot \alpha}) \bmod p] \bmod q \\
  &= [(g^{H(M') + x \cdot r'})^{\alpha} \bmod p] \bmod q \\
  &= (g^k \bmod p) \bmod q \\
  &= r'
\end{aligned}$$

5.2.2 盲簽章

對於一般簽章，簽章者需要知道他所簽章的文件內容。但是，有些應用卻希望簽章者不知道所簽署的文件內容，例如，電子投票系統中選票的簽署，以防止發票者知道投票者的投票內容，就需要讓簽章者不知道他所簽署的文件內容。這種不知簽署內容之簽章方式稱為**盲簽章** (Blind Signature)。本文之盲簽章是基於 RSA 演算法之盲簽章演算法。

1. 參數說明：

   RSA 所定義的參數 N, p, q, e, d，其中 $N = p \cdot q$，簽署者的公鑰為 (e, N)，私鑰為 d。

2. 簽署程序：

    假設 A 想要讓 B 簽署一個訊息 M，但不讓 B 知道 M 內容。

    (1) A 任選一亂數 k，$1 < k < N$，並計算 $t = M \times k^e \bmod N$，隨後，A 將 t 送給 B 簽署。

    (2) B 簽署 H，亦即 $H = t^d \bmod N$，B 將 H 送給 A。

    (3) A 計算 M 的簽章如下：$s = H \times k^{-1} \bmod N$，亦即 $s = M^d \bmod N$。

3. 驗證程序：

    進行驗證 $M = s^e \bmod N$ 是否相等。

5.3 橢圓曲線密碼學

橢圓曲線密碼學 (Elliptic Curve Cryptography, 簡稱 ECC) 近年已逐漸受到重視。在相同安全程度下，ECC 所需密鑰的長度比 RSA 短許多。近年 ECC 已被提案希望成為國際標準，目前 ECC 已被提案成為公開金鑰密碼學之 IEEE P1363 標準草案。此節將探討 ECC 技術；在討論 ECC 之前，首先將介紹其基本數學背景。

5.3.1 實數域之橢圓曲線

基本上，橢圓曲線的 3 次方等式如下：

$$y^2 + axy + by = x^3 + cx^2 + dx + e$$

其中 a, b, c, d 及 e 都是實數；而 x 及 y 是實數變數。橢圓曲線密碼學應用上，我們只需探討其退化的等式即符合橢圓曲線密碼學之應用，如下是其退化等式：

$$y^2 = x^3 + ax + b$$

圖 5.3 是 $y^2 = x^3 + 2x + 5$ 之橢圓曲線圖。從 5.3 圖中可以看出，橢圓曲線會對稱於在 $y = 0$ 所對應的直線。橢圓曲線的定義中也定義了一個**圓點** O，稱

為「**無限遠點 (Point at Infinity)**」或「**零點 (Zero Point)**」。橢圓曲線的運算之定義在一個**群 (Group)** 代數結構，當 $y^2 = x^3 + ax + b$ 滿足如下條件，此等式之運算即會滿足群代數結構。

$$4a^3 + 27b^2 \neq 0$$

我們通常用 $E(a, b)$ 來表示橢圓曲線；因此，圖 5.3 是 $y^2 = x^3 + 2x + 5$ 之橢圓曲線圖即可表示為 $E(2, 5)$。橢圓曲線群是屬於**加法群 (Additive Group)**，加法群的基本運算是加法 (Addition)，橢圓曲線的加法是曲線上之兩個點 (Point) 的加法，圖 5.3 說明橢圓曲線的加法的性質。橢圓曲線上的基本加法規則如下：

1. O 是加法單位元素，因此 $O = -O$。
2. 對橢圓曲線上任何一點 P，$P + O = P$。
3. 若 $P = (x, y)$，則 $-P = (x, -y)$，$P + (-P) = P - P = O$。
4. 對於 $P \neq Q$，通過 P 及 Q 兩點之直線會唯一交會在曲線上之第三點 R；基於群的加法定義：$P + Q = -R$。

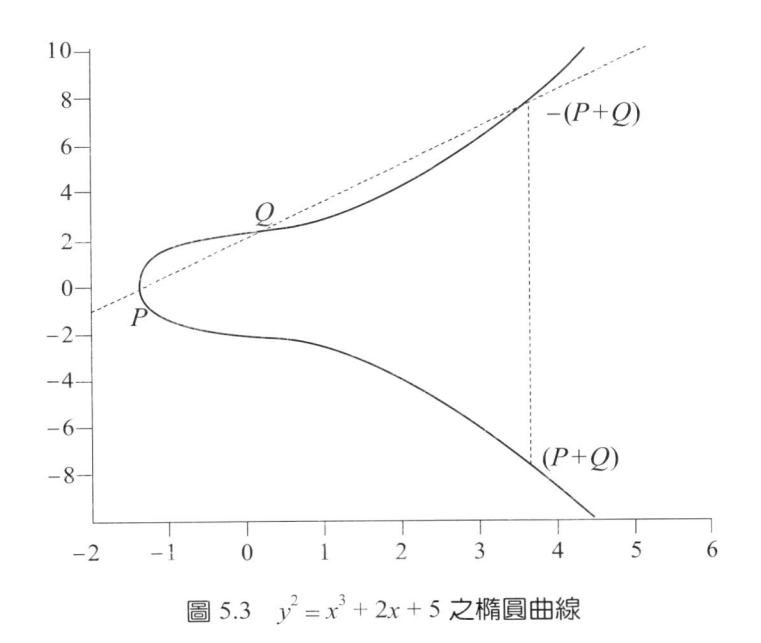

圖 5.3 $y^2 = x^3 + 2x + 5$ 之橢圓曲線

5. 若 $P = Q$，通過 P 之**切線** (Tangent Line) 會唯一交會在曲線上之點 R；即 $P + P = 2P = -R$。

5.3.2 Z_p 之橢圓曲線

橢圓曲線密碼學所用的橢圓曲線是**有限體** (Finite Field)，橢圓曲線的變數和係數是有限體的元素。橢圓曲線密碼學所採用的曲線分成 Z_p 質數曲線 及 $GP(2^n)$ 二進位位元曲線兩類。

我們通常用 $E_p(a, b)$ 來表示 Z_p 橢圓曲線。對於 Z_p 橢圓曲線，$y^2 \bmod p = (x^3 + ax + b) \bmod p$，其變數及係數都必須屬於 Z_p。而橢圓曲線 $E_p(a, b)$，$y^2 \bmod p = (x^3 + ax + b) \bmod p$ 滿足如下條件時，則 $E_p(a, b)$ 滿足交換群代數結構：

$$(4a^3 + 27b^2) \bmod p \neq 0 \bmod p$$

我們以 $p = 23$，$y^2 = x^3 + x + 1$ 曲線為範例，此範例曲線 $a = 1$ 且 $b = 1$，所以我們常表示為 $E_{23}(1, 1)$。圖 5.4 是 $E_{23}(1, 1)$ 之橢圓曲線。

$E_p(a, b)$ 的加法規則與**實數域** (Real Number Domain) 橢圓曲線之加法規則類似。對於 $P、Q \in E_p(a, b)$，則 $E_p(a, b)$ 基本加法規則如下：

1. 對橢圓曲線上任何一點 P，$P + O = P$。
2. 若 $P = (x_P, y_P)$，則 $-P = (x_P, -y_P)$，$P + (-P) = P - P = O$。
3. 對於 $P = (x_P, y_P), Q = (x_Q, y_Q)$ 且 $P \neq -Q, P + Q = R = (x_R, y_R)$，其中：

$$x_R = (\gamma^2 - x_P - x_Q) \bmod p，y_R = (\gamma(x_P - x_R) - y_P) \bmod p$$

$$\gamma = \begin{cases} (\dfrac{y_Q - y_P}{x_Q - x_P}) \bmod p, & \text{若 } P \neq Q \\ (\dfrac{3x_P^2 + a}{2y_P}) \bmod p, & \text{若 } P = Q \end{cases}$$

4. $E_p(a, b)$ 之乘法則定義為重複加法運算；亦即 $2P = P + P$，$3P = P + P + P$。

圖 5.4　$E_{23}(1, 1)$ 之橢圓曲線

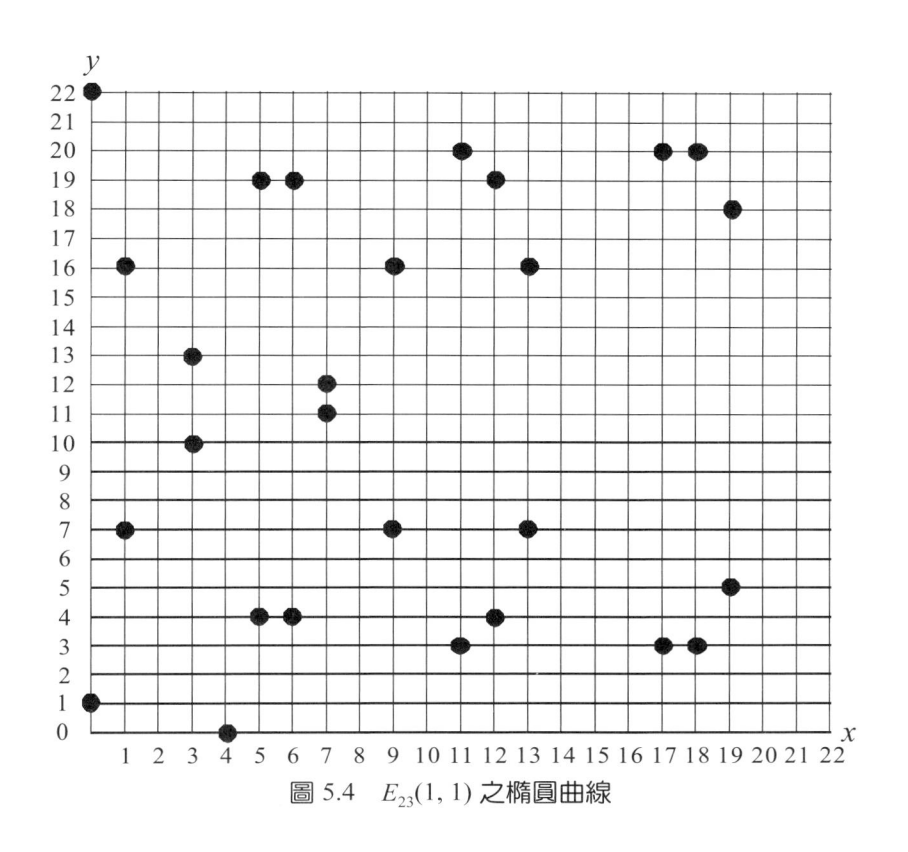

5.3.3　$GP(2^n)$ 之橢圓曲線

橢圓曲線密碼學之 $GP(2^n)$ 曲線所採用的等式為：

$$y^2 + xy = x^3 + ax^2 + b$$

其係數 a 及 b 是 $GP(2^n)$ 之元素，x 及 y 也是 $GP(2^n)$ 中之元素。我們習慣將 $GP(2^n)$ 橢圓曲線表示為 $E_{2^n}(a, b)$。

對於 P，$Q \in E_{2^n}(a, b)$，則 $E_{2^n}(a, b)$ 基本加法規則如下：

1. 對橢圓曲線上任何一點 P，$P + O = P$。

2. 若 $P = (x_P, y_P)$，$(x_P, x_P + y_P) = -P$，則 $P + (x_P, x_P + y_P) = O$，$P + (-P) = P - P = O$。

3. 對於 $P = (x_P, y_P), Q = (x_Q, y_Q)$ 且 $P \neq -Q, P + Q = R = (x_R, y_R)$，其中：

$$x_R = \gamma^2 + \gamma + x_P + x_Q + a \text{ , } y_R = \gamma(x_P + x_R) + x_R + y_P$$

$$\gamma = \left(\frac{y_Q + y_P}{x_Q + x_P}\right)$$

4. 對於 $P = (x_P, y_P)$，$R = 2P = (x_R, y_R)$，此處：

$$x_R = \gamma^2 + \gamma + a \text{ , } y_R = x_P^2 + (\gamma + 1)x_R$$

$$\gamma = x_P + \frac{y_R}{x_P}$$

5.3.4 橢圓曲線密碼學

橢圓曲線密碼學的安全是基於**離散對數**難題。對於等式 $Q = kP$，若給定 P、$Q \in E_p(a, b)$，則要求出 k 是非常困難的問題。橢圓曲線加密有許多種方法，本節介紹最基本的加密方法。

1. 參數定義：

    (1) $E_p(a, b)$：橢圓曲線

    (2) P_G：$E_p(a, b)$ 的基點 (Base Point) 且其級數 (Order) 最大值為 n

    (3) P_M：將明文 M 編碼至 $E_p(a, b)$ 之明文點 (Point)

    (4) C_M：在 $E_p(a, b)$ 之密文點

2. 使用者 A 之金鑰產生：

    (1) 選取私密秘密 n_A 且 $n_A < n$

    (2) 計算公開金鑰 $P_A = n_A P_G$

3. 使用者 B 之金鑰產生：

    (1) 選取私密秘密 n_B 且 $n_B < n$

    (2) 計算公開金鑰 $P_B = n_B P_G$

4. 加密：

    (1) 隨機選擇一個 k，計算 kP_G 及 $P_M + kP_B$

    (2) 密文則為 $C_M = \{kP_G, P_M + kP_B\}$

5. 解密：

$$\begin{aligned}&(P_M + kP_B) - n_B(kP_G)\\&= (P_M + k(n_B P_G)) - n_B(kP_G)\\&= P_M + k(n_B P_G) - n_B(kP_G)\\&= P_M\end{aligned}$$

6. 安全性評析：

　　使用者 A 將明文 P_M 加上 kP_B，即 $P_M + kP_B$，基於離散對數困難問題，攻擊者很難破解得知 k。在解碼過程使用者 B 將密文之 $(P_M + kP_B)$ 減去 $n_B(kP_G)$，攻擊者必須要知道 n_B 才能破解，然而基於離散對數難題，攻擊者很難自 $n_B P_G$ 得知 n_B。

5.4 結語

　　公開金鑰密碼系統主要優點是免除對稱式金鑰系統的密鑰分送 (Key Distribution) 問題。對稱式金鑰系統的密鑰若沒有安全地分送給使用者，將帶來嚴重的安全危機。對稱式金鑰系統的密鑰的分送是一個繁雜的過程，這也是對稱式金鑰系統主要缺點。本章介紹了幾個常用的公開金鑰密碼系統，例如，Diffie-Hellman 金鑰交換系統、RSA 公開金鑰系統、ElGamal 公開金鑰加密系統、DSA 數位簽章、盲簽章及橢圓曲線密碼學等已廣泛應用在各個領域。電子商務安全機制已採用公開金鑰密碼系統來確保電子交易安全。基於公開金鑰密碼系統的優點，未來公開金鑰密碼系統仍會是極為重要發展議題。

習 題

1. 請說明公開金鑰加密系統的組成單元？

2. 若已知質數 $p = 13, q = 7$，且加密公開金鑰需 $e < 6$，請以 RSA 加密演算法找出解密金鑰 d 為何？

3. 若已知 $(e, d) = (5, 29)$, $N = 91$, 而明文 $M = 23$，請以 RSA 加密演算法算出密文為何？然後再將此密文解回原來之明文。

4. ElGamal 加密演算法如下，請證明 ElGamal 加密演算法是正確的。

   金鑰產生：

   (1) 設若 $\alpha \in Z_q^*$ 為一個生成數 (Generator)，而 q 為一個大質數 (Prime)

   (2) 隨機選定一個整數 a

   (3) 計算 $\beta \equiv \alpha^a \bmod q$

   (4) 公開金鑰為 α, β, q，而 a 為私密金鑰

   加密程序：

   (1) 設若 $M \in Z_q^*$ 為明文

   (2) 選定隨機數 $k \in Z_{q-1}$

   (3) 計算 $Y_1 \equiv \alpha^k \bmod q$ 及 $Y_2 \equiv M \cdot \beta^k \bmod q$

   (4) 將密文 (Y_1, Y_2) 傳給接收者

   解密程序：

   (1) 計算 $M \equiv Y_2 \cdot (Y_1^a)^{-1} \bmod q$

5. 何謂盲簽章？有何用途？

Chapter 6

雜湊函數

本章大綱

6.1 MD5

6.2 SHA-1

6.3 HMAC

6.4 訊息認證

6.5 結語

資訊交換的過程中，我們常常需要一個訊息認證機制來確認訊息的正確性，避免訊息遭到竄改，**雜湊函數** (Hash Function) 即是此訊息認證的一個機制。由於電腦效能增加，各種攻擊手法翻新，MD5 雜湊函數已被破解，儘管如此，MD5 還是非常實用的雜湊函數。因應新的環境，且希望對抗各種攻擊，新的雜湊函數仍持續被研發出來，網際網路的普及，雜湊函數提供一個非常實用的訊息認證機制。本章節將介紹幾個常用的雜湊函數，諸如 MD5、SHA-1 及 HMAC 等均是應用廣泛的雜湊函數。

6.1　MD5

MD5 是一種雜湊函數，藉由訊息摘要 (Message Digest) 處理提供一個訊息認證的機制。MD5 是將一個任意長度之訊息作摘要 (Message Digest) 處理，處理完後之輸出是 128 位元之摘要。整個處理流程如圖 6.1 MD5 處理流程圖所示。

圖 6.1 MD5 處理流程圖是整個 MD5 處理流程。圖中之 IV (Initial Value) 是初始值；H_{MD5} 是 MD5 的雜湊模組。整個處理程序是由以下列之處理過程來完成：

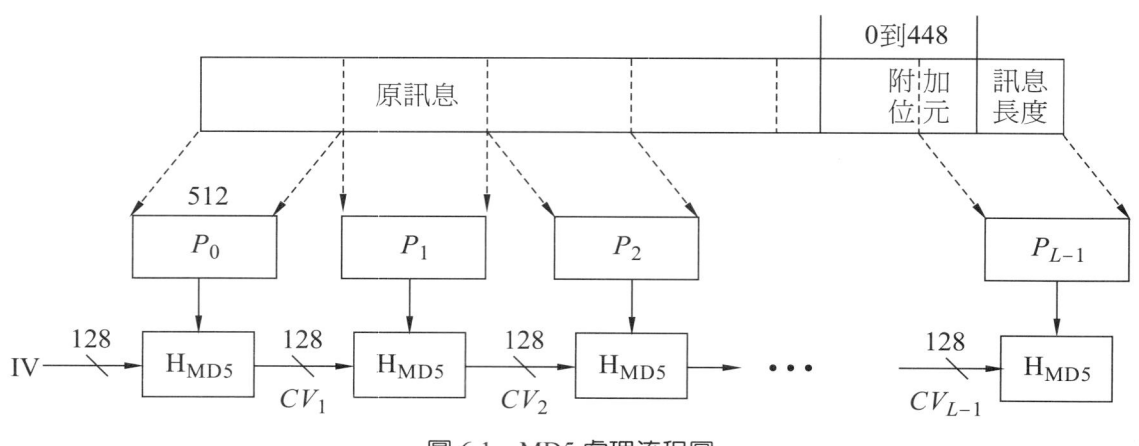

圖 6.1　MD5 處理流程圖

1. 增補附加位元

增補一些附加位元讓訊息總長度是取 512 之同餘運算後等於 448。因為，要保留 64 bits 長度之位元給訊息之最後欄位，即訊息長度，讓最後準備拿來雜湊運算的長度是 512 的倍數。附加方式是先加一個 1，然後再用 0 補所需之長度之資料，即 "100...00"。

2. 增補 64 位元以記錄著訊息長度

此 64 位元是用來記錄整個訊息之長度。MD5 能一次處理的訊息最長是 2^{64} 個位元。增補完附加位元和訊息長度位元後，總訊息長度會是 512 位元的倍數。我們即是將總訊息切成 L 個 512 位元區塊來處理。

3. 設定四個處理雜湊之暫存器之初始值

MD5 之雜湊運算需許多回合 (Rounds) 處理，因此利用四個暫存器來暫存運算過程之訊息。這四個暫存器初始值設定如下 (以 16 進位表示)：

A = 67452301
B = EFCDAB89
C = 98BADCFE
D = 10325476

4. 以 512 位元為一個區塊處理整個訊息

圖 6.1 MD5 處理流程圖所示處理流程中，最重要的部分是雜湊模組；這個模組對應圖 6.1 中被標示 H_{MD5} 地方。 這個雜湊模組，即 H_{MD5}，是由四回合 (Rounds) 的摘要運算組成。如圖 6.2 MD5 四回合摘要運算圖所示，每一回合都用一個不同的邏輯函數來運算，這四個邏輯函數運算分別標示 *FF*、*GG*、*HH* 及 *II*。

每一回合摘要運算的輸入是 512 位元的區塊 (P_q) 及 128 位元的暫存

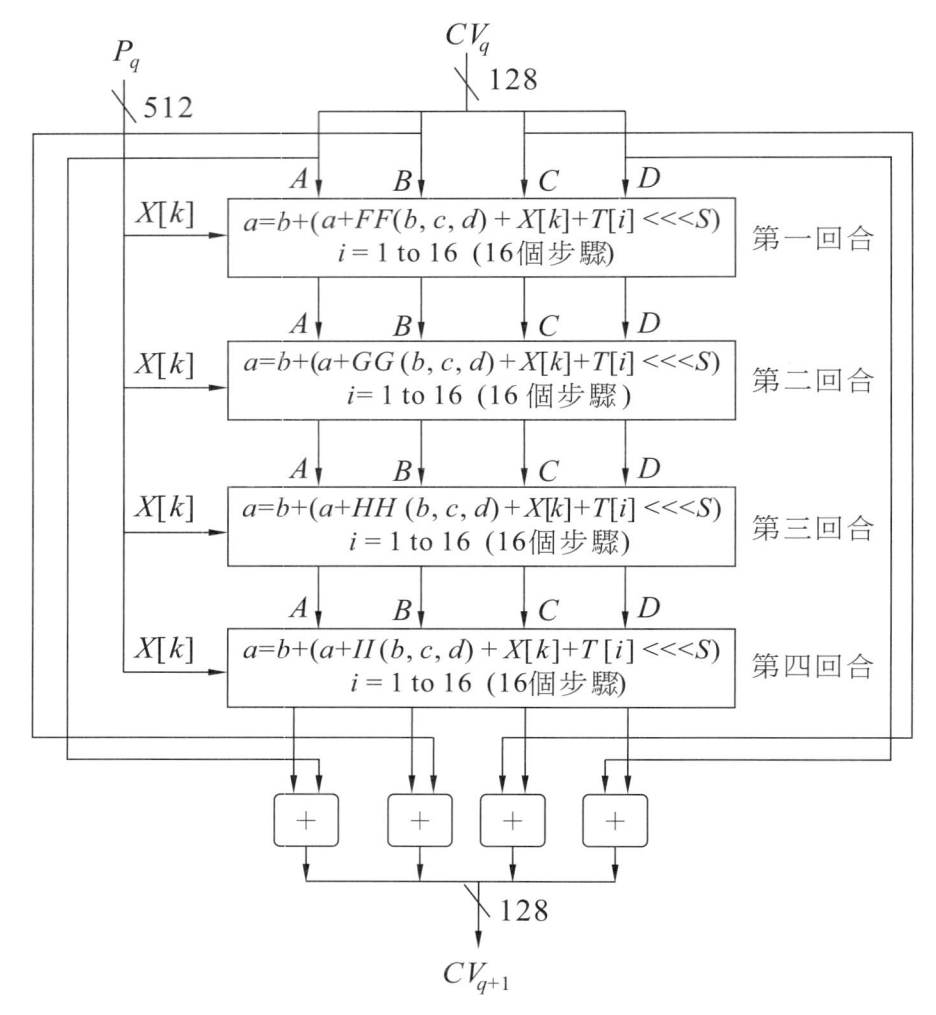

```
         P_q              CV_q
          ↓512             ↓128
              A    B    C    D
              ↓    ↓    ↓    ↓
  X[k] → ┌─────────────────────────┐
         │ a=b+(a+FF(b,c,d)+X[k]+T[i]<<<S) │  第一回合
         │   i = 1 to 16 (16個步驟)         │
         └─────────────────────────┘
              A    B    C    D
              ↓    ↓    ↓    ↓
  X[k] → ┌─────────────────────────┐
         │ a=b+(a+GG(b,c,d)+X[k]+T[i]<<<S) │  第二回合
         │   i = 1 to 16 (16個步驟)         │
         └─────────────────────────┘
              A    B    C    D
              ↓    ↓    ↓    ↓
  X[k] → ┌─────────────────────────┐
         │ a=b+(a+HH(b,c,d)+X[k]+T[i]<<<S) │  第三回合
         │   i = 1 to 16 (16個步驟)         │
         └─────────────────────────┘
              A    B    C    D
              ↓    ↓    ↓    ↓
  X[k] → ┌─────────────────────────┐
         │ a=b+(a+II(b,c,d)+X[k]+T[i]<<<S) │  第四回合
         │   i = 1 to 16 (16個步驟)         │
         └─────────────────────────┘
              ↓    ↓    ↓    ↓
              (+)  (+)  (+)  (+)
                   ↓128
                  CV_{q+1}
```

圖 6.2　MD5 四回合摘要運算圖

器 (A, B, C, D)。此處需要個以正弦函數 Sin 函數所產生有 64 項的一個表格 T [1...64]，每一回合會用到其中之四分之一。

最後一回合（即第四回合）的輸出會跟第一回合的輸入 (CV_q) 一起作加法同餘運算。產生的結果 (CV_{q+1}) 會當做下一個區塊處理的輸入。

接下來，我們對此四回合摘要運算中之單一回合作詳細介紹。如圖 6.3 MD5 單一回合摘要運算圖所示。每一個回合會連續處理 16 個步驟，每一個步驟都具如下形式：

$$a \leftarrow b + ((G(b, c, d)) + X[k] + T[i] <<< S)$$

為了簡要表示，這裡用 $G(b, c, d)$ 來表示各回合的邏輯函數運算。亦即，若是第一回合 $G(b, c, d)$ 表示 $FF(b, c, d)$，若是第二回合 $G(b, c, d)$ 表示 $GG(b, c, d)$，若是第一回合 $G(b, c, d)$ 表示 $HH(b, c, d)$，若是第四回合 $G(b, c, d)$ 表示 $II(b, c, d)$。暫存器 A, B, C, D 之內容分別以 a, b, c, d 來代表其 4 個字元 (Word)。符號 <<< S 表示將 32 位元的參數左旋 (Left Shift Rotation) S 個位元；$X[k]$ 表示訊息 M 的第 q 個 512 位元區塊中之第 k 個 32 位元；$T[i]$ 表示表格 T 的第 i 個 32 位元；而 符號 + 表示加法同餘運算。

每一回合都會用到不同的邏輯函數運算。為了簡要表示，圖 6.3 MD5 單一回合之摘要運算圖中標示 G 的模組即是單一回合內之邏輯函數運算。此 G 模組之邏輯函數運算功能如表 6.1 MD5 邏輯函數運算表所示。

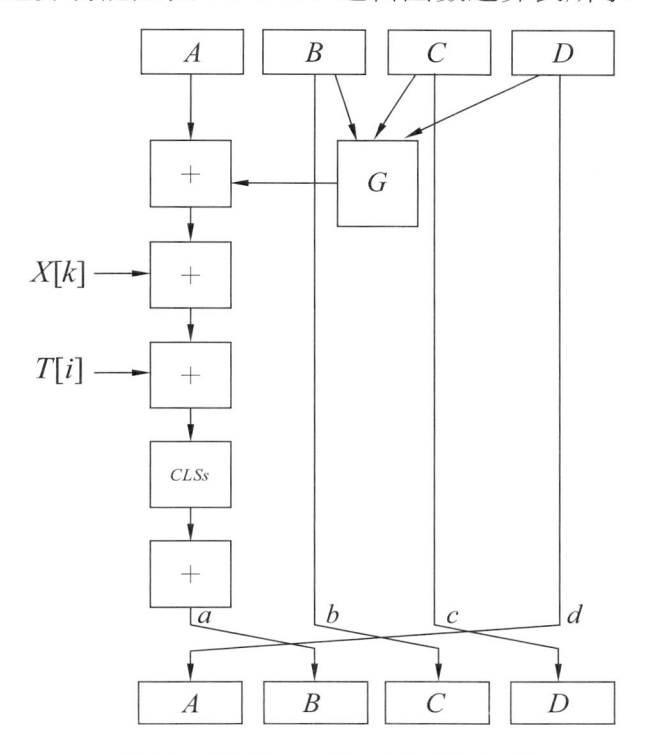

圖 6.3　MD5 單一回合之摘要運算圖

表 6.1　MD5 邏輯函數運算表

回合	邏輯函數：$G(\cdot)$	$G(b, c, d)$
第一回合	$FF(b, c, d)$	$(b \wedge c) \vee (\bar{b} \wedge d)$
第二回合	$GG(b, c, d)$	$(b \wedge d) \vee (c \wedge \bar{d})$
第三回合	$HH(b, c, d)$	$b \oplus c \oplus d$
第四回合	$II(b, c, d)$	$c \oplus (b \vee \bar{d})$

5. 輸出處理後之訊息摘要

當所有 L 個 512 位元的區塊都處理完之後，最後一個階段，即第 L 階段，所產生的結果，即是 MD5 處理完後之 128 位元之訊息摘要。

以目前電腦技術與電腦效能來看，目前 MD5 已不是很安全的雜湊技術。MD5 容易受生日攻擊法之攻擊；即使是利用暴力攻擊法，MD5 也不安全。要加強雜湊演算法安全，可以用較長的雜湊碼來解決。近年，新的雜湊技術隨之被提出，如 SHA-1 或 RIPEMD-160 等雜湊演算法相對上就比 MD5 安全。

6.2　SHA-1

SHA-1 主要以 MD4 為基礎所設計出來的，其作法與 MD4 類似。SHA-1 處理流程與 MD5 幾乎一樣，它的訊息處理區塊也是 512 位元，但其摘要處理的輸入和輸出變成 160 位元。SHA-1 的處理程序如下：

1. 增補附加位元

增補一些附加位元讓訊息總長度是取 512 之同餘運算後等於 448。因為，要保留 64 bits 長度之位元給訊息之最後欄位，即訊息長度，讓最後準備拿來雜湊運算的長度是 512 的倍數。附加方式是先加一個 1，然後再用 0 補所需長度之資料，即 "100...00"。

2. 增補 64 位元以記錄訊息長度

此 64 位元是用來記錄整個訊息之長度。SHA-1 能一次處理的訊息最長是 2^{64} 個位元。增補完附加位元和訊息長度位元後，總訊息長度也是 512 位元的倍數。我們即是將總訊息切成 L 個 512 位元區塊來處理。

3. 設定四個處理雜湊之暫存器之初始值

SHA-1 之雜湊運算需許多回合處理，因此利用四個暫存器來暫存運算過程之訊息。這四個暫存器初始值設定如下 (以 16 進位表示)：

A = 67452301

B = EFCDAB89

C = 98BADCFE

D = 10325476

E = C3D2E1F0

4. 以 512 位元為一個區塊處理整個訊息

SHA-1 處理流程中之雜湊模組也是由四回合的摘要運算組成。如圖 6.4 SHA-1 四回合摘要運算圖所示。

每一回合摘要運算的輸入是 512 位元的區塊 (P_q) 及 128 位元的暫存器 (A, B, C, D, E)。每一回合會需要加上特定的常數 K_t；SHA-1 特定常數 K_t 值是：

步驟	十六進位值
$0 \leqq t \leqq 19$	K_t : 5A827999
$20 \leqq t \leqq 39$	K_t : 6ED9EBA1
$40 \leqq t \leqq 59$	K_t : 8F1BBCDC
$60 \leqq t \leqq 79$	K_t : CA62C1D6

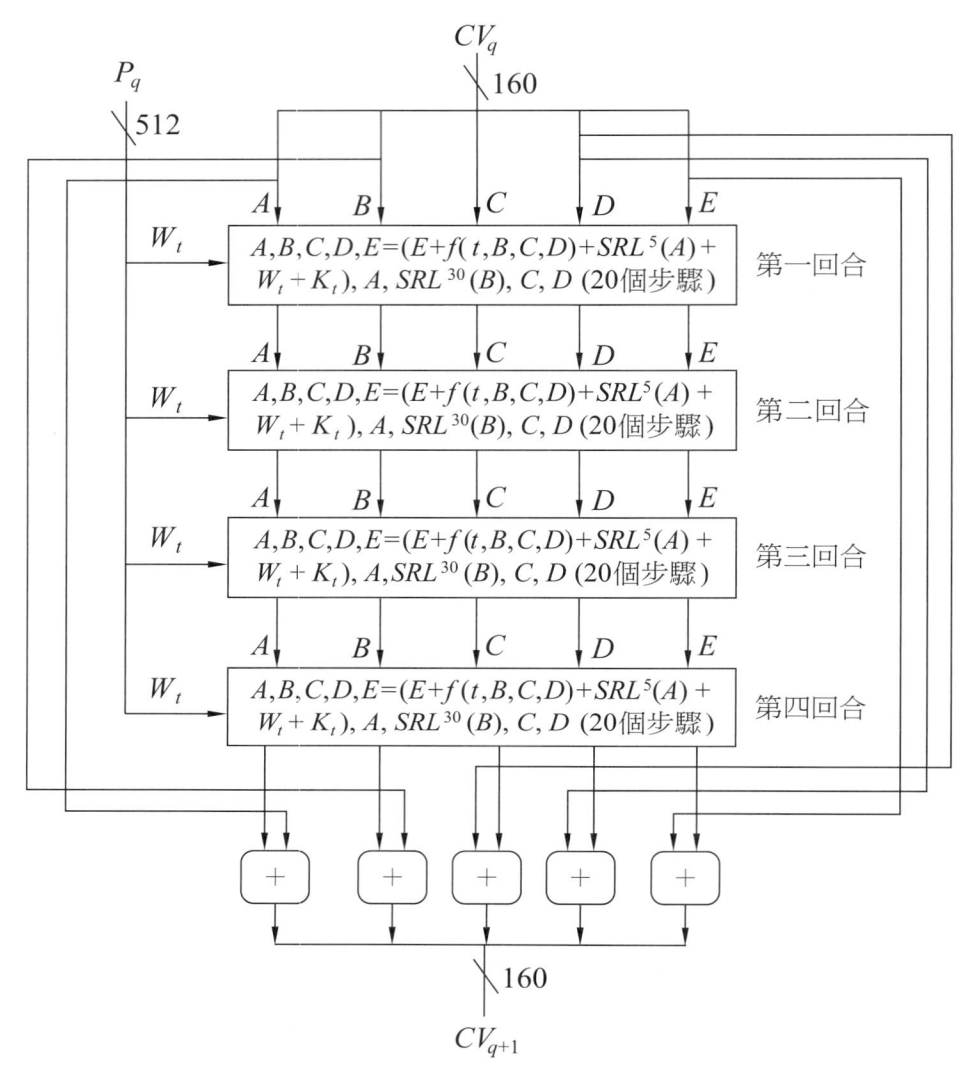

圖 6.4　SHA-1 四回合摘要數運算圖

　　第四回合的輸出會跟第一回合的輸入 (CV_q) 一起作加法同餘運算。產生的結果 (CV_{q+1}) 會當作下一個區塊處理的輸入。

　　接下來，我們對此四回合摘要運算中之單一回合作詳細介紹。如圖 6.5 SHA-1 單一回合摘要運算圖所示。每一個回合會連續處理 20 個步驟，每一個步驟都具如下形式：

$$A, B, C, D, E \leftarrow (E + f(t, B, C, D) + \mathrm{SRL}^5(A) + W_t + K_t), A, SRL^{30}(B), C, D$$

此式中 $f(t, B, C, D)$ 是第 t 步之邏輯函數運算；$SRLk$ 是將 32 位元之參數左旋 (Circular Left Shift) k 位元；W_t 是根據目前的 512 位元輸入區塊所導出的 32 位元之字元；K_t 是 SHA-1 特定常數；而符號 + 表示加法同餘運算。

每一回合都會用到不同的邏輯函數運算。為了簡要表示，圖 6.5 SHA-1 單一回合之摘要運算圖中標示 F_t 的模組即是單一回合內之邏輯函數運算。此 F_t 模組之邏輯函數運算功能如表 6.2 SHA-1 邏輯函數運算表所示。

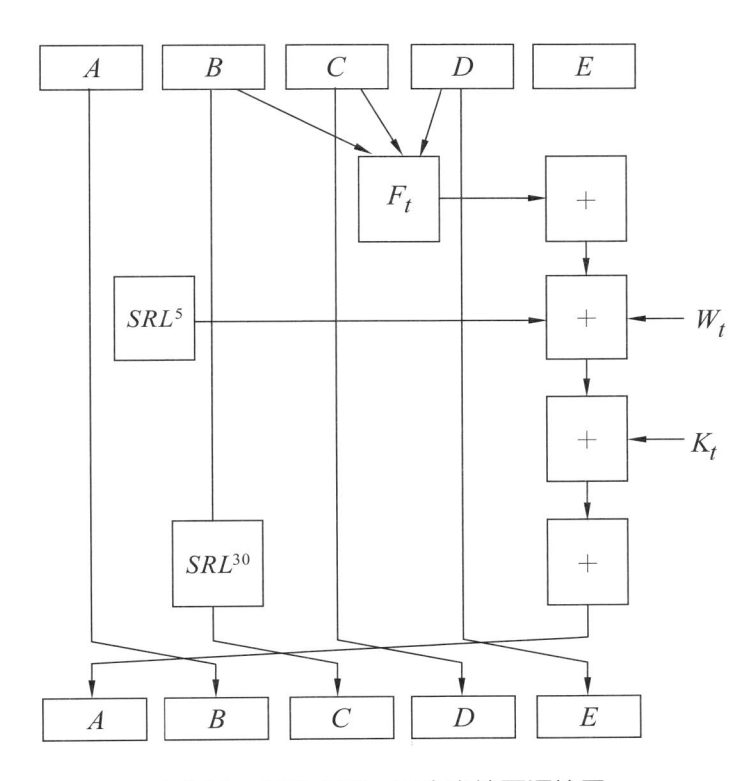

圖 6.5　SHA-1 單一回合之摘要運算圖

表 6.2　SHA-1 邏輯函數運算表

回合	邏輯函數：F_t	$F_t(B, C, D)$
第一回合 ($0 \leq t \leq 19$)	$F_1 = f(t, B, C, D)$	$(B \wedge C) \vee (\bar{B} \wedge D)$
第二回合 ($20 \leq t \leq 39$)	$F_2 = f(t, B, C, D)$	$B \oplus C \oplus D$
第三回合 ($40 \leq t \leq 59$)	$F_3 = f(t, B, C, D)$	$(B \wedge C) \vee (B \wedge D) \vee (C \wedge D)$
第四回合 ($60 \leq t \leq 99$)	$F_4 = f(t, B, C, D)$	$B \oplus C \oplus D$

5. 輸出處理後之訊息摘要

當所有 L 個 512 位元的區塊都處理完之後，最後一個階段，即第 L 階段，所產生的結果，即是 SHA-1 處理完後之 160 位元之訊息摘要。

SHA-1 在處理效能上，因為它在每一回合內要處理 20 個步驟，四個回合就處理 80 個步驟，所以 SHA-1 稍微會比 MD5 慢一點。在安全程度來看，SHA-1 摘要長度是 160 位元，它比 MD5 之 128 位元多了 32 位元，因此，針對暴力攻擊法來說，SHA-1 比 MD5 安全。對於其它攻擊方式，目前文獻上仍未被提出它受到攻擊成功的資料，因此，相對上來說，SHA-1 是目前較安全的雜湊演算法。

6.3 HMAC

訊息認證碼 (Message authentication code, 簡稱 MAC) 主要用來提供訊息認證之功能。MAC 跟雜湊函數 (Hash) 的性質非常類似。最大差異是 MAC 在輸入訊息中要加入金鑰 (Key) 輸入，而 Hash 不需要。正由於 Hash 和 MAC 性質相似，通常 MAC 會利用 Hash 來實作。目前較為廣泛被應用的 MAC 是 HMAC。本節即對 HMAC 做介紹。

圖 6.6 是 HMAC 處理流程圖。首先我們先對 HMAC 實作時會用到的一些代號或術語作說明：

P_q：訊息 M 的第 q 個區塊 ($0 \leq q \leq L-1$)

L：訊息 M 的區塊個數

K：金鑰 (Key)

K^+：在 K 左邊附加一些 0，讓它長度為 b 位元

IV：Hash 函數之初始值

i_pad：36 (十六進位) 重複 b/8 次

o_pad：5C (十六進位) 重複 b/8 次

H：Embedded 雜湊函數（如：MD5、SHA-1 或 RIPEMD-160 等）

$Hash$：雜湊函數（如：MD5、SHA-1 或 RIPEMD-160 等）

$HMAC$ 運算方式可以用較正規方式表示：

$$HMAC_K(M) = H((K^+ \oplus o\_pad) \| H((K^+ \oplus i\_pad) \| M))$$

此 HMAC 正規表示法對應到實作上，也可以較清楚了解其運作方式。整個 HMAC 處理流程如圖 6.6 HMAC 處理流程圖所示，其處理程序描述如下：

(1) 將金鑰 K 之左邊加一些 0，讓它產生一個 b 位元的 K^+。
(2) 將 K^+ 與 i_pad 作 XOR 運算，產生 b 位元的 S_i；即 $S_i = K^+ \oplus i\_pad$。
(3) 將訊息 M 附加到 S_i 後面；即 $S_i \| M$；(亦即，$K^+ \oplus i\_pad \| M$)。
(4) 將 S_i 及附加 M 之訊息作雜湊 H 運算，即 $H(S_i \| M)$；此步驟完成後結果為 $H((K^+ \oplus i\_pad) \| M)$。

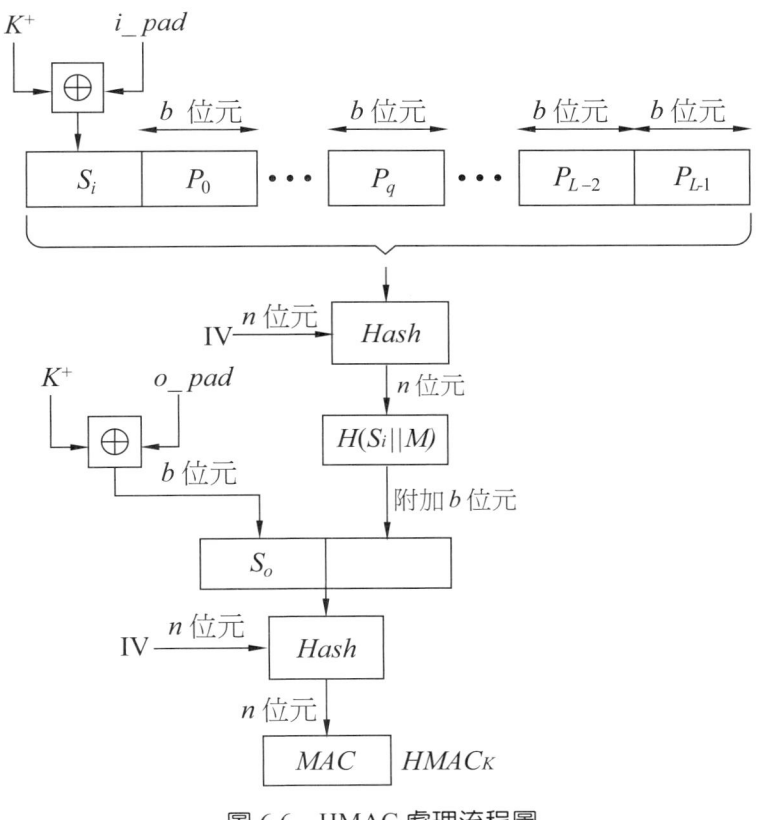

圖 6.6　HMAC 處理流程圖

(5) 將 K^+ 與 o_pad 作 XOR 運算，產生 b 位元的 S_o；即 $S_O = K^+ \oplus o\_pad$。

(6) 將 $H(S_i \| M)$ 附加到 S_o 後面，即 $S_o \| H(S_i \| M)$；此步驟完成後結果為 $(K^+ \oplus o\_pad) \| H((K^+ \oplus i\_pad) \| M)$。

(7) 將 $S_o \| H(S_i \| M)$ 作雜湊 Hash 運算並輸出結果；即

$$HMAC_K(M) = H((K^+ \oplus o\_pad) \| H((K^+ \oplus i\_pad) \| M))$$

HMAC 通常是利用 Hash 來實作，所以 HMAC 的效能與它採用的 Hash 差不多，而其安全性也會取決於它所採用之 Hash 的安全強度。因此，在實作 HMAC 時，選用適當的 Hash 是很重要的工作。雖然 HMAC 通常是利用 Hash 來實作，但是 HMAC 的使用需要知道金鑰 (Key)，所以 HMAC 的安全強度會比其採用的 Hash 高。

6.4 訊息認證

雜湊函數主要應用之一是訊息認證 (Message Authentication)。在網路通訊時我們需要確認傳送的訊息是正確的，而且是沒有被修改的，達成這種訊息完整性 (Message Integrity) 功能的運算稱為訊息認證。訊息認證經過訊息認證演算法會產生**訊息認證碼** (Message Authentication Code, 簡稱 MAC)。一般訊息認證之程序如圖 6.7 所示。傳送端將訊息利用 MAC 演算法運算後產生 MAC 碼，然後即可將訊息 M 與 MAC 碼一起傳給接收端，接收端收到含 MAC 碼訊息之後，接收端要先將收到的訊息 M 也利用 MAC 演算法運算後產生一個運算 MAC 碼，然後將收到的 MAC 碼與運算 MAC 碼作比較，看是否相等，若相等則訊息 M 是正確且沒有被修改的。

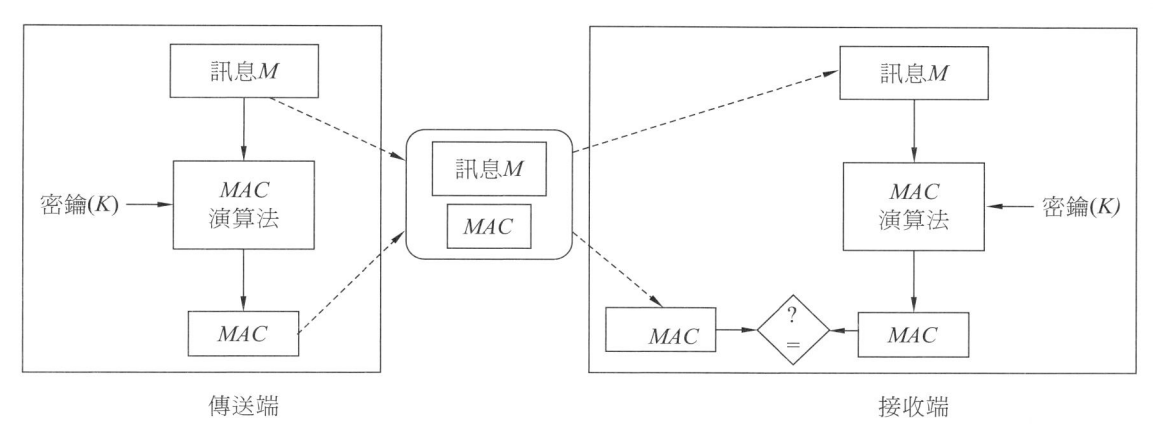

圖 6.7　訊息認證程序

　　基本上，訊息認證功能可以用三種方法來達成：

- **訊息加密**：將訊息用加密器加密，其密鑰及密文即可被當做訊息認證器。若使用的加密器是對稱式加密系統，若只有通訊的雙方知道其密鑰 K，那麼依據其密鑰 K 及密文就可以判斷訊息是否是合法傳送者傳來之正確訊息；若使用的加密器是公開金鑰加密系統，作法上應以密鑰 K 來加密，接收者解密時則用公開金鑰來解密，那麼訊息接收者即可判斷訊息是否是合法傳送者傳來之正確訊息。用公開金鑰方法來實施訊息確認的主要缺點是公開金鑰演算法計算較複雜，認證效能太差。

- **訊息認證碼 (MAC)**：利用公開金鑰密碼系統對訊息加密，其產生之固定長度數值及密鑰即可被當做訊息認證器。MAC 訊息認證方法是應用雜湊技術，並共享一把密鑰 K，來產生一段固定大小的資料區段，此資料區段數值稱為 MAC，而此 MAC 會附加在訊息 M 後面：$M \parallel \text{MAC}$，並且傳送給接收端，接收端則依據訊息及 MAC 來判斷訊息是否是合法傳送者傳來之正確訊息。MAC 通常是利用雜湊函數 (Hash) 來實作，最大優點是雜湊函數演算法的計算不會太複雜，認證效能佳。

- **雜湊函數**：利用雜湊函數 (Hash Function) 產生固定長度的雜湊數值即可被當做訊息認證器。雜湊函數是一個單向函數 (One-Way Function)，此單向函數運算後產生固定長度數值，雜湊函數與 MAC 方法之最大差異是，雜湊函數不用密鑰 K。所謂單向函數是單向而不可逆函數，亦即，若 $H(\cdot)$ 是單向函數，給定一個 h 值是 $h = H(\cdot)$ 計算所得之值，我們無法找到 x 使得 $H(x) = h$。若只用雜湊函數來認證訊息，只能確認訊息的完整性 (Integrity)，亦即確認訊息是否正確而沒有被修改，無法確認訊息來源端的合法性。

6.5 結語

雜湊函數 (Hash) 主要提供訊息完整性驗證的機制。本章介紹了幾個常用的雜湊函數：MD5、SHA-1 及 HMAC 等。雜湊函數是一種單向函數 (One-Way Function)，雜湊函數運算後，無法還原其原來輸入訊息。雜湊函數的安全性確保方式是雜湊運算過程要能夠是非線性處理。雜湊函數強調的重點除了要安全之外，還要強調其運算簡單且有效率。

習 題

1. MD5 之四回合摘要運算中需要進行四回合邏輯函數運算，請問 MD5 之四回合邏輯函數運算式為何？

2. 請說明 MAC 與 Hash 的主要差異。

3. SHA-1 之四回合摘要運算中需要進行四回合邏輯函數運算，請問 SHA-1 之四回合邏輯函數運算式為何？

4. 如下是 HMAC 實作所需之代號或術語，請將 HMAC 之運算方式以正規方式 (Formula) 表示之。

    P_q ：訊息 M 的第 q 個區塊 $(0 \leq q \leq L-1)$
    L ：訊息 M 的區塊個數
    K ：金鑰 (Key)
    K^+ ：在 K 左邊附加一些 0，讓它長度為 b 位元
    IV ：Hash 函數之初始值
    i_pad ：36 (十六進位) 重複 $b/8$ 次
    o_pad ：5C (十六進位) 重複 $b/8$ 次
    H ：Embedded 雜湊函數 (如：MD5、SHA-1 或 RIPEMD-160 等)
    $Hash$ ：雜湊函數 (如：MD5、SHA-1 或 RIPEMD-160 等)

5. 請分析 HMAC 的安全性。

Chapter 7

IP 安全機制

本章大綱

7.1　網際網路概述

7.2　IPSec 運作方式

7.3　結語

隨著網際網路與企業網路的普及，網路安全的課題也益形重要。網路最嚴重的攻擊類型主要包括假造 IP (IP Spoofing)、竊聽 (Sniffing) 等攻擊。為了克服這些網際網路之安全問題，IETF 標準組織即制定了 IPSec (Internet Protocol Security) 標準。IPSec 便是針對網路 IP 層的安全的機制，主要提供資料之機密性 (Confidentiality)、認證 (Authentication)、完整性 (Integrity) 及存取控制 (Access Control) 等安全服務機制。IPSec 已是非常方便而安全的網路安全機制，目前常用的作業系統 Windows、Linux 或 Unix 等均已提供 IPSec 機制。

7.1 網際網路概述

網際網路是網路與網路間互連所形成的更大的網路。目前網際網路已廣泛用在全球資訊網路 (WWW) 及各種電子商務等應用中。網際網路的起源最早是美國國防部於 1968 年發展的實驗計畫── ARPANET，ARPANET 即為網際網路的基本雛形，後來，美國國家科學基金會 (NSF) 根據 ARPANET 的基本架構成立了 NSFNET 計畫，而 NSFNET 可以透過 TCP/IP 網路協定和 ARPANET 溝通，1980 年代越來越多以 TCP/IP 來連接不同網路，逐漸地網際網路 (Internet) 就成為網路與網路間互連的專有名稱。

網際網路所採用的網路協定主要是 TCP/IP 或 UDP/IP。IP 網路協定是網際網路之網際網路層 (Internet) 的協定，圖 7.1 是 IPv4 之 IP 封包格式。IP 網路協定將封包自來源端送到目的端。因此，IP 網路協定也負責路徑選擇 (Routing) 之工作。基本上，IP 網路協定是一種無相連式 (Connectionless) 的協定。IP 網路協定第四版 (IPv4) 其 IP 位址 (IP Address) 是 32 位元的位址，由於 IPv4 已廣泛被應用，IP 位址已不敷使用，因此，近年各國均積極推動 IP 位址為 128 位元的 IPv6。本節僅就基於 IPv4 之 TCP/IP 與 UDP 作簡單介紹，以作為 IP 安全機制的基礎背景。

傳輸控制協定 (Transmission Control Protocol, 簡稱 TCP) 屬於網路之傳輸層 (Transport Layer) 協定。TCP 是提供用戶端點間的資料傳輸，它屬於相連接導向 (Connection-Oriented) 的協定。TCP 是一種可靠傳輸協定，TCP 會確保將資料自傳送端完整而正確地送到接收端。TCP 封包格式如圖 7.2 所示。

版本(4)	標頭長度(4)	服務型態(8)	封包總長度(16)		
資料包組識別(16)			0	旗標	碎片位差(13)
存活時間(8)		IP層協定(8)		標頭檢查碼(16)	
來源 IP 位址(32)					
目的 IP 位址(32)					
選項			附加		
資料 (Data)					

圖 7.1　IPv4 之 IP 封包格式

來源埠口(Source Port)			目的埠口(Destination Port)	
封包序號(Sequence Number)				
回應序號(Acknowledge Number)				
資料位移	保留	編碼	滑窗(Window)	
檢查數值(Checksum)			緊急指標(Urgent Pointer)	
選項(Options)				附加(Padding)
資料(Data)				

圖 7.2　TCP 封包格式

來源埠口(Source Port)	目的埠口(Destination Port)
封包長度(Length)	檢查數值(Checksum)
資料(Data)	

圖 7.3　UDP 封包格式

使用者數據包協定 (User Datagram Protocol, 簡稱 UDP) 也是無相連導向 (Connectionless-Oriented) 的協定，UDP 傳輸是一種不可靠的傳輸，也就是 UDP 不保證能將資料正確送到目的端。因此，UDP 適合用在廣播 (Broadcasting) 環境和資料串流 (Streaming) 環境之應用。圖 7.3 是 UDP 封包格式。

TCP/IP 之原始設計並沒有安全機制，因此，TCP/IP 若沒有額外安全機制保護情況下，非常不安全，我們可以網路監視軟體 Wireshark 就可以輕鬆分析 IP 封包內容。為了確保 TCP/IP 的網路安全，網際網路標準組織 IETF 即定義了 IPSec 網路安全協定。IPSec 可以提供 VPN (Virtual Private Network) 網路安全。基本上，IPSec 可以提供網路資料的私密性 (Confidentiality)、認證性 (Authentication)、完整性 (Integrity) 和存取控制 (Access Control) 等安全服務。

7.2　IPSec 運作方式

IPSec (Internet Protocol Security) 是 IETF 標準組織定義之網路 IP 層的網路安全標準。IETF 之 IPSec 工作群制定了 IP 安全所需之各元件標準。這些元件組成關係如 7.4 IPSec 元件組成關係圖所示。

整個 IPSec 之主要元件組成包含：

- IPSec 架構：描述 IPSec 之一般概念、安全需求、定義及機制。

```
                    ┌──────────────┐
                    │  IPSec架構    │
                    └──────┬───────┘
              ┌────────────┴────────────┐
        ┌─────┴─────┐              ┌────┴─────┐
        │  ESP協定  │              │  AH協定  │
        └─────┬─────┘              └────┬─────┘
         ┌────┴────┐                ┌───┴────┐
         │加密演算法│                │認證演算法│
         └────┬────┘                └───┬────┘
              │    ┌──────────────┐     │
              └───▶│   解釋域     │◀────┘
                   │   (DOI)      │
                   └──────┬───────┘
                   ┌──────┴────────────┐
                   │網際網路金鑰交換(IKE)│
                   │ ┌───────┐ ┌──────┐│
                   │ │ISAKMP │ │Oakley││
                   │ └───────┘ └──────┘│
                   └───────────────────┘
```

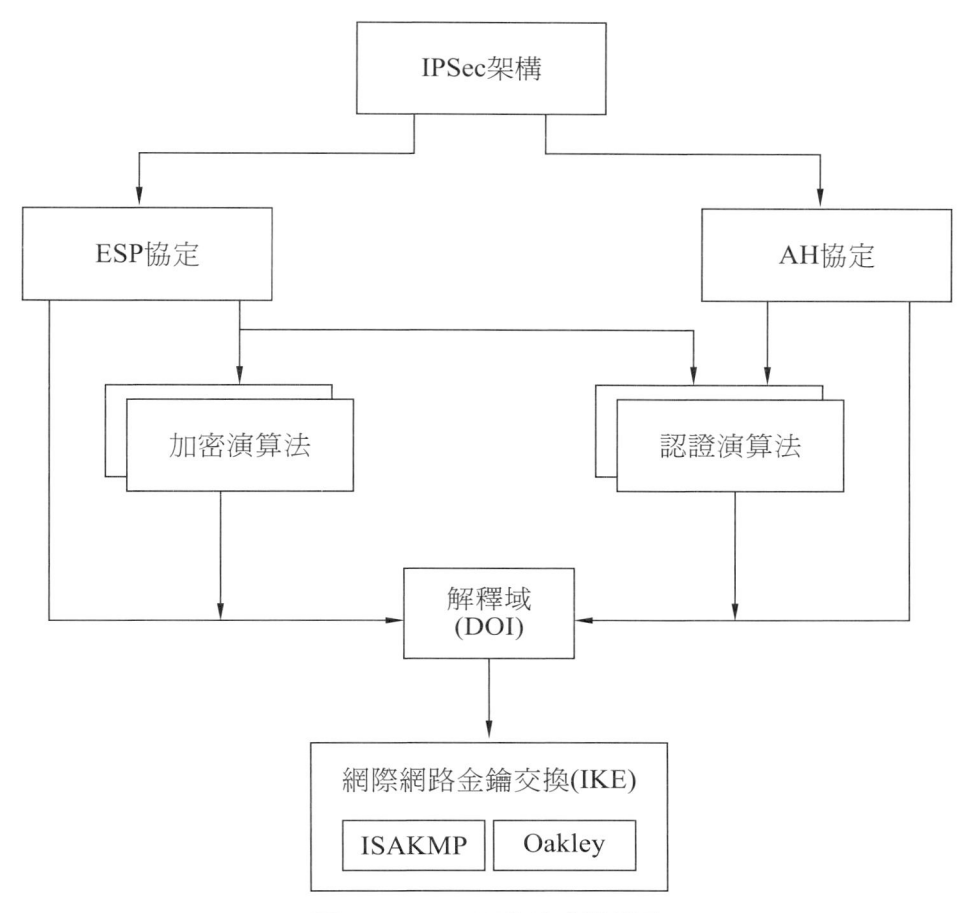

圖 7.4　IPSec 元件組成關係圖

- ESP 協定：定義 ESP (Encapsulating Security Payload) 封包格式與相關議題。
- AH 協定：定義 AH (Authentication Header) 封包格式與相關議題。
- 加密演算法：定義用於 ESP 之各種加密演算法。
- 認證演算法：定義用於 ESP 及 AH 之各種認證演算法。
- 網際網路金鑰交換 (IKE)：網際網路金鑰交換 (Internet Key Exchange, 簡稱 IKE) 定義通訊雙方之金鑰交換的網路協定與金鑰管理機制。IKE 整合 IPSec 之金鑰交換與管理協定 (ISAKMP) 及金鑰產生協定 (Oakley)。
- 解釋域 (DOI)：解釋域 (Domain Of Interpretation, 簡稱 DOI) 它是一套安全保密定義系統。定義負載 (Payload) 格式、訊息交換類型及安全相關之

資訊 (如密碼學演算法、資訊安全策略等) 的命名約定。DOI 用於 IKE 之 ISAKMP 時是翻譯 ISAKMP 負載的識別子 (Identifier)。

IPSec 主要可分成三種協定：AH (Authentication Header)、ESP (Encapsulation Security Payload) 及 IKE (Internet Key Exchange)。AH 協定提供 IP 封包的資料完整性與認證性。AH 協定是利用 HMAC 來達成認證功能，藉以確認訊息發送端的身份。ESP 協定主要提供保密性的功能。ESP 提供資料加密，藉以提供保密服務。ESP 也可以同時選用加密和認證功能，即可同時提供保密和認證功能。IKE 可以在通訊過程中做金鑰交換，產生通訊所需的金鑰，並且用產生的金鑰來加密和認證。IPSec 之認證性及保密性的架構中，有一項重要功能是安全聯結機制 (Security Association, SA)。安全聯結機制會針對訊息提供安全服務，包括 IP 封包加解密，和確認訊息是否完整的認證機制。

IPSec 操作模式 (Operating Mode) 可分為傳輸模式 (Transport Mode) 和隧道模式 (Tunnel Mode) 兩種，如圖 7.5 IPSec 傳輸模式與隧道模式示意圖所示。在傳輸模式下，只有 IP 負載 (Payload) 被加密和／或認證，IP 頭既未被修改和加密。在隧道模式下，整個 IP 封包被加密和／或認證。然後被封裝成一個新的 IP 報頭的新的 IP 封包。隧道模式常用於虛擬私有網路 (Virtual Private Network, 簡稱 VPN)。

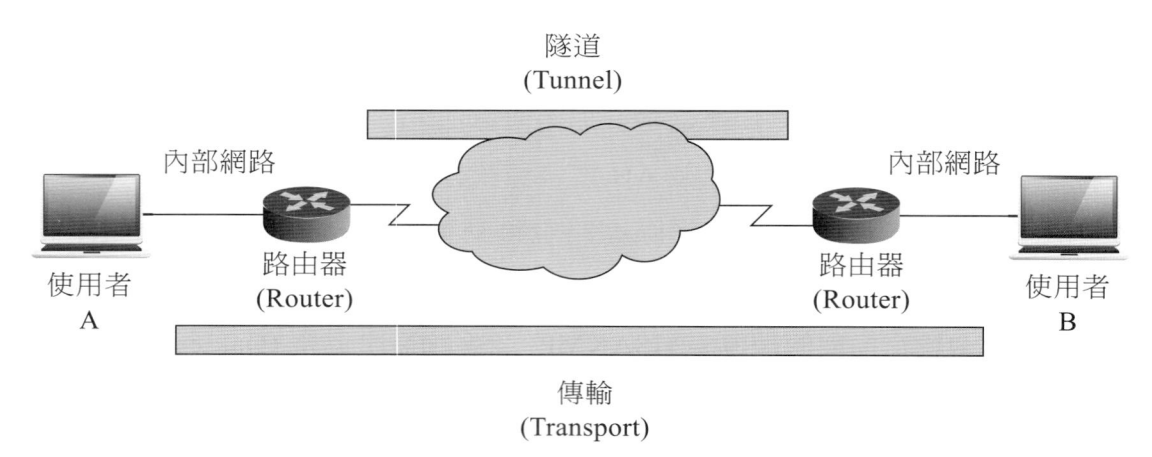

圖 7.5　IPSec 傳輸模式與隧道模式示意圖

傳輸模式為一個端點 (Node) 對端點的網路安全服務，它需要兩個端點的主機都安裝有 IPSec 的機制。隧道模式則是提供在兩台 IPSec 閘道 (Gateway) 間的閘道對閘道之網路安全服務；當資料透過網際網路傳輸由 A 網段 (Segment) 傳輸到 B 網段，IPSec 保護封包在穿越網際網路時的安全性。因為加解密及認證都是由網段對外的 IPSec 閘道所負責，所以兩個連線的端點 (Node) 都不需要有 IPSec 的機制。

IPSec 傳輸模式與隧道模式之封包轉換如圖 7.6 所示。IPSec 傳輸模式之封包轉換是將原 IP 負載欄 (Payload) (即 TCP 標頭及 Data) 前面加上 AH 標頭 (Header) 或 ESP 標頭，若是 ESP 則會在最後面加上 ESP 附加段 (Trailer) 及 ESP 授權 (Authorization)，然後再將其原 IP 標頭加到封包之最前面。IPSec 隧道模式之封包轉換是將原 IP 封包 (即原 IP 標頭、TCP 標頭及 Data) 之前面加上 AH 標頭或 ESP 標頭，然後再將其新的 IP 標頭 (New IP 標頭) 加到封包之最前面。

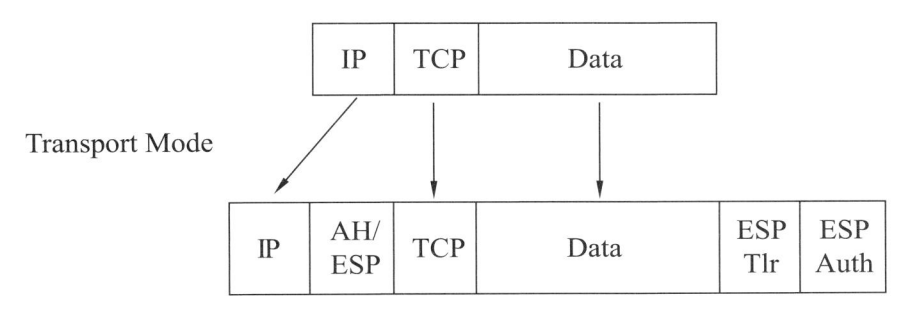

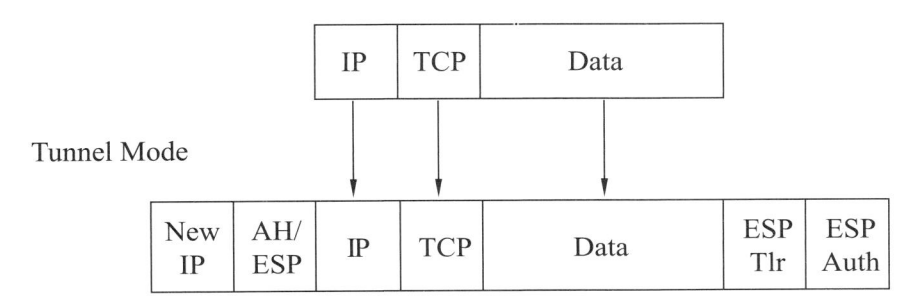

圖 7.6　IPSec 傳輸模式與隧道模式之封包轉換

7.2.1　IPSec 之 AH 機制

AH 機制主要提供 IP 封包之資料完整性和認證性；資料完整性可以確保封包的內容不會被更改；認證性可以讓終端系統 (End System) 或網路設備能確認使用者或應用程式之身份。認證性可以預防網路之位址假造攻擊 (Address Spoofing Attack)。

AH 封包之格式如圖 7.7 AH 封包之格式所示。AH 封包之欄位是：

- 後續標頭 (8 bits)：定義 AH 後面資料的類型。
- 長度 (8 bits)：認證資料負載 (Payload) 的長度。
- 保留 (16 bits)：保留未來之用。
- 安全參數索引 SPI (Security Parameter Index) (32 bits)：用來識別安全聯結機制 (Security Association, 簡稱 SA)。
- 序號 (32 bits)：一個嚴格遞增計算值，它用來檢查封包在傳遞時產生的錯誤，並可利用此序號防止重送攻擊 (Replay Attack)。
- 認證資料 (Authentication Data)：一個任意長度 (IPv4 為 32 位元的整數倍，IPv6 為 64 位元的整數倍) 之欄位；其內容是封包完整檢查值 (Integrity Check Value, 簡稱 ICV)。

認證資料 (Authentication Data) 內容含有一個完整檢查值 (Integrity Check Value, ICV)。完整檢查值是 MD5 或 SHA-1 演算法產生之碼，它的長度視所採用之身份認證演算法 (MD5 或 SHA-1) 而定。

IPSec 之 AH 機制主要提供 IP 封包的資料完整性和認證性服務。其訊息認證之演算法包含 HMAC-MD5-96 及 HMAC-SHA-96 等 Hash 函數來實施。

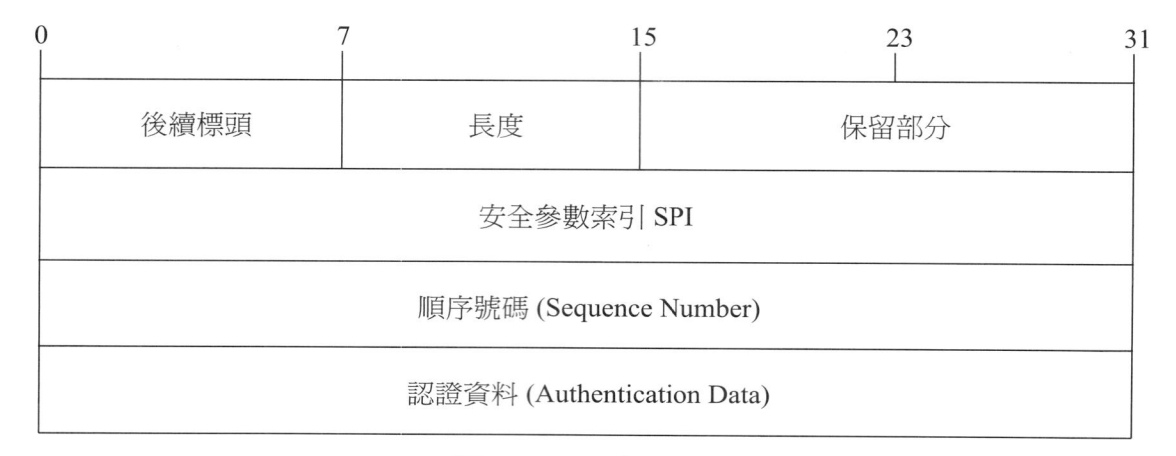

0	7	15	23	31
後續標頭	長度	保留部分		
安全參數索引 SPI					
順序號碼 (Sequence Number)					
認證資料 (Authentication Data)					

圖 7.7　AH 封包之格式

7.2.2 IPSec 之 ESP 機制

　　ESP 機制主要提供 IP 封包的保密服務。ESP 也可以同時選用加密和認證功能，ESP 也能應用在認證、完整性以及防止重送攻擊。ESP 封包之格式如圖 7.8 ESP 封包之格式所示。

- 安全參數索引 SPI (Security Parameter Index) (32 bits)：用來識別安全聯結機制 (Security Association, SA)。
- 序號 (32 bits)：一個嚴格遞增計算值，它用來檢查封包在傳遞時產生的錯誤，並可利用此序號防止重送攻擊 (Replay Attack)。
- 負載資料 (Payload Data)：ESP 所負載之密文，它可以是傳輸層的完整封包 (在 Transport Mode 下) 之密文，或是網路層完整封包 (在 Tunnel Mode 下) 之密文。
- 認證資料 (Authentication Data)：一個任意長度 (IPv4 為 32 位元的整數倍，IPv6 為 64 位元的整數倍) 之欄位；其內容是封包完整檢查值 (Integrity Check Value, ICV)。
- 填充 (Padding)：若密文不足 32 位元的倍數，此欄位即補足密文成 32 位元的倍數。

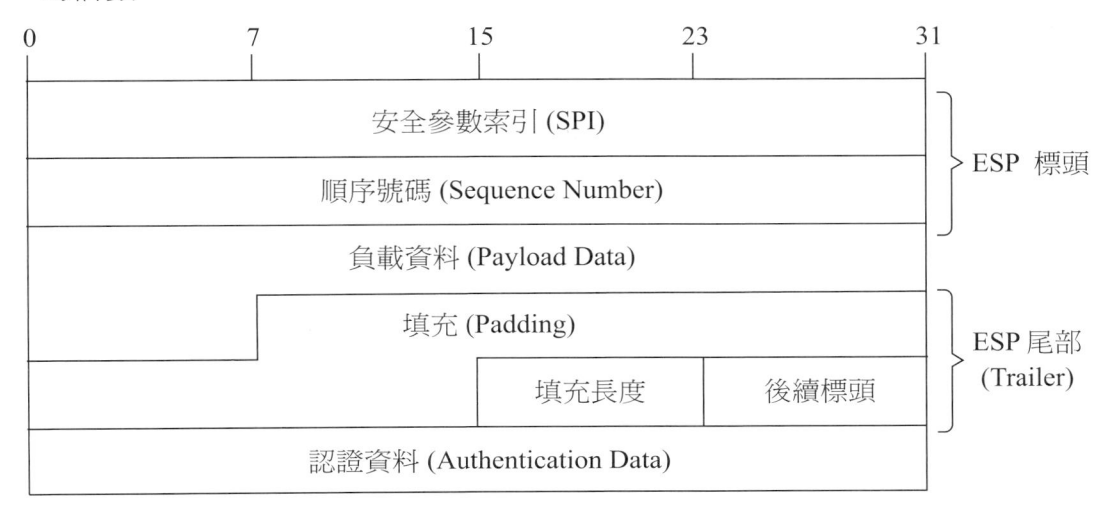

```
0        7        15        23        31
├────────┴────────┴─────────┴──────────┤
│         安全參數索引 (SPI)             │ ┐
├───────────────────────────────────────┤ │ ESP 標頭
│        順序號碼 (Sequence Number)      │ ┘
├───────────────────────────────────────┤
│         負載資料 (Payload Data)        │
├───────────────────────────────────────┤
│           填充 (Padding)               │ ┐
├───────────────┬───────────────────────┤ │ ESP 尾部
│    填充長度    │      後續標頭          │ │ (Trailer)
├───────────────┴───────────────────────┤ │
│      認證資料 (Authentication Data)    │ ┘
```

圖 7.8　ESP 封包之格式

- 填充長度 (8 bits)：此欄位即記錄前述填充欄位所填充之位元組個數。
- 後續標頭 (Next Header) (8 bits)：定義 ESP 資料欄位之資料的類型。
- 認證資料 (Authentication Data) (可變長度)：內容含有一個完整檢查值 (Integrity Check Value, ICV)。ICV 是根據 ESP 封包 (但不含 Authentication Data 欄位) 所計算出來的值。

ESP 機制主要提供 IP 封包的保密服務，也可以同時選用加密和認證功能。ESP 加密機制跟 AH 一樣也是以對稱式密碼系統之 CBC 模式為主。其訊息認證之演算法也是採用 HMAC-MD5-96、HMAC-SHA-96 等函數來實施。在加密演算法方面，主要採用 3-DES、RC5、IDEA、CAST 及 Blowfish 等加密演算法。

7.2.3　IPSec 之 IKE 機制

IPSec 之 IKE 用來提供通訊雙方之金鑰交換之網路協定，用以建立安全聯結 (Security Association, SA)。IKE 主要整合 ISAKMP (Internet Security Association Key Management Protocol) 與 Oakley 等網路協定。ISAKMP 提供認證及金鑰交換之架構 (Framework)。Oakley 則定義詳細金鑰交換之各種服務。

ISAKMP

ISAKMP 定義一組金鑰交換時所用的 IP 資料封包格式與封包處理程序，藉此建立、修改、刪除及協調安全聯結。ISAKMP 也定義了負載格式提供負載服務。ISAKMP 封包之格式如圖 7.9 ISAKMP 封包之格式所示。圖 7.9a 所示是 ISAKMP 標頭 (Header) 之格式。

(1) 發起者 Cookie (Initiator Cookie) (64 bits)：發起建立安全聯結 (SA)、通知安全聯結、刪除安全聯結之人的 Cookie。

(2) 回應者 Cookie (Responder Cookie) (64 bits)：回應者之 Cookie。

(3) 後續負載 (Next Payload) (8 bits)：ISAKMP 定義之負載類型。負載類型

之定義如表 7.1 ISAKMP 負載類型表所示。

(4) 主要版本 (Major Version) (4 bits)：ISAKMP 之主要版本。

(5) 次要版本 (Minor Version) (4 bits)：ISAKMP 之次要版本。

(6) 交換類型 (Exchange Type) (8 bits)：訊息交換之類型。訊息交換類型說明如表 7.2 訊息交換類型表所示。

(7) 旗標 (Flags) (8 bits)：ISAKMP 的一組特定選項。

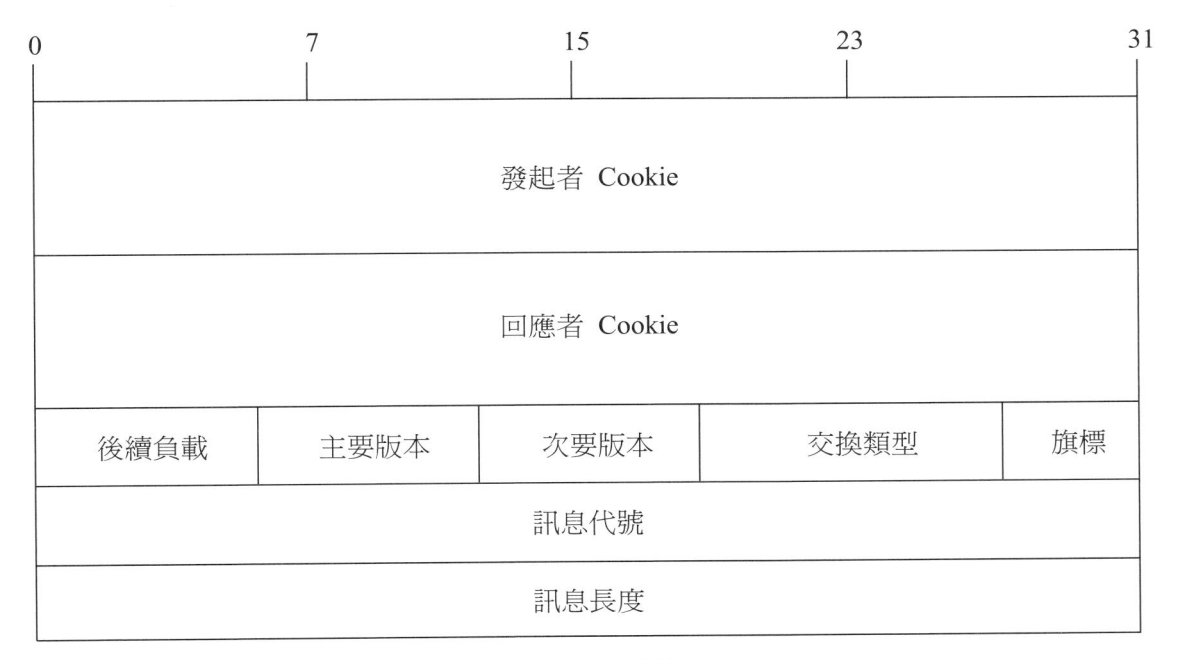

0	7	15	23	31
發起者 Cookie			
回應者 Cookie			
後續負載	主要版本	次要版本	交換類型	旗標
訊息代號			
訊息長度			

(a) ISAKMP 標頭

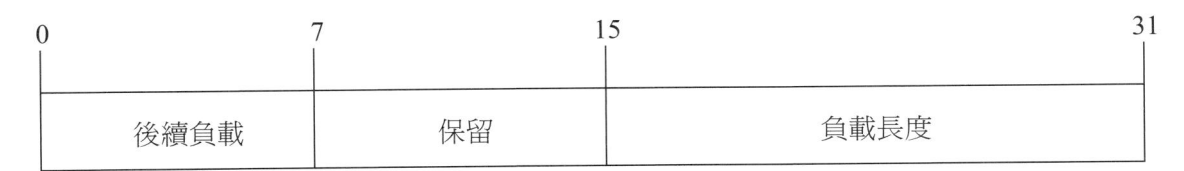

0	7	15	31
後續負載	保留	負載長度	

(b) ISAKMP 一般負載標頭

圖 7.9　ISAKMP 封包之格式

表 7.1 ISAKMP 負載類型表

負載類型	表示值
未用 (None)	0
安全聯結負載 (Security Association, SA)	1
提案負載 (Proposal, P)	2
轉換負載 (Transform, T)	3
鑰匙交換負載 (Key Exchange, KE)	4
身份標示負載 (Identification, ID)	5
認證負載 (Certification, CERT)	6
認證要求負載 (Certification Request, CR)	7
雜湊值負載 (Hash, HASH)	8
簽章負載 (Signature, SIG)	9
臨時亂數負載 (Nonce)	10
通知負載 (Notification, N)	11
刪除負載 (Delete, D)	12
製造商標示負載 (Vender ID, VID)	13
保留未用	14-127
私人使用負載 (Private USE)	128-255

表 7.2 ISAKMP 訊息交換之類型表

訊息交換類型	值
None	0
基本之交換 (Base)	1
可保留身份之交換 (Identity Protection)	2
僅認證功能之交換 (Authentication Only)	3
具金鑰交換之積極交換 (Aggressive)	4
資訊交換 (Informational)	5
ISAKMP 將來使用	6-31
DOI 專用	32-239
私有用途	240-255

所有 ISAKMP 負載都具有相同的一般性負載標頭 (Generic Payload Header)，如圖 7.9b 所示。若是訊息中最後一個負載，則「後續負載」欄位的值會被設成 0，否則此欄位值就是下一個負載的類型。「負載長度」是這個負載的長度，長度單位是 8 位元為單位來表示。

Oakley

Oakley 是金鑰產生協定，它是根據 Diffie-Hellman 演算法所改良出來的金鑰交換協定，它增加了安全性功能。它的用途是在通訊雙方產生分享的會議金鑰 (Session key)。Oakley 沒有特定之格式，它是一個一般性協定。
Oakley 演算法：

(1) 通訊雙方使用者 A 和 B 先協調兩個參數：一個很大質數 q 和另一個 α (q 的原根)。

(2) A 選定一個秘密 X_A，然後計算公開金鑰 $Y_A = \alpha^{X_A}$ 並且傳給 B。

(3) B 選定一個秘密 X_B，然後計算公開金鑰 $Y_B = \alpha^{X_B}$ 並且傳給 A。

(4) 雙方各自計算出秘密通訊金鑰：$K = (Y_B)^{X_A} \bmod q = (Y_A)^{X_B} \bmod q$。

原 Diffie-Hellman 演算法存在一些弱點：(a) 沒有提供雙方身份相關之資訊，無法認證對方之合法性。(b) 原 Diffie-Hellman 演算法容易遭受中間人攻擊 (Man-in-the-middle)。Oakley 改良 Diffie-Hellman 演算法，克服了這些缺點。Oakley 演算法有幾個特點：

(1) 它利用 Cookie 機制來預防塞爆 (Clogging) 攻擊。
(2) 它用臨時亂數 (Nonce) 來預防重送攻擊。
(3) 它可以認證對方身份，提供認證功能，藉此預防中間人攻擊。
(4) 它利用 Diffie-Hellman 模式來交換公開金鑰，讓金鑰交換得到安全性。

7.3 結語

建構一個安全的網路環境，IPSec 提供了很好的機制，特別是在一個公用網路環境，若要建構一個虛擬網路 (Virtual Private Network, VPN)，IPSec 提供了一個非常好而便利的機制，目前 IPSec 機制在 Windows、Linux 或 Unix 作業系統上均可運作。基於應用環境不同，IPSec 提供傳輸模式與通道模式兩種操作模式讓我們選用。IPSec 基本上以提供在認證性 (Authentication)、保密性 (Confidentiality) 及密鑰管理 (Key Management) 等三大機制，對網際網路安全提供非常安全的保護機制。

習 題

1. IPSec 提供網路 IP 層哪幾種安全服務？

2. IPSec 主要可分成三種協定 AH、ESP 及 IKE，請簡述其主要功能。

3. 請說明 IPSec 操作模式之傳輸模式 (Transport mode) 和隧道模式 (Tunnel mode) 的差異。

4. 請說明 IPSec 之 Oakley 演算法有幾個主要特點？

5. 請舉出 IPSec 之比較重要的三種應用。

Chapter 8

公開金鑰基礎架構

本章大綱

8.1 數位憑證

8.2 PKI 的運作方式

8.3 PKI 應用

8.4 結語

隨著網際網路盛行，電子商務興起，大量電子交易在網路發生，其過程即需一個安全交易的環境。公開金鑰基礎架構 (Public Key Infrastructure, 簡稱 PKI) 即提供安全交易的機制。在 PKI 機制中，PKI 的憑證中心 (Certificate Authority, 簡稱 CA) 在網路環境中之安全交易扮演即為重要的角色。憑證中心提供交易的兩造一個安全而值得信任的網路按全機制。PKI 的憑證機制是運用公開金鑰密碼系統，建立網路交易的雙方一個互信機制。本章即討論 PKI 的運作方式及其組成單元。

8.1 數位憑證

數位憑證 (Digital Certificate) 是一種以電子簽章的文件，它用作在網際網路提供服務的電子身份證。公開金鑰基礎建設即利用數位憑證機制提供身份確認的機制。PKI 是藉由憑證管理中心當做網路交易之公正第三者，提供數位憑證之簽發與驗證服務。憑證最主要內容是公開金鑰及數位簽章等資訊，提供資料私密性 (Confidentiality)、認證性 (Authentication)、完整性 (Integrity) 及不可否認性 (Non-repudiation) 等安全服務。數位憑證類似我們現實生活的身份證，它有使用期限，它可能被遺失，也可能被破解，所以也要有一個註銷回收機制。為了網路安全，網際網路環境的使用者資料需要經過加密，在 PKI 主要採用公開金鑰加密方法來對使用者資料加密，許多公開金鑰 (Public Key) 會在其應用系統上流通，若要確定其公開金鑰是使用者合法的金鑰，就應該由可信任的第三者來認證，此可信任第三者將其公開金鑰認證通過後，利用數位憑證簽發給此使用者，PKI 即是如此之公開金鑰認證與簽發數位憑證的機制。

PKI 是以 IETF 組織所訂的 X.509 公開金鑰基礎架構 (PKIX) 為標準的機制。X.509 認證方式是利用憑證管理中心來進行認證與數位憑證簽發的工作，X.509 認證 (Certificate) 架構是一個階層樹狀底架構，如圖 8.1 CA 樹狀結構示意圖所示，其認證方式是，每一個 CA 簽發憑證給其下的 CA，如圖 8.1 之 CA0 是整個 X.509 認證 (Certificate) 架構中最重要的信任點，每一個使用者都擁有 CA0 簽發的憑證，下一層 CA 需信任其上一層 CA，因此，若使用者 Alice 要驗證使用者 David 的憑證，Alice 不是 CA11 的下一層，所以她不信任 CA11，但她信任更上一層 CA6，而 CA6 也是 Alice 和 David 的共同信任的 CA 端點，所以 Alice 就透過 CA6 來驗證 David 的憑證。其驗證程序是，Alice 自 CA6 取得 CA6 簽發給 CA11 的憑證，一旦 CA11 被 CA6 驗證通過，Alice 即可驗證 David 的憑證，若驗證也通過，Alice 則可以用 David 的公開金鑰 (Public Key) 檢視驗證其資訊。同理，若 Alice 驗證 Bob 的憑證，她的驗證路徑是 CA0 → CA3 → CA8 → CA14。

X.509 也提供交互驗證的機制，藉由兩個 CA 之間藉由彼此互發憑證來建立信賴關係。X.509 交互驗證的方式敘述如下：CAm 與 CAn 可以互相簽發憑證給對方，亦即，CAm 簽發憑證給 CAn，而 CAn 也簽發憑證給 CAm。在 X.509 認證架構中，每一個 CA 會簽發憑證給其下的 CA，也會簽發憑證

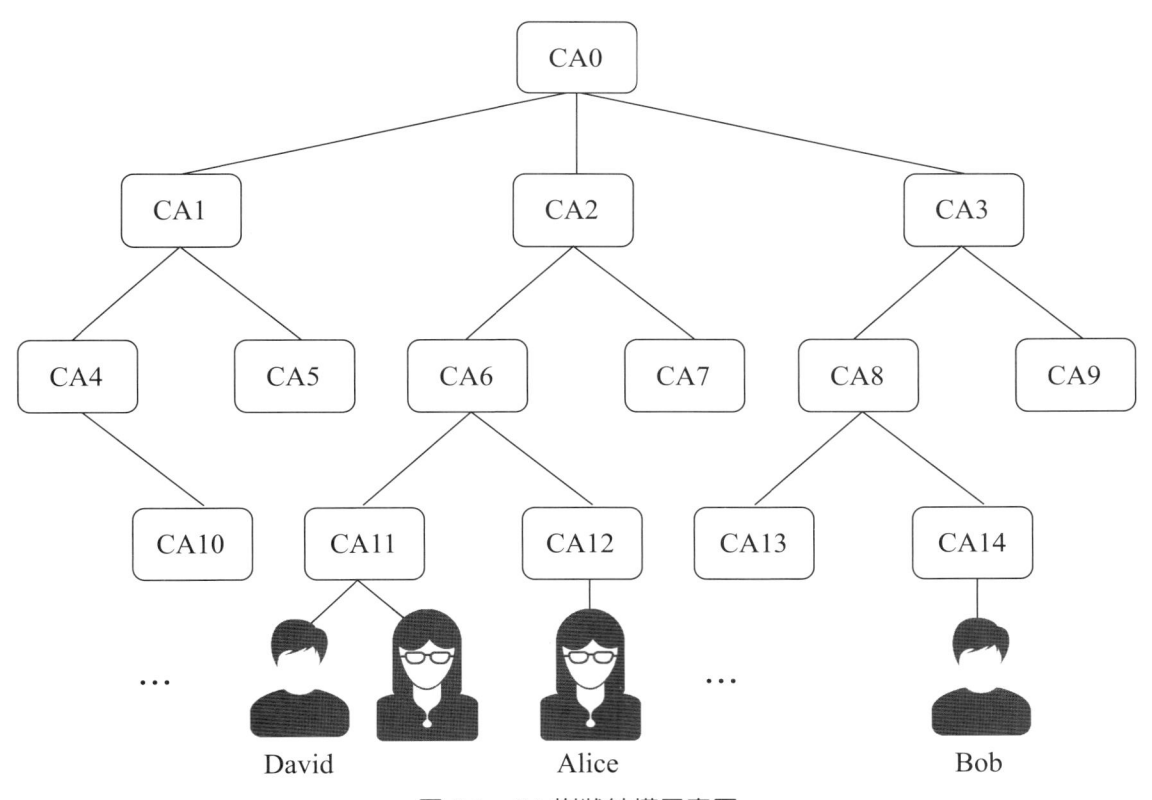

圖 8.1　CA 樹狀結構示意圖

給其上的 CA。若 Alice 要驗證 Bob 的憑證時，在交互驗證機制，驗證路徑是 CA12 → CA6 → CA2 → CA0 → CA3 → CA8 → CA14。

假如說某一個使用者的憑證過期或遺失，X.509 則需對此使用者的憑證作註銷回收處理。CA 會維護一個憑證註銷回收清冊 (Certificate Revocation List, CRL)，CRL 記錄著已註銷的憑證及相關資訊 (如憑證序號、註銷日期等)，因此，使用憑證前必須先檢查 CA 的 CRL，以確保其憑證是有效的。

8.2　PKI 的運作方式

公開金鑰基礎建設 (Public Key Infrastructure, PKI) 是電子認證的最基本架構。PKI 是以公開金鑰密碼學為基礎而衍生的架構，在電子訊息傳遞與交換過程中，提供資料在身份認證 (Authentication)、不可否認性 (Non-Repudiation)、資料完整性 (Integrity) 及機密性 (Confidentiality) 等需求之安全機制。PKI 是 Intranet、Extranet 及 Internet 網路環境間交換資訊的信任基礎。

8.2.1　PKI 之組成單元

如圖 8.2 PKI 運作架構圖之組成單元所示；PKI 之組成單元包含憑證管理中心、註冊管理中心、目錄伺服器及 PKI 使用者等單元組成。

憑證管理中心

憑證管理中心 (Certification Authority, CA) 主要負責簽署和驗證 PKI 憑證的認證中心。CA 簽署 PKI 之憑證，並驗證由 PKI 架構所簽發的憑證，將簽發的憑證透過目錄存取協定 (Directory Access Protocol, DAP) 存放到符合 X.500 的目錄伺服器上；DAP 是 ITU 及 ISO 組織制定以提供對 X.500 目錄服務之網路服務標準，若在網際網路 (Internet) 環境，建議採用 LDAP (Lightweight Directory Access Protocol)。若交易需要註銷，也可提供註銷憑證，並產生憑證註銷清冊 (Certificate Revocation List, CRL)，憑證管理中心定期向目錄伺服器發最新的 CRL。

註冊管理中心

　　註冊管理中心 (Registration Authority, RA) 負責受理憑證申請、註銷與相關資料審核，並將審核通過之資料傳送至 CA，進行憑證簽發、註銷等工作。

目錄伺服器

　　目錄伺服器 (Directory Server) 負責提供外界目錄檢索、查詢服務等服務，包括：憑證 (Certificate) 及憑證註銷清冊 (CRL) 之公布或註銷訊息、新版、舊版憑證實作準則之查詢及憑證相關軟體下載等服務。目錄伺服器應符合 X.500 的標準，並提供 DAP(Directory Access Protocol) 或 LDAP (Lightweight Directory Access Protocol) 等作為存取目錄的協定。

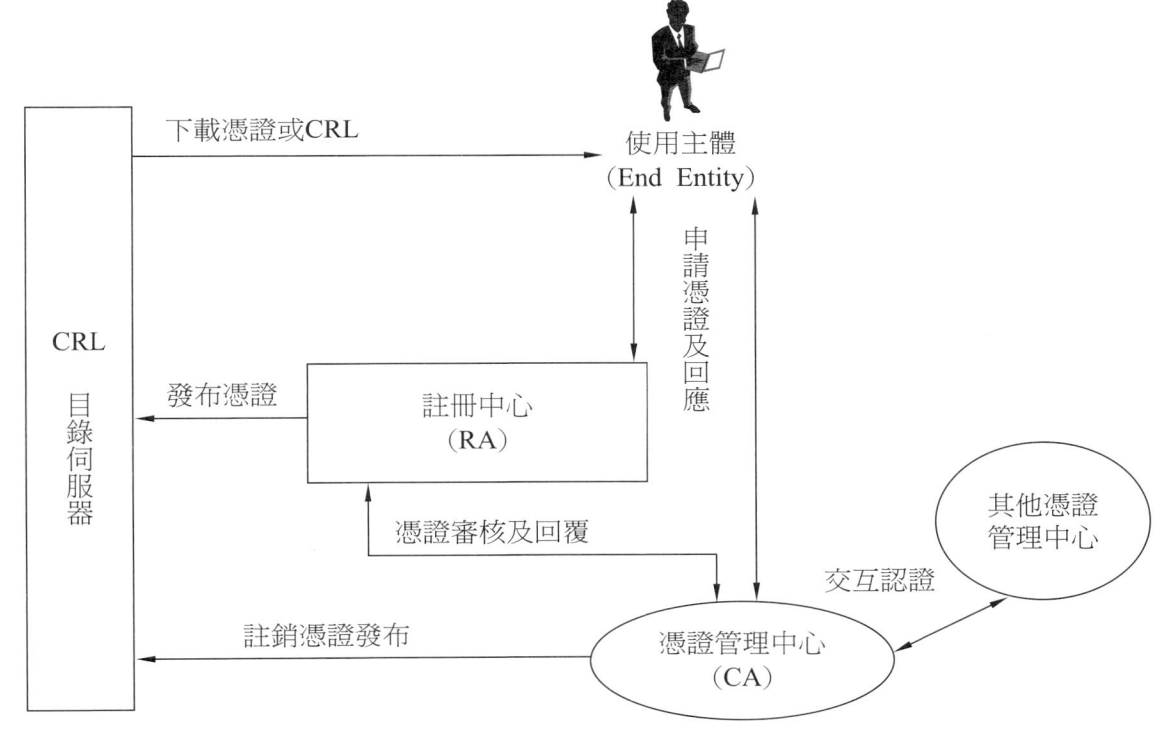

圖 8.2　PKI 運作架構圖

使用主體

　　PKI 之使用主體 (PKI End Entity) 產生並驗證 PKI 中明訂的簽名演算法，解讀 PKI 所簽發的憑證及 CRL，並驗證其正確性。使用主體可以利用 DAP 或 LDAP 等協定從目錄伺服器取得憑證。PKI 之使用主體即是終端使用者。

8.2.2　PKI 之運作流程

　　憑證之申請與驗證流程如圖 8.2 PKI 運作架構圖所示。一般使用主體 (End Entity) 可透過註冊管理中心申請憑證，亦可直接向憑證管理中心申請。註冊管理中心受理交易端之使用主體之憑證申請之後，它會將相關資料送至憑證管理中心進行審核，憑證管理中心審核後會將結果回覆註冊管理中心。使用主體申請憑證獲得核准之後，註冊管理中心與憑證管理中心會將存放憑證 (Certificate) 與憑證註銷清冊 (Certificate Revocation List, CRL) 於目錄伺服器上，以方便一般使用主體取得。憑證管理中心定期向目錄伺服器發佈最新的憑證註銷清冊 (CRL)。使用主體若因交易需求等因素，他可以到目錄伺服器下載對象憑證或廢止清冊。

　　PKI 的認證機制中，也需要兩個 CA 之間藉由彼此互發憑證來建立信賴關係，透過交互憑證驗證的建立，讓兩個 CA 所簽發的憑證彼此信賴，以建立交互驗證。交互驗證機制對裡包含了兩個 CA 互發之憑證。

8.2.3　公開金鑰憑證

　　公開金鑰憑證是一份經由 CA 簽章的電子文件。它用來證明公開金鑰和特定的個人或單位（擁有者）的連繫關係。CA 所使用之公開金鑰憑證主要採用 X.509 標準，X.509 通常被用來證實使用者身份的 CA 標準。公開金鑰憑證之主要內容如下表 8.1 公開金鑰憑證內容表所示。

PKI 憑證註銷清冊

　　若憑證遺失、過期等原因，憑證必須註銷，PKI 註銷時，憑證管理中心會將憑證註銷清冊 CRL 於目錄伺服器上，以方便一般使用主體取得。憑證管理中心定期向目錄伺服器發布最新的憑證廢止清冊 CRL，使用主體可以到目錄伺服器下載對象註銷清冊。圖 8.3 是 PKI 憑證註銷清冊。

表 8.1　公開金鑰憑證內容表

欄位	說明
1. 版本	X.509 版本
2. 序號	憑證管理中心所簽發之憑證序號
3. 簽章演算法	公開金鑰所能使用的金鑰演算法
4. 發行者	憑證管理中心名稱
5. 有效期限	憑證生效及截止日期
6. 主旨名稱	本金鑰持有人的相關資訊
7. 公開金鑰資訊	公開金鑰的值及金鑰使用演算法
8. 發行者唯一識別碼	憑證管理中心本身之特有識別碼
9. 金鑰持有人唯一識別碼	金鑰持有者唯一識別碼
10. 擴充欄位	憑證管理中心憑證政策及限制等，可自行擴充欄位
11. 憑證簽章演算法	數位簽章演算法
12. 簽章值	數位簽章憑證管理中心對上述資料經簽章演算法所算出的簽章值

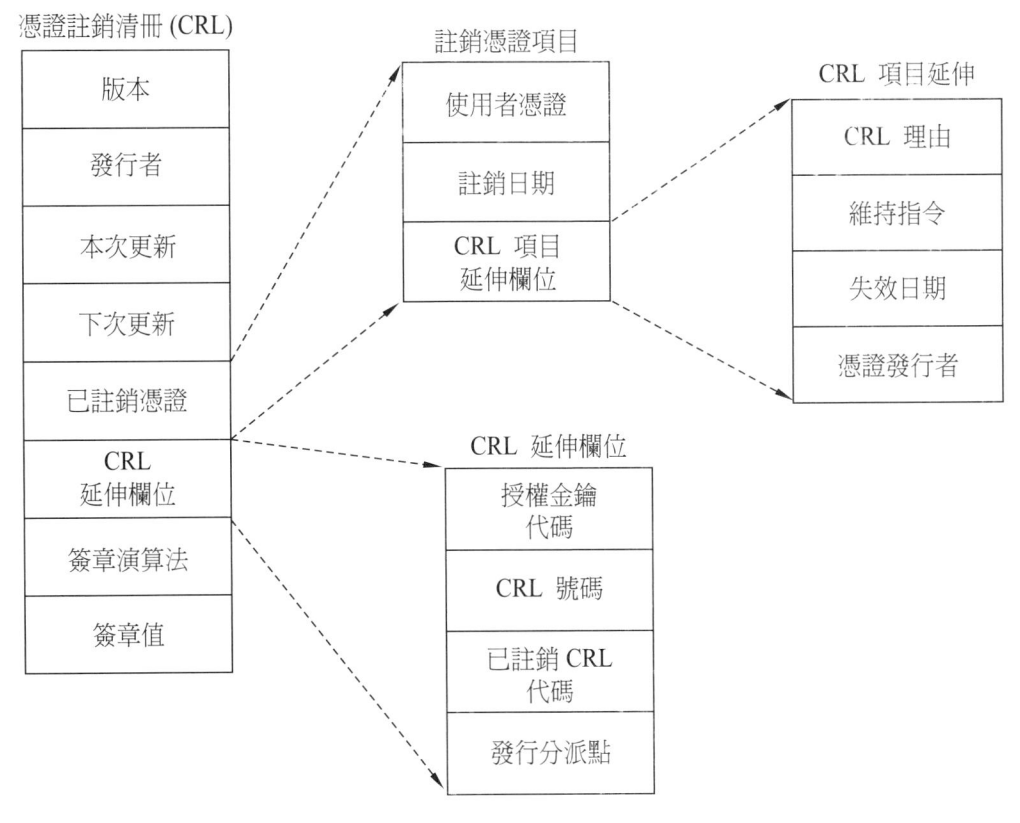

圖 8.3　PKI 憑證註銷清冊

憑證註銷清冊 (CRL)

(1) 版本：X.509v3 版本。

(2) 發行者：發行者 (Issuer) 為憑證管理中心名稱。

(3) 本次更新：本次更新 (ThisUpdate) 是指有效時間； CA 會週期性更新 CRL 資訊，此欄位記錄最近一次更新後有效時間。

(4) 下次更新：下次更新 (NextUpdate) 是指 CRL 的過期時間。

(5) 已註銷憑證：已註銷憑證 (Revoked Certificates)。

(6) CRL 延伸欄位：CRL 延伸欄位 (CRL Extensions) 是憑證註銷清冊利用其描述更多 CRL 資訊之欄位。

(7) 簽章演算法：數位簽章演算法。

(8) 簽章值：數位簽章憑證管理中心對上述資料經簽章演算法所算出的簽章值。

註銷憑證項目

(1) 使用者憑證：使用者憑證 (User Certificate) 記錄已被註銷憑證之使用者之憑證。

(2) 註銷日期：註銷日期 (Revocation Date) 記錄被註銷之日期。

(3) CRL 項目延伸欄位：CRL 項目延伸欄位 (CRL Entry Extensions) 為註銷憑證項目之延伸用途。

CRL 延伸欄位

(1) 授權金鑰代碼：授權金鑰代碼 (Authority Key Identifier) 是簽章與公開金鑰間之對應的代碼。

(2) CRL 號碼：CRL 號碼 (CRL Number) 係指已註銷之 CRL 序號碼。

(3) 已註銷 CRL 代碼：已註銷 CRL 代碼 (Delta CRL Indicator) 係指已註銷憑證之序號之 CRL。

(4) 發行分派點：發行分派點 (Issuing Distribution Point) 記錄特別 CRL (Particular CRL) 之服務目錄；此特定 CRL 之服務目錄儲存特定用戶憑證、特定 CA 或特定原因之 CRL 的服務目錄。

CRL 項目延伸

(1) CRL 理由：CRL 理由 (CRL Reason) 記錄憑證註銷原因代碼。
(2) 維持指令：維持指令 (Hold Instruction) 為因爭議而暫時保留之代碼。
(3) 失效日期：失效日期 (Invalid Date) 記錄著憑證失效日期。
(4) 憑證發行者：憑證發行者 (Certificate Issuer) 記錄憑證發行單位。

8.3 PKI 應用

　　PKI 之應用範圍很廣，目前最主要用途有自然人憑證、工商憑證、金融憑證與電子商務等領域。自然人憑證是由政府憑證管理中心 (GCA) 所發行；目前自然人憑證已可提供個人所得稅報稅，或監理所資料查詢等服務。工商憑證是經濟部推動的公司行號的工商憑證服務，簽發公司行號憑證 IC 卡，作為企業與政府間的網路身份證，以提供各項業務之安全的網路服務。金融憑證是由金融機構所發行；金融憑證已能提供金融業務之轉帳、外匯買賣或網路股票交易等服務。電子商務是由各企業發行，它可以提供交易憑證整服務。近年，政府積極推動 PKI 建設與服務，大幅提高政府服務效能，已經有明顯的績效。此外，PKI 在電子商務或金融服務等應用上，也已有很好的成績。這些主要是因為 PKI 所帶給交易或服務有更高安全性和便利性的好處所致。

政府 PKI 之推動

　　政府為推動電子化政府，健全電子化政府基礎環境建設，成立了政府機關公開金鑰基礎建設 (Government Public Key Infrastructure, GPKI)。 政府的 GPKI 主要採用 ITU 所訂的 X.509 標準之 PKI 機制，包含公開金鑰基礎建設的最高層之政府憑證總管理中心 (Government Root Certification Authority, GRCA)，及各政府機關所設立的下屬憑證機構 (Subordinate CA) 所組成。圖 8.4 是 GPKI 之各憑證管理中心之組織圖。政府憑證總管理中心 (GRCA) 轄下包含政府憑證管理中心、自然人憑證管理中心、工商憑證管理中心、組織及團體憑證管理中心及醫事憑證管理中心等下屬憑證管理中心。政府憑證總管理中心 (GRCA) 及所屬各憑證管理中心是一個階層式架構的憑證管理架構，最後由政府憑證總管理中心 (GRCA) 負責最後的信賴起源，並負責 GPKI 內外憑證機構間之憑證的交互認證。整個 GPKI 為電子化政府建立可信賴的資訊安全服務機制。

　　GPKI 之各憑證管理中心負責之憑證管理可參考表 8.2 GPKI 之各憑證管理中心彙整表。其中與我們關係最密切的是內政部之自然人憑證管理中心。自然人憑證管理中心對我國年滿 18 歲以上的國民核發自然人憑證。我們可以利用內政部自然憑證報稅或處理戶政業務，或者我們可以利用自然人憑證

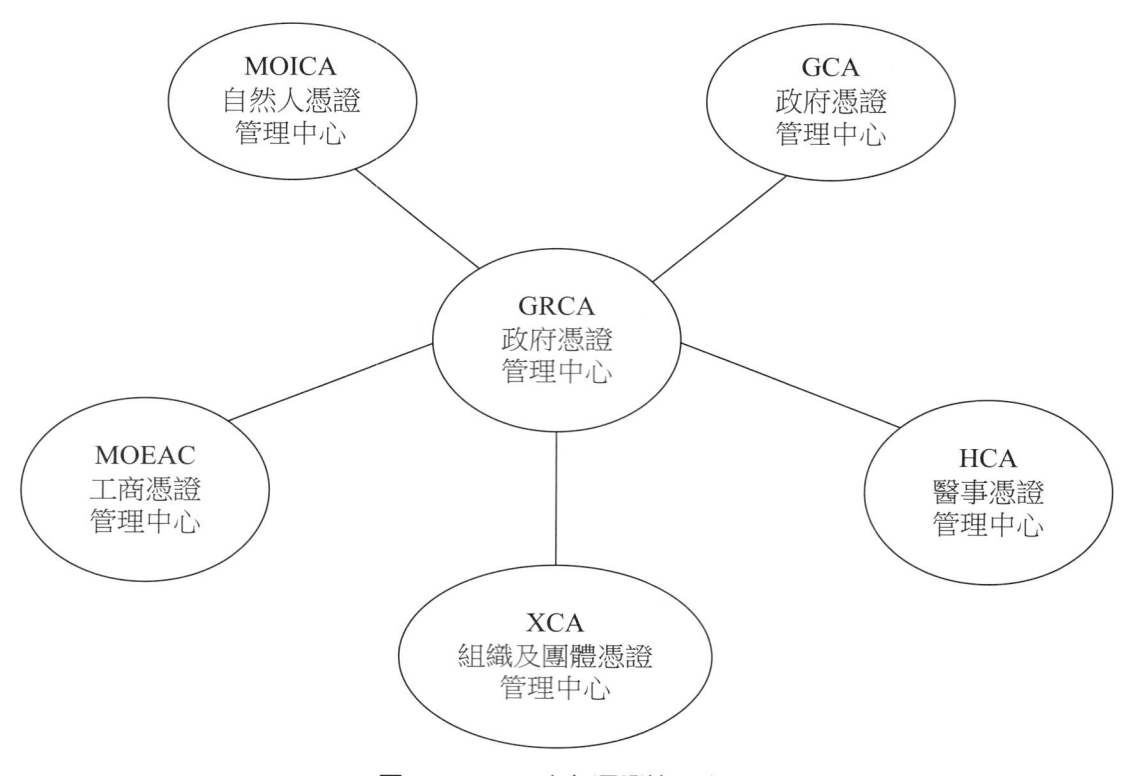

圖 8.4　GPKI 之各憑證管理中心

表 8.2　GPKI 之各憑證管理中心彙整表

CA 名稱	英文簡稱	簽發之憑證種類	主管機關
政府憑證總管理中心	GRCA	CA 交互憑證	國發會
政府憑證管理中心	GCA	政府機關、單位等憑證	國發會
自然人憑證管理中心	MOICA	自然人憑證	內政部
工商憑證管理中心	MOEACA	公司、分公司、商號等憑證	經濟部
組織及團體憑證管理中心	XCA	學校、財團與社團法人、非法人團體之憑證	國發會
醫事憑證管理中心	HCA	醫事憑證	衛生福利部

查詢交通部之汽／機車之監理服務，它確實提供了我們許多便利，也提高政府之行政效能。

電子商務應用

　　PKI 在電子商務上也扮演相當重要的角色。PKI 可以提高企業服務效率、幫助組織轉型、保護消費者權益等效益。安全電子交易 (Secure Electronic Transaction, SET) 機制及 SSL (Secure Socket Layer) 機制即是提高企業服務效益及確保消費者權益的很好的 PKI 應用。SET 是一個電子商務安全交易的網路協定；SSL 是一個網路傳輸安全的協定，SSL 也非常適合電子商務安全的應用。此外，PKI 應用在電子錢包或電子支票等電子付款機制方面，也可提高安全之電子商務的交易付款服務。此部分之內容將在本書之第十章作詳細介紹。

　　另外，金融 IC 卡導入 PKI 之應用也非常有幫助。金融 IC 卡導入 PKI 可以加強金融交易安全。基本上金融 IC 卡本身比傳統磁卡安全且不易被破解，導入 PKI 之後，增加 PKI 認證機制，可以讓金融交易更安全。另外，金融 IC 卡導入 PKI，更可以提高金融轉帳或儲值等之安全性。

8.4 結語

　　隨著網際網路普及化，各種業務與服務全面電子化，電子商務越發蓬勃發展，卻也帶來許多資訊安全的威脅，各種攻擊事件及機密資料外洩等事件頻傳，因此，需要一個安全的網路交易與通訊環境。有鑑於此，政府也積極推動「公開金鑰基礎建設」應用，目前在政府業務及金融業務等方面已有相當不錯的成果。為了提供安全的網路環境，政府及各產業界可以持續全面推動至各領域，讓我們的資訊安全獲得更大保障。

習 題

1. 請說明 X.509 之 CA 樹狀結構之運作方式。

2. 請描述憑證管理中心 (Certification Authority, CA) 之功能。

3. 請描述註冊管理中心 (Registration Authority, RA) 之功能。

4. 請描述目錄伺服器 (Directory Server) 之功能。

5. 請描述 PKI 之運作流程。

6. 請簡述 PKI 主要應用。

Chapter 9

網路攻擊與防制策略

本章大綱

9.1 網路資訊安全防制的意義

9.2 網路駭客攻擊方式

9.3 網路安全防護策略

9.4 結語

隨著網際網路時代來臨，卻也帶來更多資訊犯罪問題，各種網路攻擊事件已為網路環境帶來重大隱憂。面對各種網路安全問題，必須要有完善的防制措施，才能確保網路安全。本章將討論常見的網路攻擊方式，然後討論網路安全防護策略，希望帶給讀者對網路安全更清楚的認識。

9.1 網路資訊安全防制的意義

隨著網路的普及，資通產品越來越便利，確實帶給我們生活上非常大的便利。然而各種網路攻擊手法不斷推陳出新，往往造成嚴重的資訊安全問題，建置安全防護措施已成為極為重要的課題。

網路資訊安全的防制有三個目標：第一個目標是預防 (Prevention)，預防安全事故發生，以免安全事故發生之後造成更大損失；第二個目標是偵測 (Detection)，要能全面且即時地偵測出安全事故之發生；第三個目標是落實防制措施，企業應平時就發展良好的安全防制措施，並且確實落實到企業環境之中，讓資安事故發生之後能立即補救，甚至讓資安問題不會發生。

9.2 網路駭客攻擊方式

當前駭客攻擊手法伴隨科技發展的日新月異，政府單位、企業或個人遭到網路駭客侵擾或竊密之資安事件每日巨增，嚴重影響政府作業或企業營運的安全。因此，了解網路駭客攻擊手法及建置安全防護措施已成為極為重要的課題。此節即介紹幾個常見的網路駭客攻擊方式。

服務阻絕攻擊

服務阻絕攻擊 (Denial of Service Attack, 簡稱 DOS 攻擊) 是利用大量封包造成網路之電腦系統無法正常運作而造成錯誤或當機的一種攻擊方式。這種攻擊不是以竊取或竄改網路電腦系統內的資料為目的，它並不會直接破壞電腦系統內的資料內容，但是造成服務阻斷卻可能造成營運上重大損失。服務阻絕攻擊常用的方法有 UDP 洪流 (UDP Flooding) 攻擊、SYN 洪流 (SYN Flooding) 攻擊或緩衝記憶體溢位 (Buffer Overflow) 攻擊等方法。

UDP Flooding 攻擊是攻擊者會產生大量的 UDP 封包，並廣播到所要攻擊的目標網路上，造成網路壅塞而讓網路無法正常提供服務，達到其攻擊之目的。SYN Flooding 攻擊主要是利用用戶端與伺服器端建立 TCP 連結時的三向交握 (Three-way Handshaking) 協定產生的大量 SYN 封包而讓網路無法正常服務的一種攻擊。如圖 9.1 SYN Flooding 攻擊示意圖所示，SYN Flooding 攻擊會發送大量 TCP 連線請求，而伺服器會回 SYN-ACK 封包表示以收到連線請求，在正常情況下客戶端會再送一個 ACK 確認封包，但是 SYN Flooding

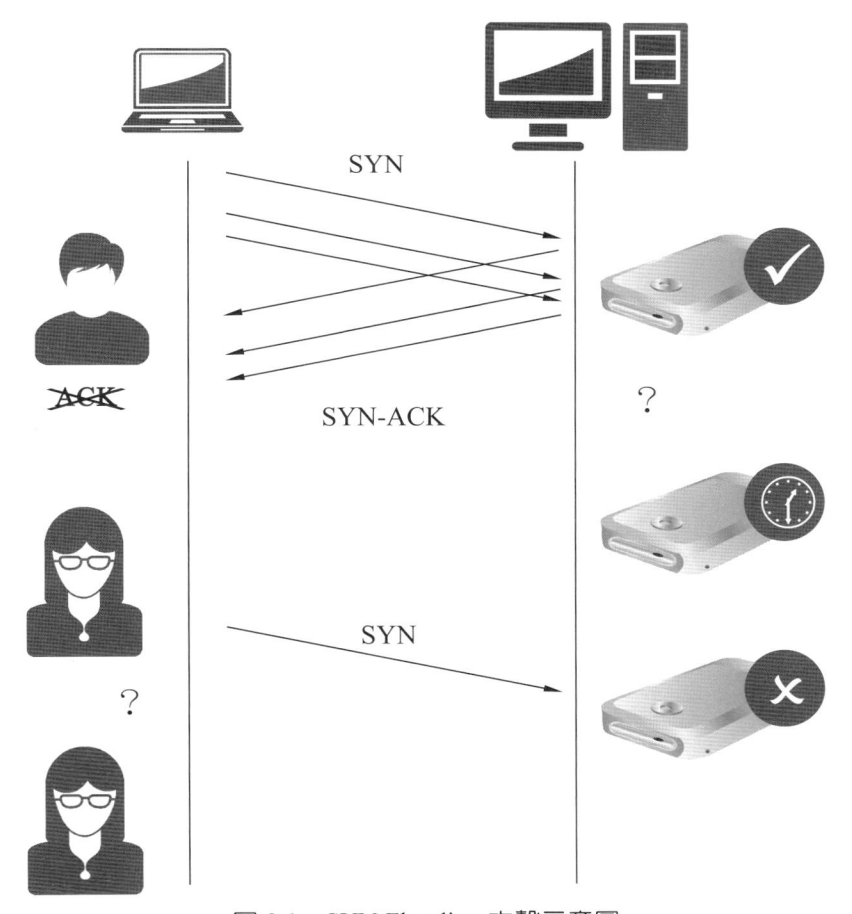

圖 9.1　SYN Flooding 攻擊示意圖

攻擊者故意不回 ACK 封包給伺服器，讓伺服器耗盡資源，而讓合法使用者無法連線。網路探測程式之 Ping 程式攻擊是，攻擊者利用 Ping 程式不停的對被攻擊目標的網路送 ICMP 封包，讓網路之目標受害主機系統當機，或超過系統所能承受負擔而暫停服務；或者利用 Ping 送出大於 IP 封包限制 (65535 位元)，造成系統緩衝區溢位 (Buffer Overflow) 而當機等無法提供服務。目前攻擊者主要利用現有的網路工具軟體，如 UDP Flooder、SYN Flooder 或 Ping 程式等，傳送大量封包來造成網路電腦主機無法正常營運，以達到攻擊的目的。

　　服務阻絕攻擊最簡單形式是對單一主機為目標進行服務阻絕攻擊。另外一種服務阻絕攻擊是在網路上以分散式攻擊來造成網路或電腦癱瘓無法服務的一種攻擊，這種攻擊稱為**分散式服務阻絕攻擊** (Distributed Denial of Service

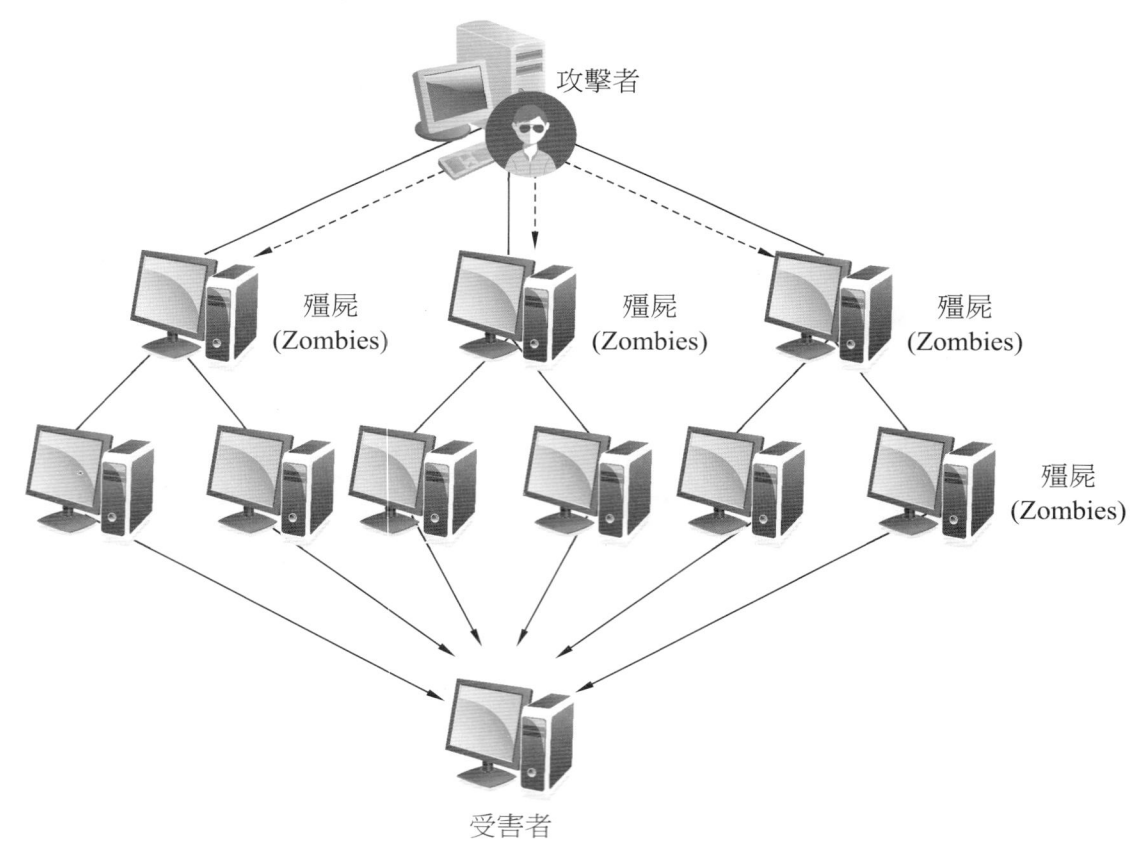

圖 9.2　分散式服務阻絕攻擊示意圖

Attack, 簡稱 DDOS 攻擊)，如圖 9.2 分散式服務阻絕攻擊示意圖所示。這種攻擊中攻擊者會先找出網路上安全防禦較弱的電腦，並先將它們攻陷且控制住，然後利用網路上已被攻陷的電腦作為「**殭屍 (Zombies)**」，向某一特定的目標電腦發動密集式的 DOS (服務阻絕) 攻擊，藉以把目標電腦的網路資源及系統資源耗盡，造成網路或電腦癱瘓無法提供正常服務。

後門攻擊

所謂**後門** (Backdoor) 是指原電腦系統開發者為了系統測試或維護所需刻意留下的程式密道。**後門攻擊** (Backdoor Attack) 是指利用此後門密道進行入侵和竊取資料的一種攻擊。如圖 9.3 後門攻擊示意圖所示，系統開發者通常會利用幾個所謂萬用密碼來提供方便維護或修改，開發者或維護者使用萬用密碼就可以合法通過系統認證，存取系統內的資料。系統後門若被洩漏出去，或者被攻擊者偵測出來，就會對系統造成重大的安全威脅。有時候，網路駭客也會自行植入後門程式，以避開系統防護措施來竊取資料。另外一種情形，安全問題來自於系統開發者的疏失所留下的系統漏洞，或者安裝時使用權限設定不當或組態設定不當，往往也會造成嚴重的安全問題。這一類型的系統漏洞往往也成為駭客攻擊的目標。

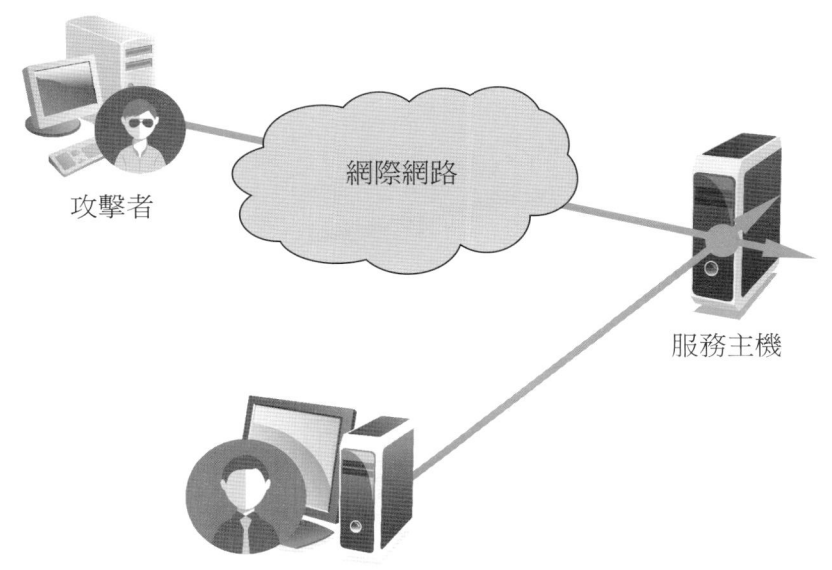

圖 9.3 後門攻擊示意圖

木馬程式攻擊 (Trojan Horse Attack)

木馬程式主要係稱隱藏而未被授權的程式。木馬程式全名是特洛伊木馬程式 (Trojan Horse)。特洛伊木馬這個名稱源自於古希臘神話的特洛伊木馬突城之戰。當時這個戰役，由於希臘聯軍攻打特洛伊卻久攻不下，於是，攻城的希臘聯軍假裝撤退後留下了木馬，特洛伊人把木馬當作戰利品帶回特洛伊城，正當特洛伊人為勝利而慶祝時，從木馬中跑出來了一隊希臘士兵，它們悄悄開啟城門，放進了城外的希臘聯軍，終於裡應外合攻克了特洛伊城。木馬程式的特徵跟這個希臘神話故事很像，因此取名特洛伊木馬程式或木馬程式。木馬程式也常常被充當後門攻擊的程式。

如圖 9.4 木馬程式攻擊示意圖所示，在**木馬程式攻擊** (Trojan Horse Attack) 中，攻擊者會先將木馬程式植入到營運之伺服器的檔案中，當受害者連線下載這個檔案時，木馬程式也就被下載下來。攻擊者就可以向受害者主機內的木馬程式連線，而且對受害者主機發出控制命令，進行破壞或竊取資料。木馬程式通常不會自行啟動執行，當受害者執行或開啟他所下載的檔案時才會執行。程式容量很小，而且執行時不會浪費太多資源，若沒有使用防毒軟體很難被發覺；因此，使用網路資源時，正本清源之道是使用合法軟體和文件，不應該使用非法軟體或文件，比較不會受木馬程式攻擊。

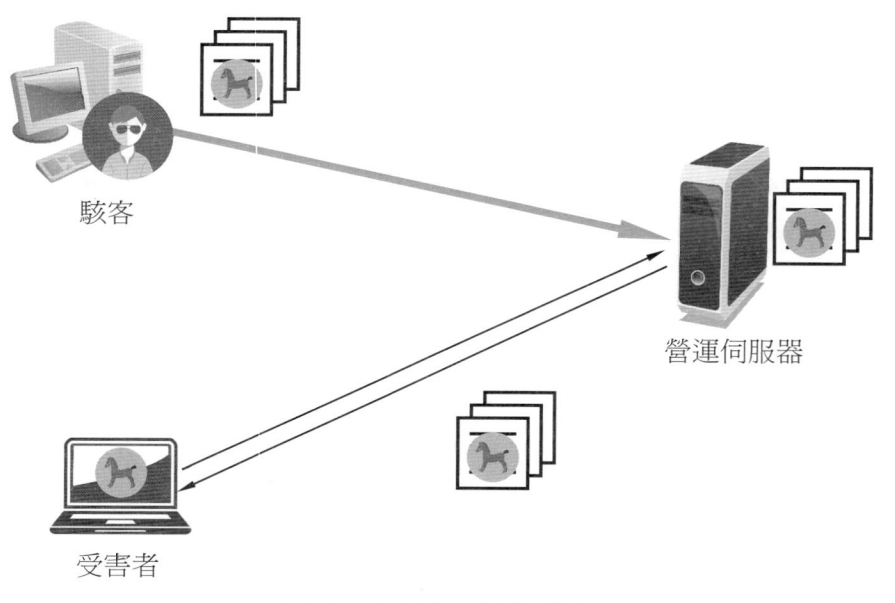

圖 9.4　木馬程式攻擊示意圖

網址假冒攻擊

網址假冒攻擊 (IP Spoofing Attack) 是利用假冒 IP 位址來與特定網域區段建立信賴關係,然後進行攻擊行為的一種攻擊方式。如圖 9.5 網址假冒攻擊示意圖所示,在網址假冒攻擊中,攻擊者會假冒一個 IP 網址不斷的向服務主機提出連線要求,藉此找出該服務主機在接受連線時所發出的連線序號的規律性。找出規律性後,攻擊者便可猜測下一次服務主機的連線序號來建立連線。連線成功後,攻擊者即進行破壞與竊取資料的活動,也可能就在服務主機留下後門,或者進行 DOS 攻擊。一般來說,網址假冒攻擊是利用網路之兩個主機間的信賴關係來達成攻擊的目的,它跟密碼管理機制無關。若要防制這種攻擊,可以用有封包過濾 (Packet Filtering) 功能的路由器 (Router) 來過濾可疑的 IP 網址,可以提高網路安全。

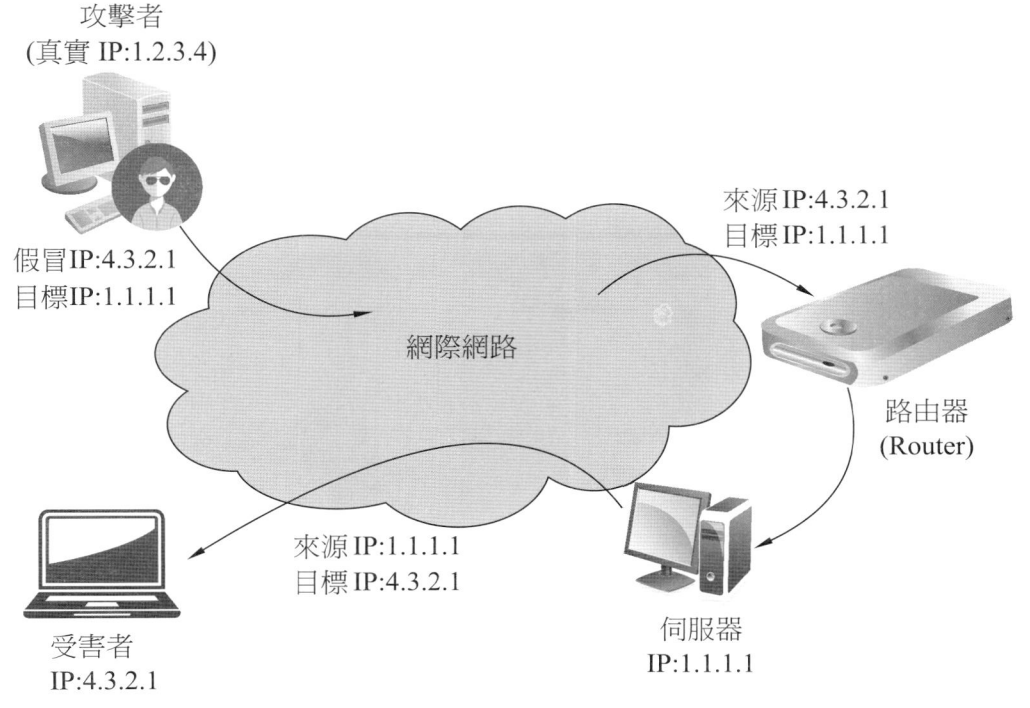

圖 9.5　網址假冒攻擊示意圖

網路竊聽攻擊

網路竊聽攻擊 (Sniffing Attack) 是基於分享式媒介之網路 (如 Ethernet) 利用網路分析軟體或儀器來監聽網路封包，以竊取他人的機密資料 (如帳號、密碼等) 的一種攻擊方式。網路竊聽攻擊方式攻擊者將自己的網路介面卡設定為混亂模式 (Promiscuous Mode)，並且藉此抓取網路封包資料，然後將封包紀錄下來並分析。網路竊聽攻擊需要一套軟硬體來配合才能完成。如圖 9.6 網路監聽攻擊示意圖所示，目前有一些常用的網路分析軟體如 Wireshark、Dsniff 等常被拿來作網路竊聽攻擊的軟體。若網路封包沒有加密，網路分析軟體可以分析出封包的內容，原來是用作分析網路資料和除錯的工具，駭客就利用這種分析軟體竊取網路資訊 (如密碼、帳號等)。

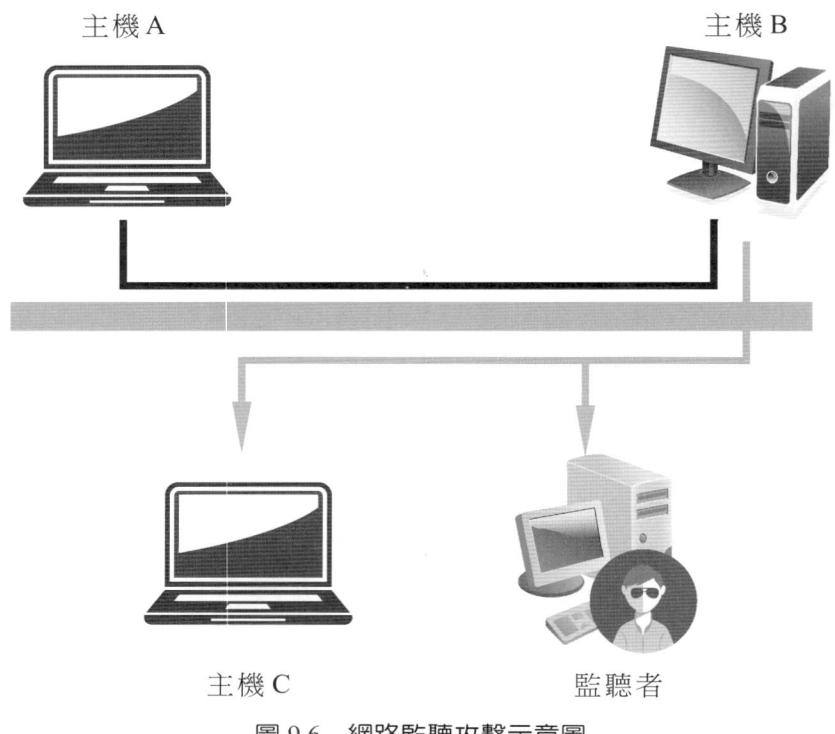

圖 9.6　網路監聽攻擊示意圖

社交工程攻擊

社交工程攻擊 (Social Engineering Attack) 是利用人際關係上溝通的疏失或人性弱點等，取得被害者的密碼、重要資料或文件。社交工程的攻擊方式，會在攻擊前搜集受害者的基本資料，例如，受害者的身份證字號、電話號碼、電子郵件或是重要電子檔等，然後假裝是受害者接觸過的人，取得對方的信賴後騙取對方的機密資料。社交工程攻擊的行為就像是個詐騙集團一樣，它避開了嚴密的資訊安全防護，那是一種難以防範的攻擊模式。這種攻擊，駭客並非使用高深的技術來破壞或是入侵伺服器與主機，而是利用人性弱點的詐騙技術，來誘騙使用者上當。針對社交工程攻擊的防制，在生活上或工作上應保持警覺，對非熟識的人從事的事務應多方求證它的合法性，更不應該把重要資訊隨便在網路社交環境告訴陌生人，才能盡量避免社交工程的攻擊之傷害。

9.3 網路安全防護策略

隨著網際網路日益普及，人們對網際網路的依賴更是與日俱增，然而，也存在更大的資訊與網路安全風險，近年來各種網路攻擊事件日益猖獗，儘管資訊犯罪不單純只是資訊與網路安全問題，它更包含道德與法律層面的問題，面對日益嚴重的資訊與網路安全問題，除了應有正確的資訊與網路安全知識之外，更應該加強資訊與網路安全防護措施。

9.3.1 裝設防火牆

網路攻擊日益嚴重，防火牆即成為極為重要的安全機制。防火牆主要藉由過濾網路資訊來確保網路安全。美國國家標準暨技術局 (NIST) 定義了一份 SP800-41 防火牆與防火牆策略指引 (Guidelines on Firewalls and Firewall Policy)。這份文件介紹幾種防火牆，也指引一套防火牆的安全策略。防火牆依其功能與裝設方式不同可分為幾類防火牆：封包過濾防火牆 (Packet

Filter Firewalls)、狀態檢查防火牆 (Stateful Inspection Firewalls)、應用防火牆 (Application Firewalls)、應用代理閘道防火牆 (Application-proxy Gateway Firewalls) 以及個人防火牆 (Personal Firewalls)。防火牆也可以整合虛擬私有網路 (VPN)，提供具加密的安全網路環境。

防火牆的種類

封包過濾防火牆

封包過濾防火牆是運作在網路層的封包過濾器，屬於網路層 (Network Layer) 防火牆。封包過濾防火牆用來針對網路封包的標頭的欄位加以檢查，藉以過濾掉非法封包；這種防火牆除了檢查封包的 IP 位址及埠值 (Port) 之外，也會針對封包的流向來控制資訊的傳播以來過濾封包。封包過濾防火牆是藉由定義一個來源端與目的端間之資訊 (含 IP 及 Port) 的存取規則 (Access Rule) 來判斷封包通過或拒絕。這種防火牆的優點是簡單且通用性高；由於它運作網路層具高通用性，因此可以作用在各種網路環境。封包過濾型火牆的缺點是安全性差，它無法防禦應用層的攻擊；另外，封包過濾防火牆記錄的資料較少，當需要稽核時，能提供的證據資料就相對很少。

狀態檢查防火牆

狀態檢視防火牆是一種以檢視網路狀態作安全防護的防火牆。狀態檢視防火牆除了採用封包過濾的方式來監控網路傳輸之外，還會檢查封包資料流的內容，並非只是單純地過濾個別封包。狀態檢視防火牆會將連線狀態 (含 IP 位址、埠值等) 放到動態狀態表 (Dynamic State Table)，然後根據狀態表的資料來判斷是否允許或拒絕此封包通過。狀態檢查防火牆與傳統封包過濾防火牆不同的是狀態檢查防火牆會持續追蹤通過防火牆之封包的狀態，提供了較高的安全性。

狀態檢視防火牆的優點是它透過連線狀態並且持續追蹤通過防火牆之封包的狀態來判斷是否為合法授權連線的封包，安全性較靜態封包過濾防火牆為高；缺點是狀態檢視防火牆的效能較封包過濾防火牆稍差，它也是無法防禦應用層的攻擊。

應用防火牆

目前大部分的攻擊是發生在應用層之程式的攻擊。**應用層防火牆**是運作在網路協定之應用層的防火牆。應用層防火牆藉由定義一個行程 (Process) 連線狀況之規則來判斷連線允許或拒絕。理論上，應用層防火牆可以完全阻絕外部的資料流進受保護的機器裡。目前應用防火牆許多已整合入侵偵測系統 (Intrusion Prevention System, IPS)，更可以提高安全防護。

應用代理閘道防火牆

應用代理閘道防火牆是藉由代理伺服器來達到防火牆功能之防火牆，應用代理閘道防火牆是屬於應用層的防火牆。應用代理閘道防火牆會更深度檢視封包內容的代理 (Proxy) 服務；當顧客端送出請求服務的要求時，代理伺服器會檢查該要求是否合法，若是合法的要求則代理伺服器就會轉送出該服務要求；同樣地，當伺服器送回服務的結果，代理伺服器會檢查該結果是否合法，若是則代理伺服器轉送回該服務結果給顧客端。應用代理閘道防火牆讓內部系統對外連結由代理伺服器代理，而讓外界入侵不會直接入侵到內部系統中，因此安全性更高。

應用代理閘道防火牆的優點是安全較高；應用代理閘道防火牆讓內部系統對外連結由代理伺服器代理，而讓外界入侵不會直接入侵到內部系統中，並且應用代理閘道防火牆可過濾封包內容 (Contents) 與命令來阻斷針對應用協定弱點的攻擊，安全較高。應用代理閘道防火牆的缺點是效能較差及擴充性較差。應用代理閘道防火牆需針對特定應用層的連線或內容作篩選，因此效能較差；它也需針對每個應用類型撰寫對應的代理程式，所以擴充性也較差。

個人防火牆

個人電腦也需要防火牆，個人電腦若連上網路也應該是保護對象。目前微軟視窗作業系統 (如 Windows XP、Windows 2000、 Windows 7 或

Windows 8 等）都有防火牆功能。微軟視窗作業系統的防火牆功能可以在 [控制台] 內選擇設定，可以增加個人電腦使用安全。

微軟視窗作業系統自 Windows XP 版之後均附有防火牆功能，它可提供個人作業環境的防火牆功能。Windows XP 後其它版本之設定方式非常接近，本節以 Win 7 作業系統為例，其設定方式之開始，在 Windows 的 [控制台] 內選擇 [Windows 防火牆] 功能之後，就進入防火牆功能內對私人網路及公用網路的設定。在視窗之左上方選擇 [允許程式或功能通過 Windows 防火牆] 功能選項，選擇之後即會顯示圖 9.7 Windows 7 防火牆設定之畫面，讓我們選擇哪些程式或功能是否允許在私人或公用網路使用。

若在 [Windows 防火牆] 內左上方選擇 [進階設定]，就會顯示圖 9.8 Windows 7 防火牆進階設定之畫面。在 [具有進階設定 Windows 防火牆] 畫面之功能中，有幾個 [設定檔] 可以讓電腦在不同環境下使用不同防火牆策略選項。[具有進階設定 Windows 防火牆] 畫面之左上角有 [輸入規則]、[輸出規則]、[連線安全性規則] 及 [監視] 等監視規則設定功能選項，[輸入規則] 可以新增或篩選允許連線輸入的程式或功能，[輸出規則] 可以新增或篩選允

圖 9.7　Windows 7 防火牆設定

許連線輸出的程式或功能，[連線安全性規則]可以新增或篩選私人網路或公用網路連線設定，[監視]功能即提供此進階設定後之防火牆監視功能。

建構安全區域 (DMZ)

安全區域 (Demilitarization Zone, DMZ) 或成為非軍事區，泛指內部網路和外部網路之間的緩衝地帶。藉由安全區域對外經由防火牆跟外部網路連線服務，經由防火牆隔絕外部連線，外界不會跟內部網路直接連線。若對外服務之系統受到攻擊，即不會直接蔓延到內部網路內之系統，可以更保護內部網路內的資訊安全。安全區域的架構方式是將內部網域切出一個安全區域子網域並設置對外服務之伺服器來對外提供服務（如 WWW、Mail 等），對外界之服務全部經過防火牆由安全區域的各種伺服器來提

圖 9.8　Windows 7 防火牆進階設定

供，藉由防火牆外界不會跟內部網路直接連線，所有進出內部網路的封包都由防火牆過濾處理，透過過濾機制只允許特定資料進出內部網路。

具安全區域之防火牆架構主要有兩種：第一種是具安全區域單一防火牆架構，第二種是安全區域雙層防火牆架構。

具安全區域之單一防火牆架構

最基本的具安全區域架構是具安全區域之單一防火牆架構。如圖 9.9 具安全區域之單一防火牆架構所示，這種架構由單一防火牆來保護內部網路和內部伺服器，所有對外的服務則須經由防火牆由安全區域內伺服器提供。所有進出內部網路的封包都由防火牆過濾處理，透過過濾機制只允許特定資料進出內部網路。

具安全區域之雙層防火牆架構

在具安全區域之單一防火牆架構中，若防火牆被外界攻擊所攻破，整個內部網路和伺服器受到安全威脅。因此，更安全的作法是採用在具安全區域

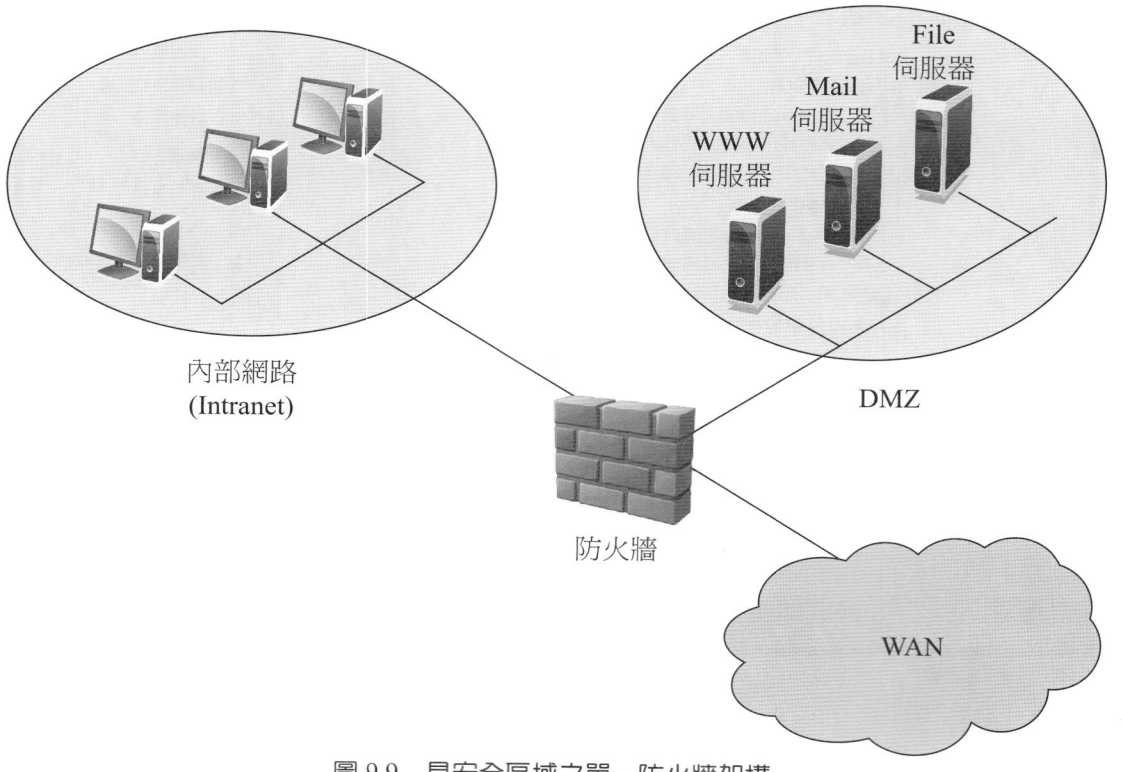

圖 9.9　具安全區域之單一防火牆架構

之雙層防火牆架構。如圖 9.10 具安全區域之雙層防火牆架構圖所示，先由外面一層當作對外連線的緩衝區，所有對外的服務則須經由第一層防火牆由安全區域內伺服器提供。第二層防火牆保護內部網路及內部系統。所有進出內部網路的封包都再經過第二層防火牆過濾處理，透過過濾機制只允許特定資料進出內部網路。這種結構可以更加強內部網路安全。

9.3.2 裝設防毒軟體

資通產品已廣泛應用至生活上，網路環境越來越普及，資訊科技也越來越進步，隨之而來各式各樣的惡意程式也越來越猖獗，電腦病毒防範已成為日益重要的課題。**惡意程式** (Malware) 透過網路傳播到世界各地電腦系統，往往造成嚴重損失。惡意程式主要可分成病毒、蠕蟲、木馬程式及木馬程式等幾類。所謂病毒是指寄生在其它程式的程式碼，電腦系統或檔案受到病毒

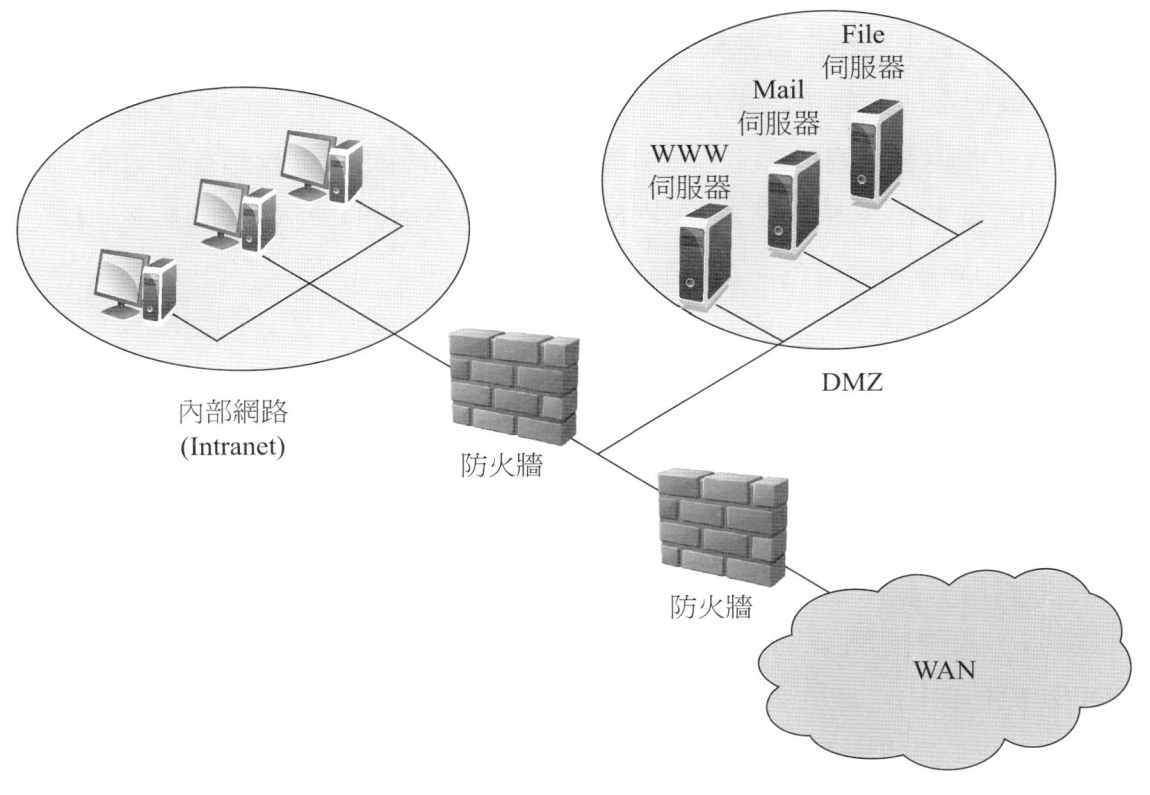

圖 9.10　具安全區域之雙層防火牆架構

感染後，常常會造成檔案毀損，或系統資源被佔用而當機等情形。例如，米開朗基羅或黑色星期五等即是很有名的病毒，對被感染的電腦都會造成重大傷害；而蠕蟲基本上可自行存在且可複製自己，它不需要寄生在其它程式或檔案中，例如，最早被注意的蠕蟲是 [莫理斯] 蠕蟲，當時也造成重大損失；木馬程式則本身不會自行複製或寄生，而是偽裝成別的程式進入電腦系統中，它往往是駭客拿來攻擊系統的工具；邏輯炸彈是一種被植入電腦系統中且會在特定條件下啟動破壞攻擊的軟體程式，例如 [愚人節] 炸彈即屬於一種時間炸彈。

防毒軟體係指使用於偵測、移除電腦病毒、蠕蟲和木馬程式等之軟體程式。一般防毒軟體的防毒方法是藉由病毒特徵比對來判斷是否被病毒感染；防毒軟體會掃描系統，掃描後得到訊息會跟病毒特徵資料庫作比對，若訊息與病毒特徵資料庫的任何一個特徵相符，及判斷系統被感染病毒。由於它是利用特徵比對來判斷是否感染病毒，所以對於未知新病毒容易誤判。

電腦病毒的防制策略是安裝防毒軟體；同時培養良好電腦使用習慣，使用合法軟體也可以降低惡意程式攻擊。目前較知名的防毒軟體有趨勢公司的 PC-cillin 及 Office Scan、諾頓之 NAS、諾德之 NOD32 Antivirus 或免費的 Avast 等均屬較受好評的防毒軟體之一。

9.3.3 裝設入侵偵測與防禦系統

入侵偵測系統 (Intrusion Detection System, IDS) 是藉由監視網路或系統的活動並分析資訊流以偵測安全事故的一套系統；而入侵防禦系統 (Intrusion Prevention System, IPS) 是一套除了可以偵測安全事故之外，它甚至嘗試阻止攻擊發生的系統。隨著網路入侵手法的不斷更新，網路安全遭受到更嚴厲的挑戰，入侵偵測與防禦系統 (Intrusion Detection and Prevention Systems, IDPS) 能偵測出可能的入侵行為，甚至嘗試阻止攻擊發生，提高系統的防禦能力。IDPS 的偵測方法主要分成特徵偵測 (Signature-based Detection)、異常偵測 (Anomaly-based Detection) 及狀態協定分析 (Stateful Protocol Analysis)

等三種方法。特徵偵測方法是檢視在資訊流之訊息並比對惡意攻擊的特徵來判斷入侵事故是否發生的方法；異常偵測方法是監視資訊流之異常狀況來判斷入侵事故是否發生的方法；狀態協定分析方法是利用廠商提供的規則以監視資訊流之異常狀況來判斷入侵事故是否發生的方法。IDPS 依其佈署方式與偵測方式的不同，可分成主機型 IDPS 和網路型 IDPS 等兩大類。主機型 IDPS 是佈署在主機或伺服器上，主要功能是分析及偵測主機 (Host) 或是伺服器 (Server) 上可能的惡意攻擊。網路型 IDPS 則通常佈署在網路的一個網段 (Segment) 上，監看及分析流經此網段的網路封包來偵測出可能的入侵行為。

目前已有一些實用的主機型 IDPS，其中如 OSSEC 及 Open HIDS 等均是較具代表性的系統之一；而也有一些實用的網路型 IDPS 被應用，其中如 Snort 及 Bro 等則是被廣泛應用的系統之一。

9.3.4　安全弱點檢查與評估

安全弱點檢查是藉由人工或自動化檢查電腦系統與網路環境的安全漏洞或系統缺失等問題，以確保電腦系統與網路安全。由於網路入侵手法不斷推陳出新，作業系統安全漏洞經常被發現；安全弱點檢查是確保企業之系統與網路安全非常必要的工作。

安全弱點檢查可以藉由自動化方式來進行各種安全漏洞的偵測與掃描。當發現有安全漏洞問題，必須立即分析與評估並建立報告，應儘快進行補救措施。目前有一些軟體掃描工具可以協助我們作安全弱點檢查。其中如 Nessus 或 Nmap 等均屬較受歡迎之一。

9.3.5　密碼管理

密碼系統是對抗入侵的第一道方防線。事實上，許多使用者的系統都允許使用者擁有不只一組帳號及密碼。密碼系統依帳號來處理安全管理。基本上，密碼系統會依如下順序來進行安全管理。

- 藉由帳號判定使用者是否已合法取得系統之存取權限。

- 藉由帳號判定使用者的存取權限。只有少數者具有管理者權限，他可以存取或執行一些受系統保護的重要檔案或程式。至於來賓或匿名使用者，他的權限限制又比一般使用者還多。
- 系統可以利用無條件存取控制 (Discretionary Access Control) 機制來限制一些使用者之存取權限。

　　密碼的選擇是一個很重要的問題。密碼的長度應該選擇長一點，否則容易被猜測出來，或者被暴力攻擊法破解出來。一般電腦系統會將使用者所選擇的密碼轉成更長的系統數值，然後將此轉換後之數值加密後儲存到一個密碼檔中。加密是為了防止猜測攻擊。密碼的長度只是系統安全問題的一部分。然而，許多使用者選擇一個容易猜測的密碼，它所帶來的安全威脅更大；為了容易記憶，許多人會使用自己的生日、英文名字等當作密碼，這讓密碼的破解變得非常直接和容易聯想，而讓密碼非常容易被猜測出來。一個好的密碼選擇策略是：

- 密碼盡可能隨機產生
- 密碼長度應至少大於 8 個字。目前電腦的運算速度或密碼破解技術來判斷，目前密碼長度應至少大於 8 個字才較安全。
- 經常變更密碼。

　　防止密碼系統被攻擊的另一個方法是密碼檔的存取控制 (Access Control)。密碼檔的存取控制是希望阻絕攻擊者存取密碼檔，只有特權使用者才能存取密碼檔。因此，攻擊者必須知道特權使用者的密碼才能讀取這個檔案。然而，這種機制仍然存在一些潛在風險，例如：

- 許多系統都可能受到無法預期的入侵攻擊，例如，內部人員有意或無意洩漏了密碼，或者密碼被竊取或攻擊成功。
- 防禦上意外可能造成密碼檔外洩，因而牽連所有的帳號。
- 有些使用者在不同系統上使用相同之密碼。因此，如果他的密碼被竊取或被攻擊成功，則其他系統也可能受到波及。

9.3.6　滲透測試

企業機構經常會在以使用系統中,增加一些新功能,以提高業務效能或提供客戶更好的服務。系統在這變更或升級過程中,可能會出現新的系統安全問題。滲透測試 (Penetration Test) 可以協助我們檢測相關的安全問題。滲透測試是一個十分複雜的工作,它可以根據客戶要求的方法或範圍來檢測,或者由有經驗的團隊以入侵者思維來檢測。有經驗的團隊可以用先進或慣用的技術、滲透方法和工具來模擬攻擊行動,進而找出系統漏洞,並安全地檢測網路。滲透測試的目的是要找出入侵者可能之途徑,以及了解系統及網路的安全度。企業的主要服務系統均需被測試,包括郵件系統 (Mail Server)、防火牆系統 (Firewall Systems)、網域名稱伺服器 (DNS Server)、網站伺服器 (Web Server) 及檔案傳輸系統 (FTP System) 等。

在測試過程中,應避免損傷系統。通常需要最先進之安全方法,在可信賴且受控制的環境下進行,並可委託客戶見證整個模擬入侵行動,但是,應避免損傷系統。最後將測試結果進行分析,並且作成滲透測試報告,提出改善建議。

滲透測試通常能夠建立較安全的資訊防護環境,尤其是藉由專業之安全組織或公司的協助下,將可以提高動態防護修補效果,並可針對委託公司的建議進行系統安全改善工作。基本上,滲透測試有下列幾個特性,我們應該有所體認:

- 目前沒有全自動的滲透測試工具:
  目前還沒有全自動的滲透測試工具,許多階段仍需人工方式分析,才能得到更好的效果。
- 在可控制下之程序進行測試:
  事件的處理必須與專業人員互相協調,在可控制環境下進行,測試過程不應該對系統設備造成損傷。
- 攻擊者立場思考:

盡可能找出可能被攻擊者發現的組態設定的瑕疵，並以嚴謹的風險評估方式，對安全弱點或漏洞進行解析，以攻擊者角度思考安全漏洞及攻擊方式等問題。

- 高道德標準要求測試人員：
為了提供測試人員便於檢測，測試人員會擁有較高的系統存取權限和存取範圍，測試人員不應該藉由測試工作造成傷害企業利益之行為，測試人員必須有較高的道德標準。

- 維持一個較佳的防護狀態：
滲透測試之後，系統可以依測試結果與建議進行改善。改善後之系統狀況應持續維持一個較佳的防護狀態。當有新的系統或應用程式加入企業網路及系統中可能會出現新的系統安全問題，安全防治防護工作仍應持續執行，資安工作是長期性及經常性的工作。

目前並無全自動的滲透工具。現階段可以利用各種套裝軟體或系統來協助執行滲透工作。最常採用的工具是弱點掃描軟體 (Vulnerability Scanner)，比較常被採用的有：

- ISS (Internet Security Server)：它是弱點掃描軟體。
- Hping2：免費軟體，它可以發送一般 ICMP、UDP 或 TCP 封包的網路工具，可以分析封包內容及防火牆規則。
- Nmap：它是一個埠口掃描軟體 (Port Scanner)。
- Crack：Crack 是一套免費軟體，它是 UNIX 下的破密工具。
- Nessus：Nessus 是一套免費軟體，它是 Windows 或 UNIX 環境之網路弱點掃描工具。

9.3.7 健全的安全防護策略

安全防護措施

網路安全措施應該從多方面著手。以目前各種網路攻擊手法來說，單靠一個防火牆等軟體難以防禦日新月異之系統性或組織性的攻擊手法。網路防火牆僅是保護企業內部網路第一道防線，雖然可在企業內部網路過濾網際網路上不當存取，但仍然無法完全確保內部網路安全。於是，目前已有一些網路安全防護顧問公司提供網路安全顧問服務及滲透測試服務。這種網路安全防護顧問公司可以為企業評估企業整體的資訊安全風險，進而擬定網路安全政策，協助建置一個可信賴的執行環境。

除了利用目前較成熟的網路安全產品來協助防護系統及網路安全之外，也需要其它完善的防護策略。例如，利用主動式入侵偵測系統來偵測網路駭客的行徑。必要時可以與國內外知名電腦公司合作發展反駭客技術，以快速追蹤駭客並預防攻擊發生。無論如何，完善的防護措施才是安全的保障。加強防護措施應該把握幾個原則：

・阻絕性：運用多種安全保護措施，減少網路及系統受到入侵的機會，這些措施包括防火牆的設置、經常變更密碼、關閉不必要的服務及存取機制等。
・保密性：重要的機密資料應以編碼或加密方式儲存，可以確保資料不會外洩，即使駭客取得重要資料檔案，也不易解開加密保護之檔案。
・隱密性：重要的檔案應該以隱密方式偽裝在系統主機的特定地方，並設有存取權限之限制，以防止被盜取或被修改。重要的資料不應該放在公開的網際網路主機 (WWW Server) 上。
・可用性：重要的檔案應該定時或不定時進行備份，以降低重要資料被竊取或被修改的損失。

網路攻擊之防禦對策

目前各種網路攻擊不斷翻新，必須要有完善的措施才能有效降低網路攻擊的可能性和損失。儘管如此，有一部分的網路攻擊，仍然沒有一個完全的有效方法來防止，更加需求安全的防禦措施。因此，一個完善的網路安全機制，除了需要先進的網路安全技術與系統來防護之外，還需要企業或組織具有完善的資安政策，才能有效確保網路與資訊安全。

表 9.1 是網路攻擊之防禦對策表。在 9.1 表中我們可以知道，加密可以防止監聽。存取控制可以防止利用漏洞之攻擊，它可以防止攻擊者掃描，存取控制也可以減低阻斷服務攻擊。身份認證可以防止偽造地址之攻擊。監控與偵測可以偵測漏洞攻擊、攻擊者掃描、阻斷服務攻擊、惡意程式碼攻擊、網址假冒攻擊。掃描系統可以偵測惡意程式攻擊。稽核可以對漏洞攻擊、惡意程式攻擊、阻斷服務攻擊、掃描攻擊等行為記錄下來，提供防範及改善的資訊。然而，從表 9.1 裡可以知道，目前沒有完全有效的技術可以防止密碼破解和社交工程攻擊；另外，對於未知的漏洞，目前也沒有技術可以防止攻擊。面對密碼破解與社交工程攻擊，必須靠企業的防禦政策，及個人之良好的資安認知與行為，來減低被攻擊成功的可能性和傷害。

多層次防禦機制

由於現今之攻擊手法越來越多元，遭受攻擊的目標越來越廣泛，確保企業與組織之資訊安全已經無法由單一或簡單的防禦措施可以達成。組織應制定並實施資訊安全政策，落實安全防禦工作，加強人員訓練等工作。網路系統、作業系統、應用系統及安全防禦軟體等應經常更新，以減少被攻擊的弱點。同時，應選用適合的安全防禦軟體或工具，包括防火牆、防毒軟體、入

表 9.1　網路攻擊之防禦對策

	加密	身份認證	存取控制	監控	掃描	稽核
網路竊聽	避免					
密碼破解						
惡意程式碼				偵測	偵測	記錄
漏洞			減低	偵測		記錄
阻斷服務			減低	偵測		記錄
社交工程						
網址假冒		避免		偵測		

侵偵測與防禦系統、防間諜與釣魚軟體、垃圾郵件過濾軟體等系統工具，正確設定網路、系統及應用的安全管理機制，以降低攻擊的威脅。

資訊安全措施是全面性的工作，多層次防禦機制 (Multi-layer Defense) 可以強化資訊與網路安全之防禦。多層次防禦機制是應用多個策略保護資料與資源免於遭受內部及外部的威脅。多層次防禦機制如圖 9.11 是由網路防禦到內部資料與資源防禦之多層次保護措施。多層次防禦機制可以讓某一層受到攻擊或損害時，不致直接傷害到資料與資源之安全；也就是說，當多層次防禦機制被攻擊成功，仍然有更深一層之機制來保護資料與資源之安全，而不致直接傷害到資料與資源之安全。多層次防禦機制讓嚴重之資安事件不致發生。

多層次防禦機制應隨時強化作業系統與網路安全。首先，應強化作業系統安全。基本上，外部攻擊需要利用安全漏洞才容易成功，安全漏洞主要可歸納三種來源：

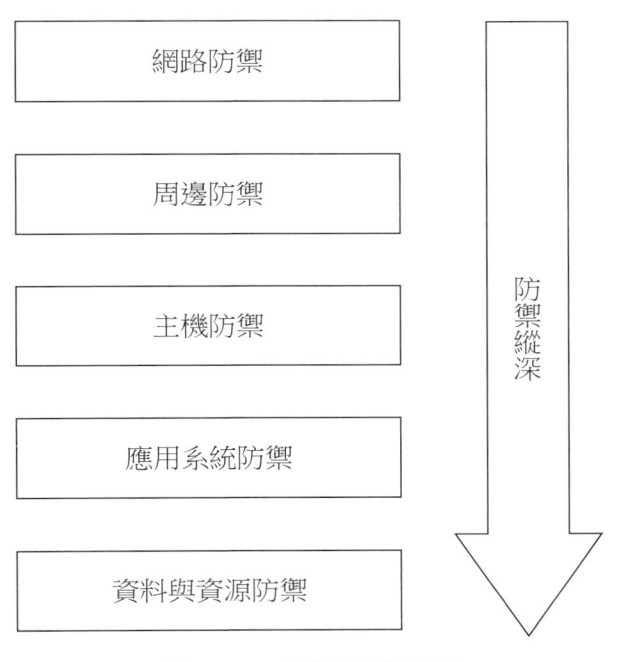

```
┌──────────────────┐
│    網路防禦      │
└──────────────────┘

┌──────────────────┐
│    周邊防禦      │
└──────────────────┘         防
                             禦
┌──────────────────┐         縱
│    主機防禦      │         深
└──────────────────┘          ↓

┌──────────────────┐
│   應用系統防禦   │
└──────────────────┘

┌──────────────────┐
│  資料與資源防禦  │
└──────────────────┘
```

圖 9.11　多層次防禦機制

- 安全漏洞來自於產品本身，尤其當較普及之產品被發現安全弱點時，造成的資訊安全事件就會很廣泛。
- 安全漏洞來自於不正常的設定或不良的使用習慣。例如，使用者選擇的密碼不好或者未經常更新防毒軟體等。
- 安全漏洞來自於一些安全產品經過組合應用後所產生新的安全問題。例如，雖然企業網路是安全的，以及數據機撥接 ISP 也是安全的，但是組織內若有私自安裝之數據機且未受管理，就可能造成安全問題。

目前較普及的作業系統，如 Windows、UNIX 或 Linux 等，經常會提供產品更新。基本上，作業系統更新會對其系統弱點作補釘或修補，因此，應該經常更新作業系統，來強化作業系統安全。

其次，多層次防禦機制應經常強化網路安全。網際網路基本上是基於 TCP/IP 網路協定建置而成的網路，而 TCP/IP 屬於開放架構的網路，因此基於 TCP/IP 的網路，若沒有額外的安全保護機制的話，它相對上很不安全。目前已有許多網路安全設備（如防火牆及入侵偵測與防禦系統等）可以改善網路安全，我們應善用網路安全設備及技術來確保網路安全。另外，目前的電腦系統應均已提供 TCP/IP 協定，我們應該妥善設定作業系統的網路協定和其組態，以強化網路安全。

最後，多層次防禦機制應經常強化應用軟體安全。組織及企業最終是利用各種應用軟體來提高企業效能或發展業務，應用軟體安全就成為非常重要的一環。如果應用系統被攻擊成功，往往組織所受到的損失就非常嚴重。因此，重要的資料及應用系統不應該放到公用的網路環境上，重要的資料及應用系統應該經過加密且另外特定保存及管理。儘管如此，許多應用系統仍可能是存在安全風險的管道，強化應用軟體安全的工作格外重要。對於對外服務的伺服器（例如網頁伺服器、DNS 伺服器、電子郵件伺服器、DHCP 伺服器及 FTP 伺服器等）應經常強化其安全。這些伺服器通常是最直接受到攻擊的一環，如果這些伺服器安全受到攻擊，組織內部網路將可能會被攻擊成功，進而可能傷害到重要資料或資源。另外，應加強資料庫與檔案的保護措施，重要資料應適當經過加密，並建立存取控制管理機制，妥善保管與管理，以確保資料庫及重要資料之安全。

9.4 結語

　　網際網路是一個開放性的環境。政府與產業其各種業務與服務已全面利用網際網路來提供服務，提高非常大的效率與方便；然而，也衍生更多網路安全問題。網路環境往往是一個虛擬環境，在有意或無意之間，我們可能是一個受害者，也可能是一個犯罪者。當我們在使用網際網路的各種服務時，務必要注意自身的資訊安全，以防範各種網路犯罪發生。資訊科技越進步，網路攻擊技術也會相對地進步，資訊科技的進步會提供網路攻擊者更進步的工具與知識；儘管如此，網路安全若能大家一起維護，善用各種網路安全防護措施，相信可以讓損失降到最低。

習 題

1. 請說明網路資訊安全防制的意義。

2. 何謂服務阻絕攻擊 (Denial of Service Attack) 之攻擊方式。

3. 請說明木馬程式攻擊 (Trojan Horse Attack) 之攻擊方式。

4. 何謂封包過濾防火牆?

5. 何謂狀態檢查防火牆?

6. 何謂建構安全區域 (DMZ)?

7. IDPS 的偵測方法主要分成哪三種方法?

Chapter 10

網際網路安全機制

本章大綱

10.1 電子郵件安全機制 PGP
10.2 網際網路安全 SSL/TLS
10.3 安全電子交易 SET 機制
10.4 電子商務安全
10.5 結語

電子商務已是現今社會非常重要的商業模式，電子交易已是非常重要的交易方式。然而，電子商務是一種大量資訊流與金流的通訊過程，其機密資料及金流資料的安全要如何被保護，確是一個極為重要的議題。如果無法提供安全的交易環境，也將阻礙電子商務的發展。基於電子商務之安全需求，本章將討論電子郵件安全機制 PGP (Pretty Good Privacy)、網際網路安全 SSL (Secure Socket Layer)/TLS (Transport Layer Security) 機制、安全電子交易 SET (Secure Electronic Transaction) 機制及電子商務安全等網際網路與服務安全機制，以期對電子商務產業有具體的幫助。

10.1 電子郵件安全機制 PGP

隨著網際網路越來越發達，電子郵件已是我們不可或缺的一項工具。然而，在我們使用電子郵件之同時電子郵件安全也受到嚴重威脅，電子郵件受到攻擊或竄改時常發生，如何確保電子郵件安全及其隱私，確實是我們非常關心的議題。隨著 PGP (Pretty Good Privacy) 的出現，電子郵件安全得以有效的保護。

PGP 是一套免費的自由軟體，它可以保護我們的電子郵件安全和隱私。PGP 最早是由 Philip Zimmermann 於 1991 年發表出來。目前已有許多 PGP 版本被廣泛應用。目前主要作業系統上均有支援 PGP 電子郵件安全機制，如 Windows、Unix 或 Linux 等均有提供 PGP 電子郵件安全機制。

10.1.1 PGP 運作流程

PGP 運作流程式如圖 10.1 PGP 加解密與簽章流程所示，主要分成三個部分：簽章、壓縮及加密，我們可以選擇是否需要簽章或加密。若有需要，我們可以將明文文件先簽章，然後壓縮已降低文件大小，最後再將壓縮過明文加密。解密與簽章驗證流程則為加密與簽章流程之相反程序。

(a) PGP 加密與簽章流程

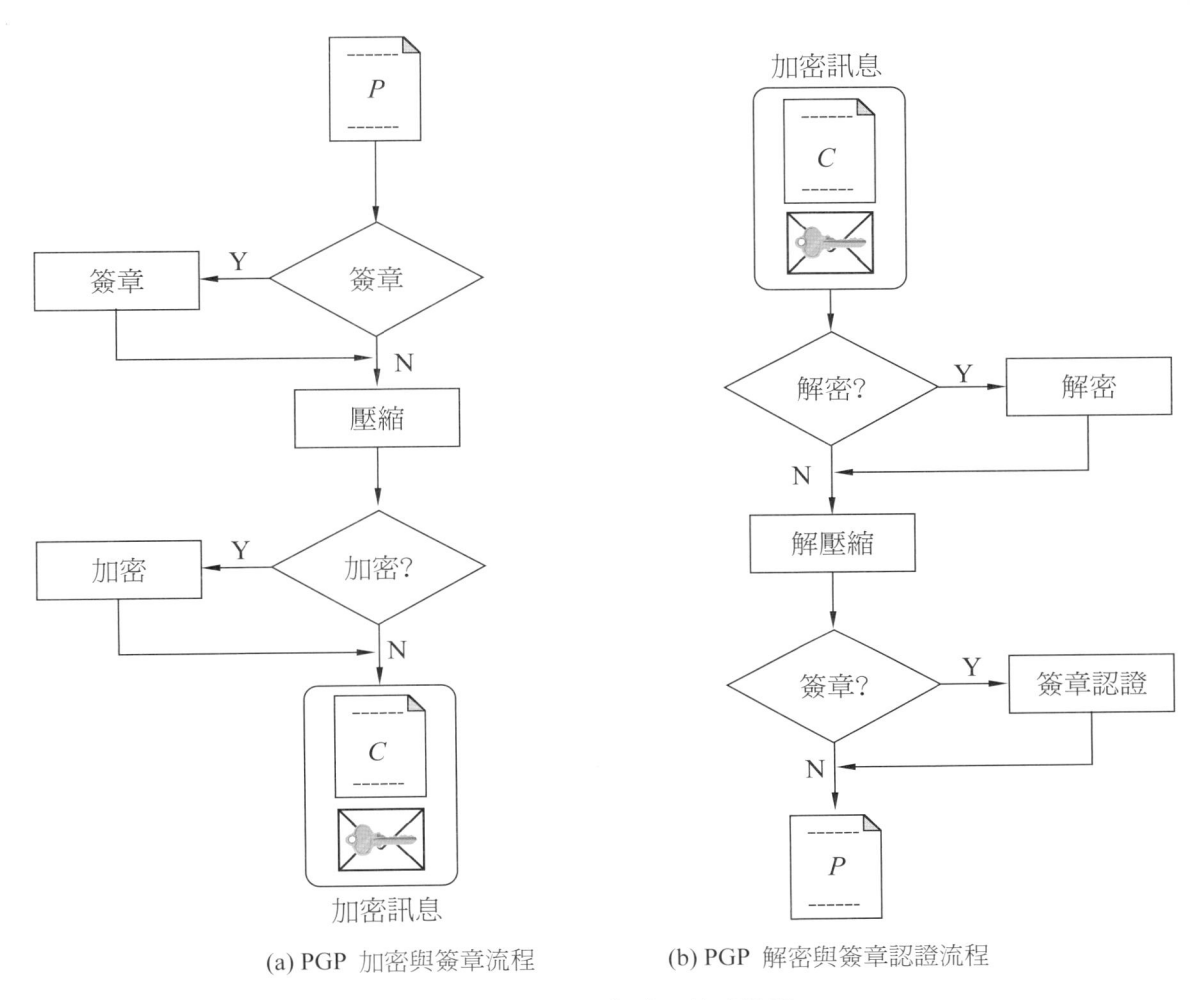

(b) PGP 解密與簽章認證流程

圖 10.1　PGP 加解密及簽章流程

10.1.2　PGP 加密

首先我們看圖 10.1 PGP 加解密與簽章流程中之加密的方式。在加密過程中，如圖 10.2 PGP 加密流程圖所示，首先要產生一把會議金鑰 (Session Key)，這支會議金鑰其實只是隨機產生的亂數 (Random Number)；然後以會議金鑰當做私密金鑰，將訊息明文用一個對稱性加密器 (如 IDEA 等) 來加密；當訊息加密好之後，再將會議金鑰用一個公開金鑰加密器 (如 RSA 等) 來加密，以確保會議金鑰之安全。最後將訊息密文和加密後金鑰傳送給接收者。

圖 10.2　PGP 加密流程圖

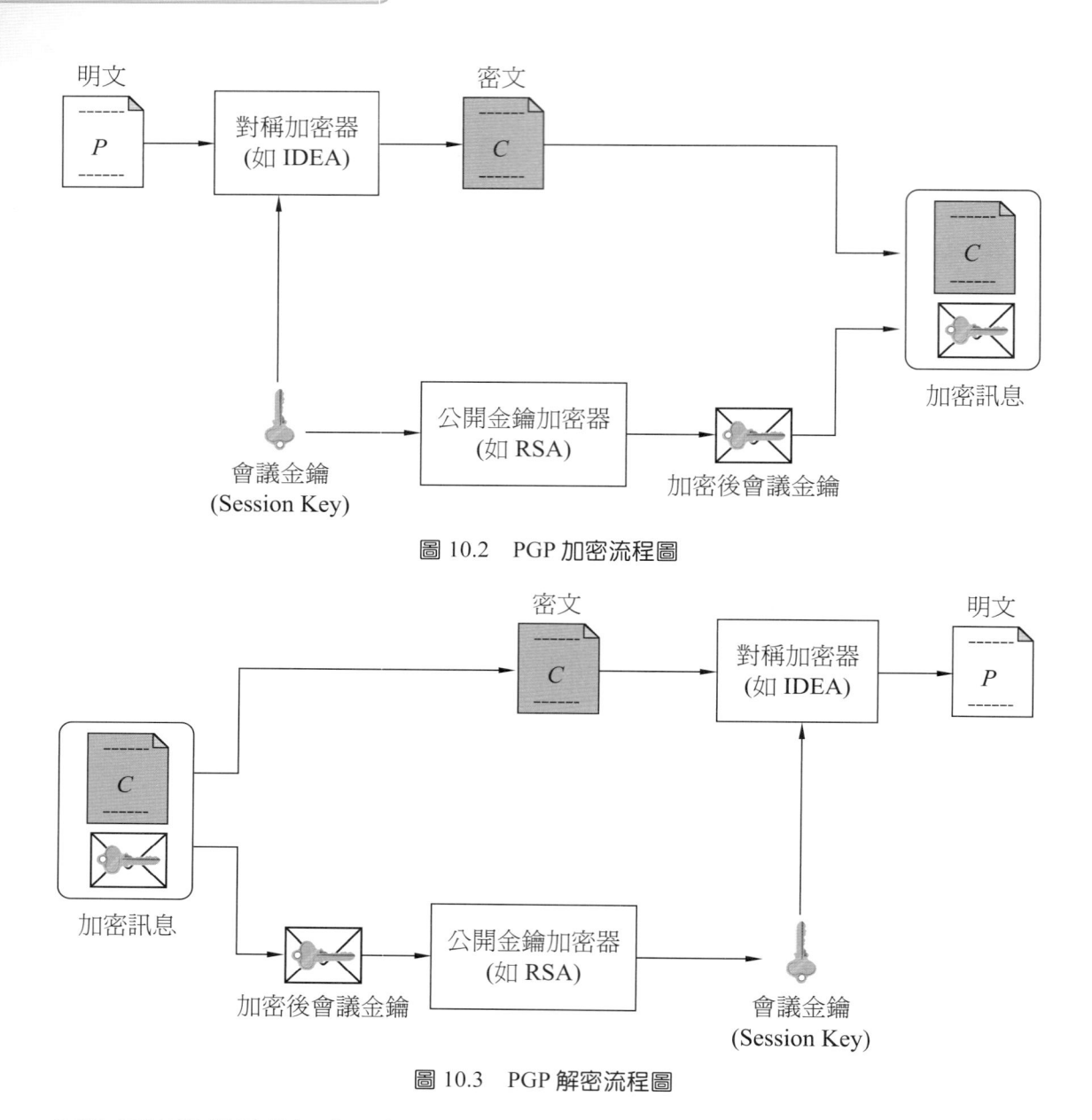

圖 10.3　PGP 解密流程圖

PGP 解密過程是其加密過程的相反流程。如圖 10.3 PGP 解密流程圖所示，首先接收者將收到的加密訊息中的加密後金鑰用公開金鑰解密器來解密，產生原來的會議金鑰；然後以此會議金鑰當作私密金鑰，將訊息密文用一個對稱性加密器來解密，即可得到明文訊息。

10.1.3　PGP 簽章

PGP 簽章程序

1. 寄件者用 MD5 作雜湊運算，$H'(M) = MD5(M)$，得到 $H(M)$。
2. 然後用 RSA 加密器以 RSA 私密金鑰 d 對 $H(M)$ 加密，$S(M) = RSA^d(H(M))$。
3. 訊息 M 及 $S(M)$ 送給接收者。

PGP 簽章驗證程序

1. 將收到的 $S'(M)$ 用 RSA 加密器以 RSA 公開金鑰 e 對 $S'(M)$ 解密，$H'(M) = RSA^e(S'(M))$。
2. 對收到之訊息 M' 也用 MD5 作雜湊運算，$H(M') = MD5(M')$，得到 $H(M')$。
3. 比對 $H(M') = ? H'(M)$ 是否相同；若相同，表示訊息在傳送中沒有被竄改。

PGP 之壓縮

　　PGP 在加密之前要先經過壓縮。訊息壓縮過才加密，壓縮後訊息的資訊比未壓縮之明文更少，可以增加安全強度，更不易被攻擊成功。PGP 所選用的壓縮演算法是 ZIP。ZIP 也是開放自由軟體，目前在主要的作業系統（如 Windows、Linux 等）均有支援 ZIP。由於 ZIP 非常普及，壓縮效果非常好，所以 PGP 選用 ZIP 當做壓縮演算法。

10.2　網際網路安全 SSL/TLS

　　網際網路已日益普及的今日，電子商務已成為極為重要的企業營運方式。然而，電子商務環境卻存在許多安全性問題，電子商務的伺服器非常可能會被攻擊，網路安全存在極大風險，在在都影響電子商務的發展。因此，如何提供安全的電子商務環境是一個非常重要的議題。為了提供安全電子商務環境，SSL/TLS 機制即應運而生，目前已被廣泛應用在電子商務環境上來解決電子商務安全問題。

　　SSL (Secure Socket Layer, 簡稱 SSL) 是 Netscape 所發展出來的網路安全協定。TLS (Transport Layer Security) 是 SSL 被提出成為 IETF 標準所定的名稱。SSL 和 TLS 各自發展之後，目前最新版本已有一小部分的差異。SSL 主要功能有三個部分：客戶端認證 (Client Authentication)、伺服器端認證 (Server Authentication) 及加密連線 (Encrypted Connection)。如圖 10.4 SSL 協定層級，SSL 協定在網路協定層級中是定義在傳輸層 (Transport Layer) 之上的協定。SSL 協定包含 SSL 記錄層 (SSL Record Layer) 及 SSL 握手層 (SSL Handshake Layer) 等兩個主要層級的協定。SSL 記錄層的協定是 SSL 記錄協定 (SSL Record Protocol)，它主要提供 SSL 資料的安全通訊；SSL 握手層的協定包含 SSL 握手協定 (SSL Handshake Protocol)、SSL 變更密文規格協定 (SSL Change Cipher Specification Protocol) 及 SSL 警告協定 (SSL Alert Protocol) 等三部份。SSL 握手協定是用來提供客戶端和伺服器端確認雙方彼此的身份的協定。SSL 變更密文規格協定是提供 SSL 更新所採用的加密套件 (Suite)。SSL 警告協定是提供警告訊息給對方之協定。

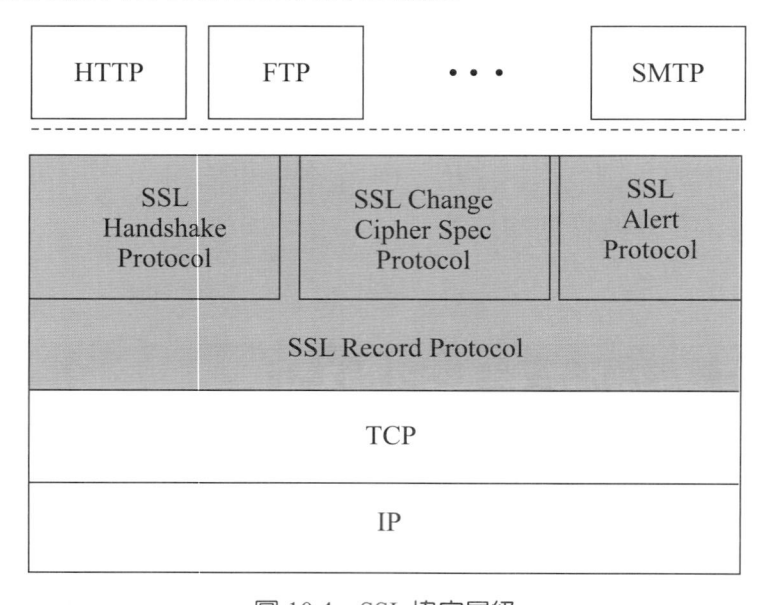

圖 10.4　SSL 協定層級

SSL 握手協定

　　SSL 握手協定是用來提供客戶端和伺服器端確認雙方彼此的身份的協定。SSL 握手協定的機制是提供客戶端和伺服器端確認雙方彼此的身份之機制，然後協商一個加密和 MAC 等方式，以提供 SSL 記錄協定保護其記錄內資料。

　　SSL 握手協定的握手程序，如圖 10.5 SSL 握手協定程序所示，主要分成

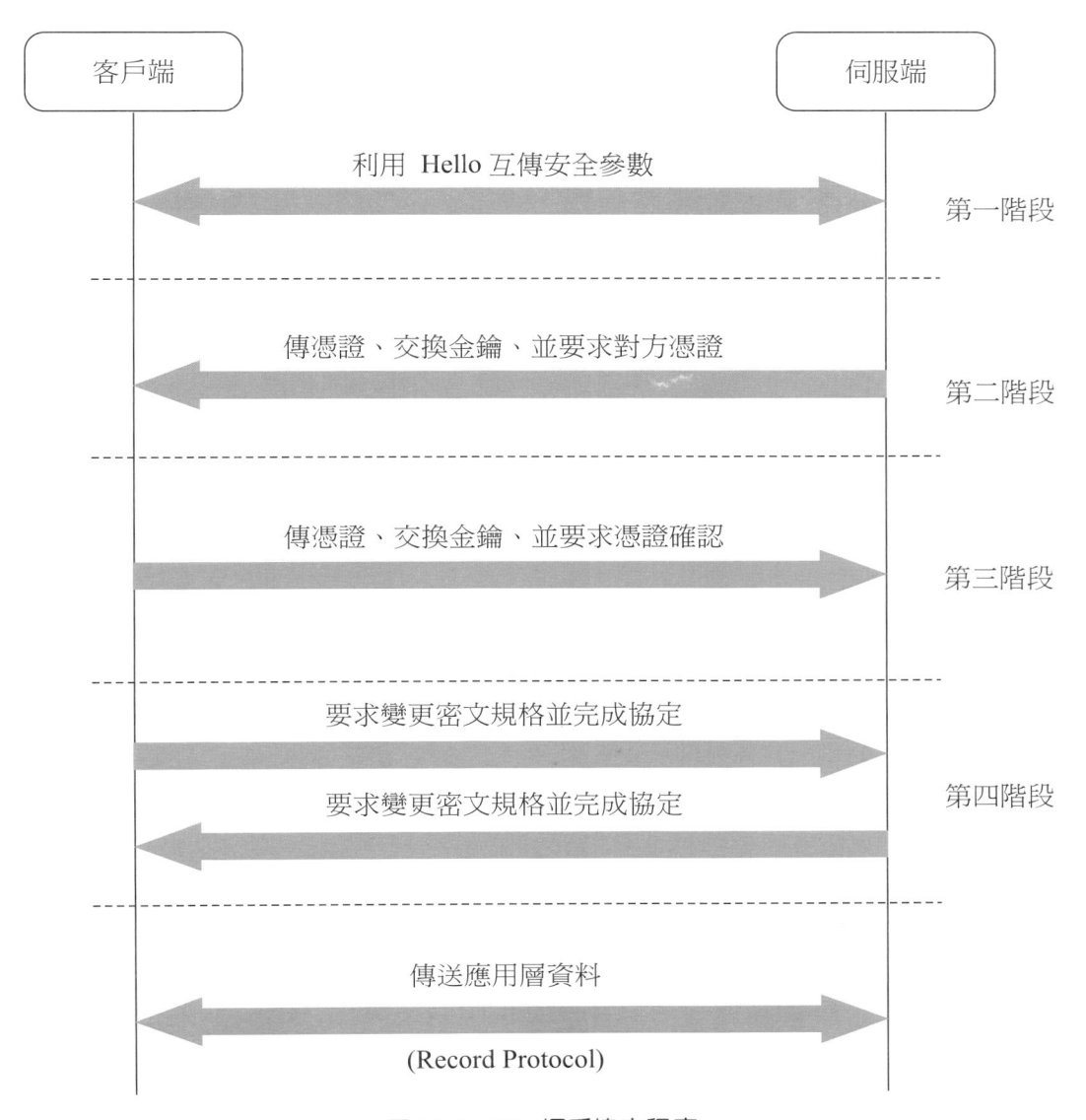

圖 10.5　SSL 握手協定程序

四個階段：第一階段是利用 Hello 訊息建立安全機制，互相傳送安全參數(如協定版本、加密套件、壓縮方法等)；第二階段是伺服器端傳送憑證、交換金鑰訊息等給客戶端；第三階段是客戶端傳送憑證、交換金鑰訊息等給伺服器端；第四階段是客戶端和伺服器端雙方分別要求變更密文規格並完成握手協定。這四個階段完成後即可利用 SSL 記錄協定進行安全資料傳輸。

SSL 變更密文規格協定

SSL 變更密文規格協定是提供 SSL 更新所採用的加密套件。這個協定封包只有一個位元組 (Byte)，此位元內容是提供 SSL 更新所採用之加密套件的訊息。

SSL 警告協定

SSL 警告協定是提供警告訊息給對方之協定。這個協定封包只有 2 個位元組 (Byte)，其位元組內容是提供對方警告的訊息，警告訊息也經過壓縮和加密以確保安全。

SSL 記錄協定

SSL 記錄協定主要提供 SSL 資料的安全通訊，確保記錄層資料在傳輸時的機密性 (Confidentiality) 和完整性 (Integrity)。如圖 10.6 SSL 記錄協定運作程序，SSL 記錄協定的運作程序說明如下：

1. 分段：將訊息分成 214 位元組的區段 (Fragment)，此每一區段即是後續安全處理程序的處理基本單位。
2. 壓縮處理：將區段資料進行壓縮處理，不過使用者可以選擇壓縮或不壓縮。SSL 目前沒有指定壓縮演算法。
3. 附加 MAC：將壓縮後區段資料用 Hash 函數運算出 MAC 並附加到區塊的後面，以確保資料完整性。

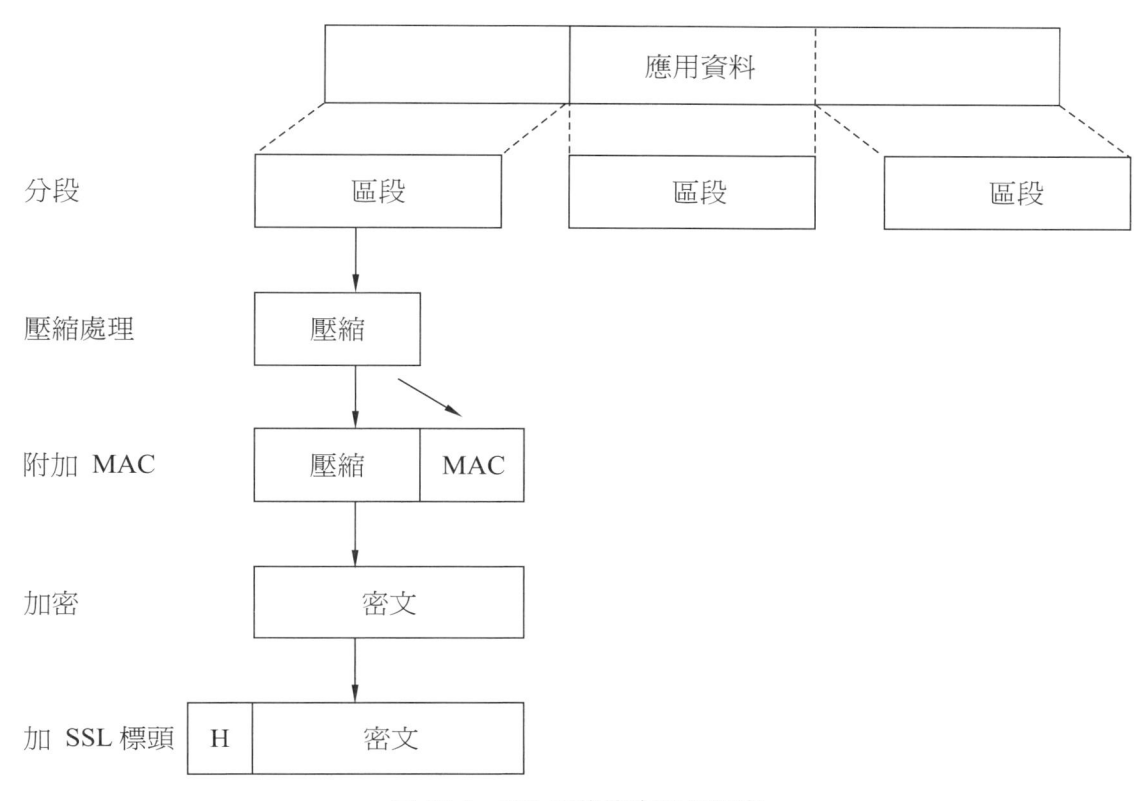

```
                                    應用資料
                    ┌─────────────────┼─────────────────┐
分段               區段              區段              區段

                    ↓
壓縮處理           壓縮
                    ↓   ↘
附加 MAC           壓縮   MAC
                    ↓
加密               密文
                    ↓
加 SSL 標頭      H │ 密文
```

圖 10.6　SSL 記錄協定運作程序

4. 加密：將經過壓縮和附加 MAC 處理之後的區段資料作加密。加密演算法可以選擇對稱式加密法之 IDEA、DES、3DES 或 Fortezza 之一種來加密。
5. 加 SSL 標頭：最後加上 SSL 封包之標頭。

10.3　安全電子交易 SET 機制

隨著網際網路普及，網路購物也逐漸成為非常重要的消費方式，電子商務也已成為極為重要的企業營運方式。然而，網路購物卻隱藏了許多風險和安全交易問題。消費者在消費過程中，消費資料是否被竄改，信用卡資料是否會被盜取或竄改，都會讓消費者產生疑慮。因此，如何提供安全且值得信任的交易環境是一個非常重要的議題。提供安全電子商務環境，安全電子交易 SET (Secure Electronic Transaction) 機制是一個非常重要的機制。

SET 是由 VISA 和 MasterCard 兩大信用卡公司率先制定的。陸續獲得 IBM、Microsoft、RSA、Netscape 等公司支持，使得 SET 成為國際標準。SET 是一個安全交易的機制，提供安全電子交易環境。一個安全電子交易環境有幾個主要角色組成，其中包括持卡人、商店、付款閘道、收款銀行、發卡銀行及認證中心等幾個參與角色。如圖 10.7 安全電子交易 (SET) 環境所示，消費者先需向支援 SET 的信用卡公司申請一個帳戶，然後利用網際網路到認證中心申請取得憑證，成為合法 SET 的使用者，才能進行電子交易。消費者跟商店之電子交易的付款方式是透過付款閘道向收款銀行請求付款；但是商店向收款銀行請求之付款必須經過發卡銀行授權確認之後，才會付款給商店。這個電子交易環境必須是安全且值得信任的環境，SET 即是提供此安全交易環境的機制。

SET 安全交易處理流程包含一連串的交易處理流程，如圖 10.8 SET 安全交易處理流程所示，如下將描述 SET 交易所需的主要流程。

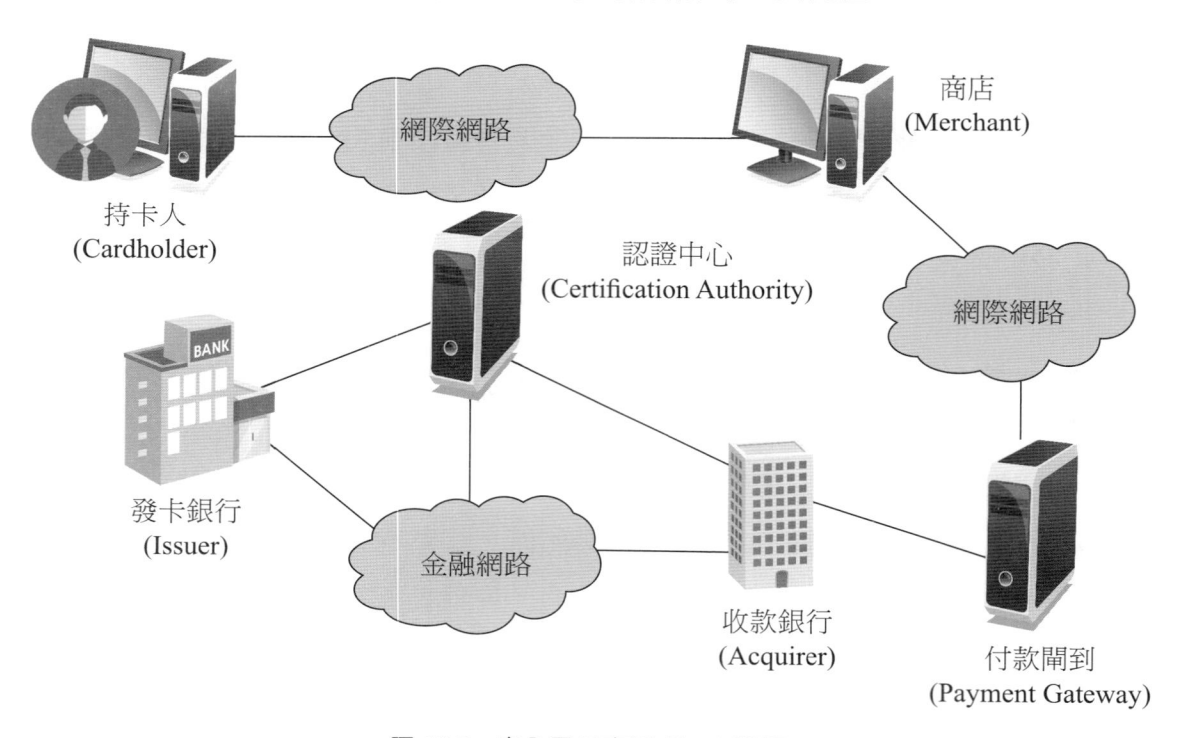

圖 10.7　安全電子交易 (SET) 環境

CHAPTER 10　網際網路安全機制

1. 持卡客戶利用網際網路向商店啟動交易連線。
2. 商店之伺服器進行企業網路管理認證，確認客戶已申請帳號。
3. 客戶瀏覽商品後若要購買商品，客戶端即對商店送出下訂單請求。訂單請求內包含商品名稱、價格及付款憑證等資料。
4. 商店送出客戶付款憑證經由付款閘道至收款銀行，請求付款。

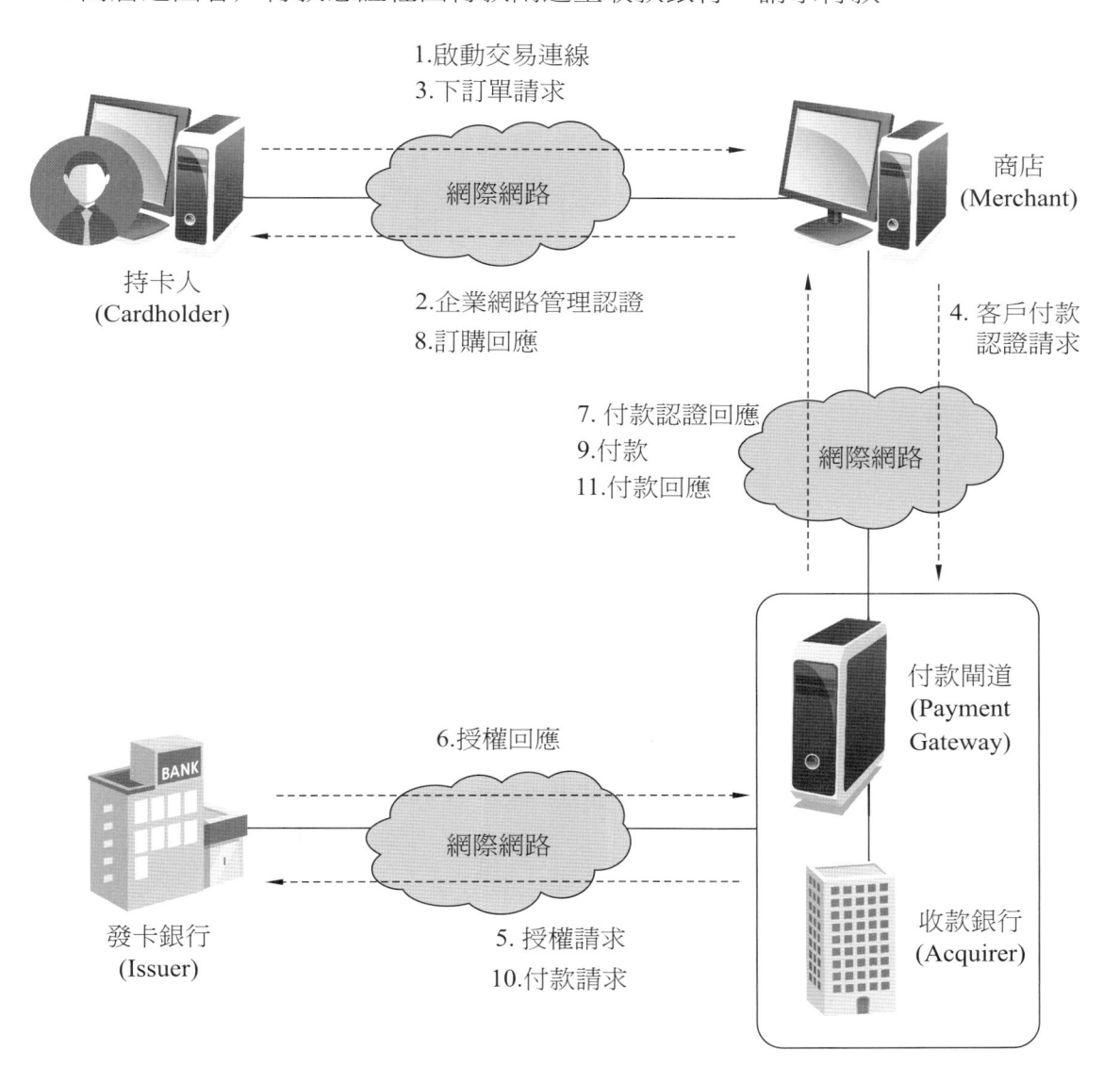

圖 10.8　SET 安全交易處理流程

5. 收款銀行向發卡銀行送出授權請求，請求確認其信用卡合法性。
6. 發卡銀行送出授權回應給收款銀行，確認其信用卡合法性與否。
7. 收款銀行送出付款認證回應給商店，確認其信用卡合法性與否。
8. 信用卡若是合法，商店送出訂購回應給客戶。
9. 收款銀行付款給商店，並送出已付款訊息給商店。
10. 收款銀行送出付款請求給發卡銀行，請求發卡銀行付款給收款銀行。
11. 發卡銀行送出付款回應給商店，確認發卡銀行之付款。

　　SET 交易訊息藉由所謂雙重簽章來確認，除了可以確保客戶隱私，也可以藉由此機制證明交易行為。消費過程中，客戶將訂單資訊 (Order Information, 簡稱 OI) 傳送給商店，而付款資訊 (Payment Information, 簡稱 PI) 經由商店傳送給銀行。商店不需要知道客戶的信用卡資料，而銀行不需要知道客戶詳細資料。因此，需要一個機制來保護客戶隱私，而又能證明交易行為。雙重簽章架構，如圖 10.9 SET 雙重簽章架構所示，其簽章架構描述如下：

1. 付款資訊 (PI) 經過 Hash 處理 (採用 SHA-1)，產生付款資訊訊息摘要 (Payment Information Message Digest, PIMD)
2. 訂單資訊 (OI) 經過 Hash 處理，產生訂單資訊訊息摘要 (Order Information Message Digest, OIMD)
3. 將付款資訊訊息摘要 (PIMD) 和訂單資訊訊息摘要 (OIMD) 合併後，再做一次 Hash 處理，產生付款訂單訊息摘要 (Payment Order Message Digest, POMD)
4. 將付款訂單訊息摘要 (POMD) 以客戶私密金鑰做加密 (採用 RSA)，加密後結果即是雙重簽章。

　　假設商店拿到 OI、PIMD 及 DSIG，商店可以用客戶的公開金鑰 (CP) 將 DSIG 解密成 DCP(DSIG)，若 DCP(DSIG) 與 H(PIMD||H(OI)) 值相等，則表示簽章是正確的。同樣方式，銀行擁有 PI、OIMD 及 DSIG，銀行可以用客

戶的公開金鑰 (CP) 將 DSIG 解密成 DCP(DSIG)，若 DCP(DSIG) 與 H(H(PI)||OIMD) 值相等，銀行即可確認簽章的合法性。

雙重簽章方式除了可以保護客戶隱私，而又能證明交易行為。若商店假造另一個 OI 來取代原真正 OI，那他必須造一個符合 OIMD 的 OI，但是以 Hash 安全性來說，幾乎不可能。同理，若商店想要假造付款資訊 (PI)，即假造另一個 PI 來取代原真正 PI，那他必須造一個符合 PIMD 的 PI，但是以 Hash 安全性來說，幾乎不可能。

假設商店拿到 OI、PIMD 及 DSIG，商店可以用客戶的公開金鑰 (CP) 將 DSIG 解密成 D^{CP}(DSIG) 與 H(PIMD)||H(OI) 值相等，則表示簽章是正確的。同樣方式，銀行擁有 PI、OIMD 及 DSIG，銀行可以用客戶的公開金鑰 (CP) 將 DSIG 解密成 D^{CP}(DSIG)，若 D^{CP}(DSIG) 與 H(H(PI))||OIMD) 值相等，銀行即可確認簽章的合法性。

雙重簽章方式除了可以保護客戶隱私，而又能證明交易行為。若商店假造另一個 OI 來取代原真正 OI，那他必須造一個符合 OIMD 的 OI，但是以 Hash 安全性來說，幾乎不可能。同理，若商店想要假造付款資訊 (PI)，即假造另一個 PI 來取代原真正 PI，那他必須造一個符合 PIMD 的 PI，但是以 Hash 安全性來說，幾乎不可能。

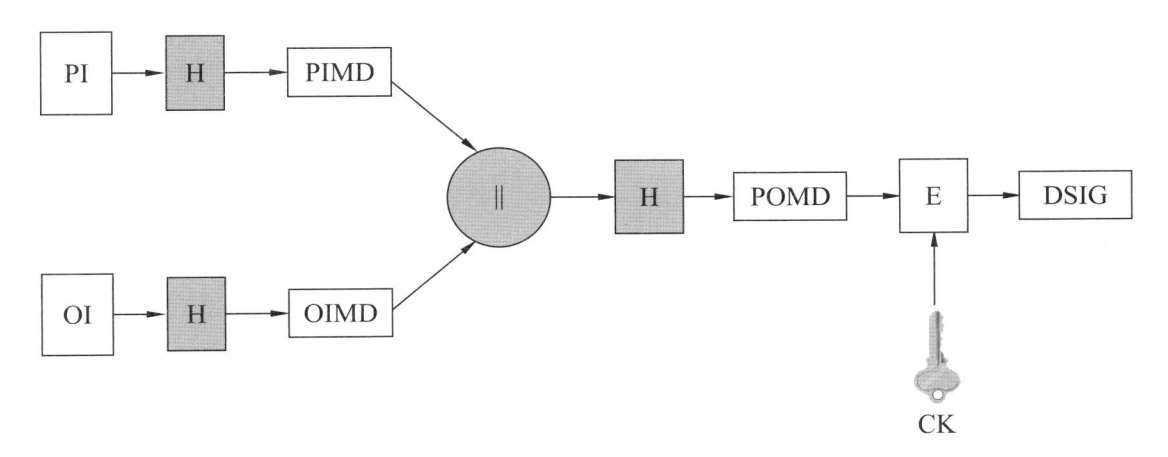

圖 10.9　SET 雙重簽章架構

消費者產生雙重簽章 (DSIG) 之後，他便用一把會談金鑰 (Session Key) Ks 來對 PI、OIMD 和 DSIG 做 DES 加密，加密之後即得到一份密文 RM。接下來，他立即將會談金鑰 Ks 用銀行的公開金鑰 Ku 來加密，並且會得到一個數位信封。最後，持卡人將訊息 RM、數位信封 (Digital Envelop)、PIMD、OI、DSIG 及憑證管理中心 (CA) 所簽發的持卡人數位憑證等訊息一起傳送給商家。數位信封是將對稱式加密系統的秘密金鑰用公開金鑰系統加密，加密後所得到的密文即是數位信封。圖 10.10 即是持卡人傳送購買請求之程序。

商店收到持卡人所傳來的購買請求之訊息之後，他可以從購買請求訊息之中得到 OI 訊息，而且可以驗證 OI 的正確性。商店先計算 OI 的訊息摘要 OIMD，再將 OIMD 和 PIMD 一起計算出購物訊息摘要 POMD，然後，商店

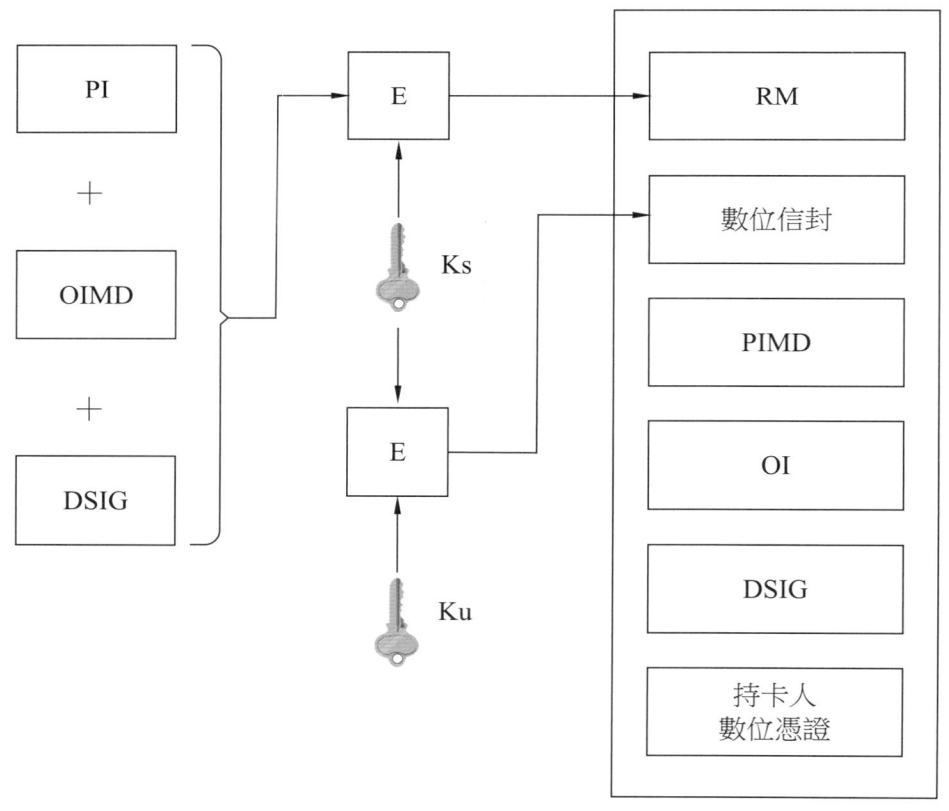

圖 10.10　持卡人傳送購買請求之程序

即可用持卡人的公開金鑰來驗證數位簽章及 OI 的內容是否正確。因此，商店只需知道訂單的明細和總額，他並不需要知道付款資料的詳細內容。若商店驗證成功，他就將訊息 RM 及數位信封傳給銀行，銀行可以用其私密金鑰解開數位信封，取出裡面的會談金鑰 Ks，再用會談金鑰 Ks 解開 RM，然後便可得到 PI、OIMD 及雙重簽章 (DSIG) 等資訊。圖 10.11 是商店驗證顧客購買請求之程序。

同樣方式，銀行也可以計算出 POMD 並驗證數位簽章，以確認 PI 的正確性。雙重簽章只有收款銀行用其私密金鑰才能解開 RM 及獲得 PI。商店透過雙重簽章的驗證可以確保 PI 和 OI 的成對關係，並確保其內容的完整性。

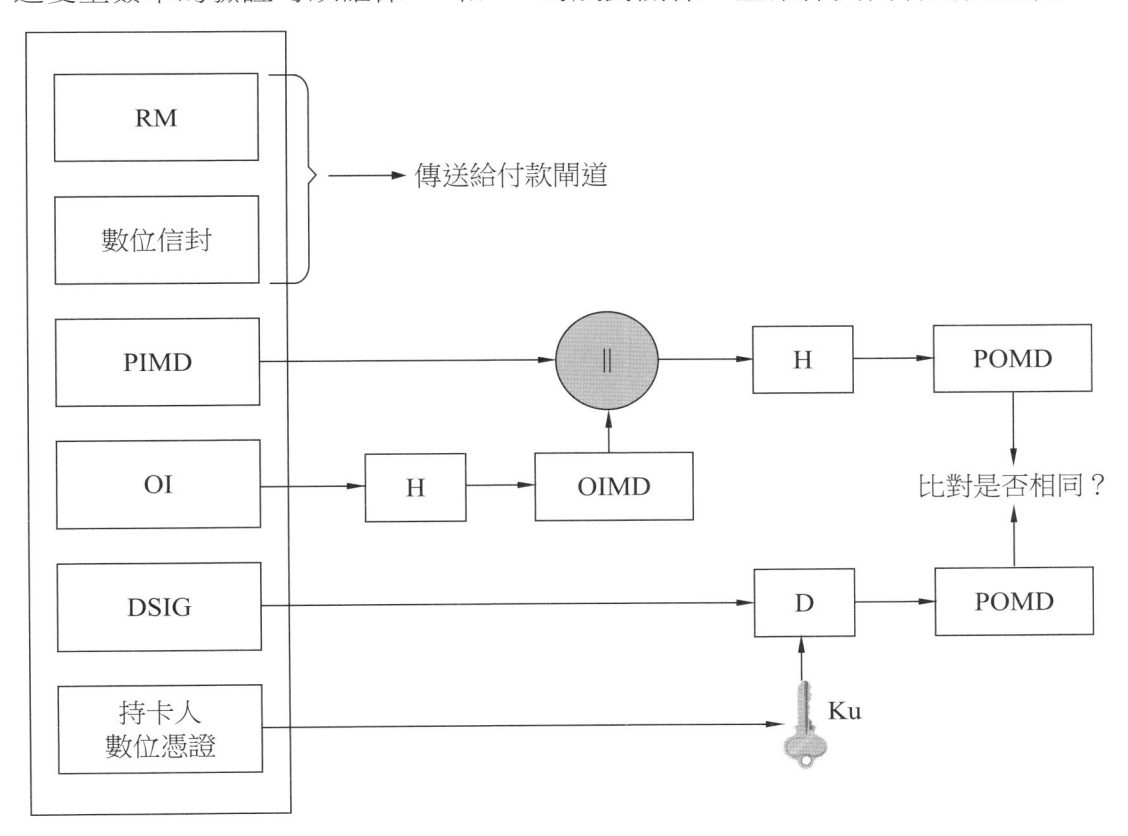

圖 10.11　商店驗證顧客購買請求之程序

10.4 電子商務安全

隨著網際網路的發達，也為網路環境從事商務活動帶來許多的商機，進而形成「電子商務」的新興產業。我們可以在網際網路上從事購物、理財、拍賣物品等商業行為。商家利用網路獲得更低廉的行銷通路，大幅降低行銷成本，而且更容易跨越區域限制，可擴及的市場更廣泛。在電子商務環境，各種商品可透過電子現金 (Electronic Cash)、電子支票 (Electronic Check)、銀行轉帳或線上信用卡付款等來交易，經過安全的網路安全機制來確保交易的雙方的權益，完全跳脫傳統交易模式的時空限制，更擴大商品交易的範圍。

然而，電子商務環境中，仍存在交易資訊被竊取、竄改或偽造的可能。因此，如何建構一個安全的電子商務環境是發展電子商務重要的課題。電子商務環境可能遭受病毒、駭客等攻擊，也可能有內部或外部資料外洩等問題，預防這些安全威脅的發生需要很好的安全機制與策略。總的來說，電子商務安全的安全需求必須滿足私密性 (Confidentiality)、身份認證性 (Authentication)、資料完整性 (Integrity) 和不可否認性 (Non-repudiation) 等安全需求。

一個安全的電子商務環境必須要有完善的電子商務安全的管控機制之外，還必須要有安全的電子商務交易及付款機制可能達成。本節即先介紹電子商務安全之控管機制，然後再針對線上信用卡付款、電子現金、電子支票及第三方支付等電子付款機制作介紹。

10.4.1 電子商務安全之控管機制

一個安全的電子商務環境，需要一個安全的電子商務安全之控管機制如圖 10.12。基本上，一個電子商務安全應包括安全政策 (Security Policy)、安全意識 (Security Awareness)、加密 (Encryption)、認證 (Authentication) 和授權 (Authorization) 等控管工作，才能建構安全的電子商務環境。

```
┌─────────────┐      ┌───────────────┐
│  安全政策    │      │   安全意識     │
│(Security    │      │(Security      │
│ Policy)     │      │ Awareness)    │
└──────┬──────┘      └───────┬───────┘
       ↓                     ↓
      ╭─────────────────────────────╮
      │      電子商務安全機制         │
      ╰─────────────────────────────╯
       ↑             ↑             ↑
┌──────┴──────┐ ┌────┴─────┐ ┌─────┴──────┐
│   授權       │ │   加密    │ │   認證      │
│(Authorization)│ │(Encryption)│ │(Authentication)│
└─────────────┘ └──────────┘ └────────────┘
```

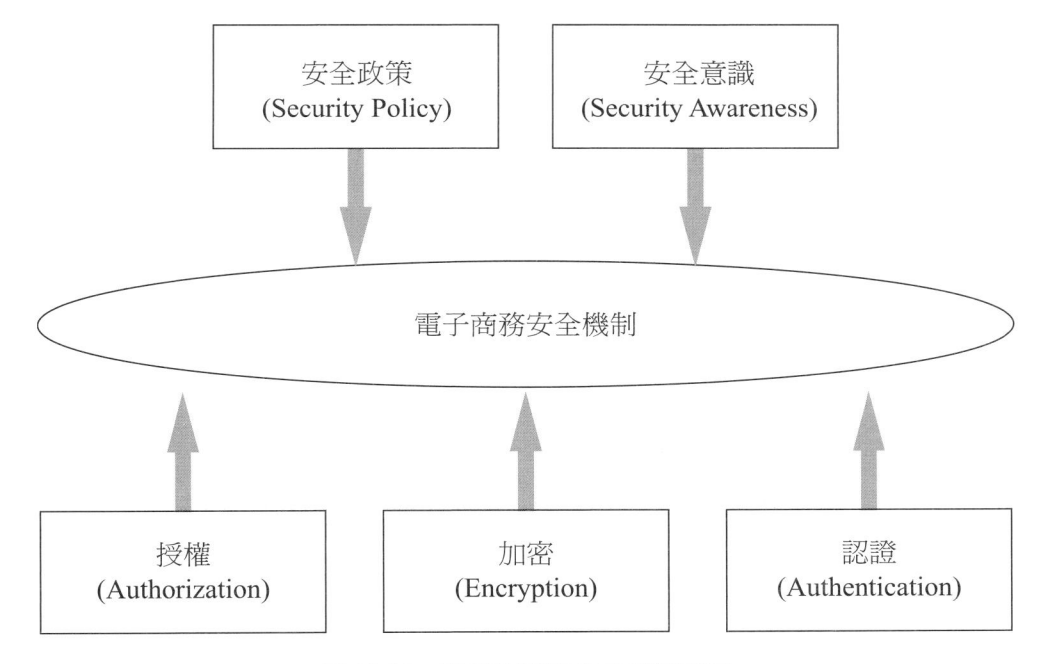

圖 10.12　電子商務安全之控管機制

　　一個安全的電子商務環境必須要有安全的網路機制可能達成。而一個安全的電子商務安全機制之網路安全可以由如下之機制來達成：

- 加密機制：確保資訊的私密性。
- 數位簽章：確保交易的不可否認性，提供認證機制。
- 安全傳輸協定 (SSL)：確保交易雙方之身份認證。
- 安全電子交易協定 (SET)：確保交易雙方之交易安全。
- 防火牆 (Firewall)：提供安全屏障。
- 虛擬私人網路 (Virtual Private Network, VPN)：提供電子商務環境之安全通訊。

10.4.2 電子付款機制

　　電子付款是一種利用網路安全機制來進行電子付款的方式。目前較為普及的電子付款方式主要包含有線上信用卡、電子現金、電子支票及第三方支付等付款方式。

線上信用卡付款

線上信用卡付款是利用網路進行信用卡付款。目前提供線上信用卡付款的網際網路安全機制包含 SSL 和 SET 機制。

SET 機制之信用卡付款

若採用 SET 機制之信用卡付款方式,商家需先向金融機構申請 VISA 或 MasterCard 的特約商店,特約商店的網路環境需支援 SET 機制,持卡人也先需向支援 SET 的信用卡公司申請一個帳戶,才可以提供持卡人線上信用卡付款。

圖 10.13 是透過 SET 機制之線上信用卡付款流程。持卡人完成商品訂貨之後,他的 SET 機制會送出加密後的信用卡號碼給商家。商家之 SET 機制會將其信用卡傳給收款銀行請求認證。收款銀行則再將其信用卡向發卡銀行請求信用卡認證授權,以確認信用卡之合法性。發卡銀行會回應收款銀行並確認其信用卡是否合法。若收款銀行自發卡銀行確認其信用卡是合法的信用卡,收款銀行即會立即將驗證結果通知商家,商家就可以向持卡人確認交易,並

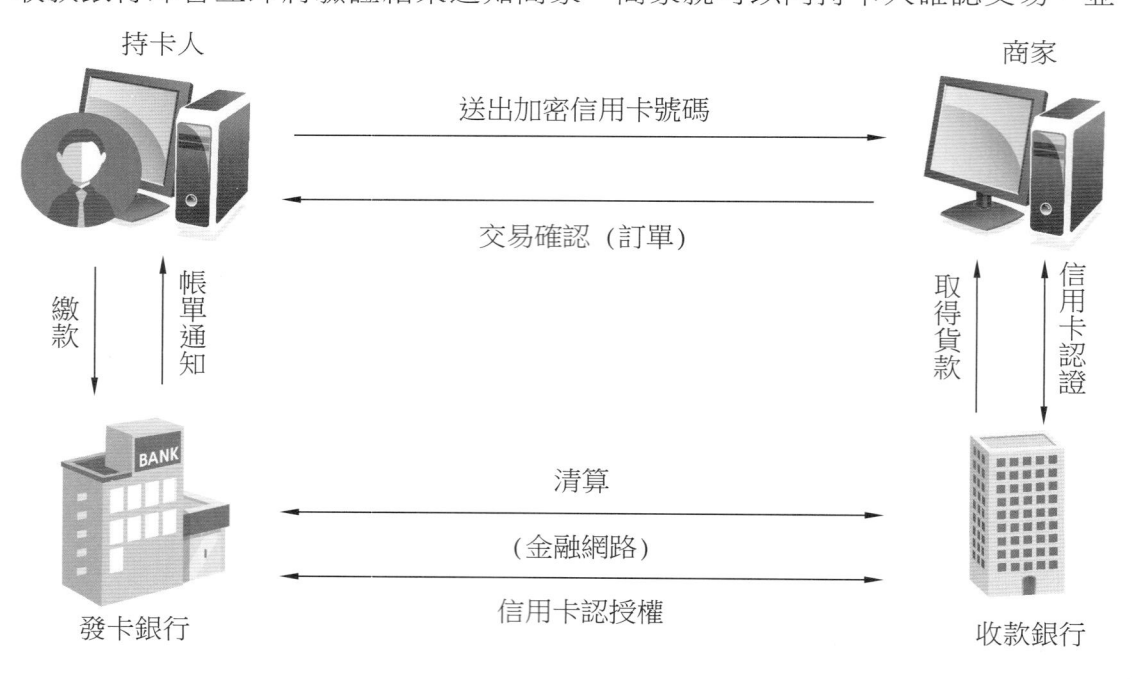

圖 10.13　透過 SET 機制之線上信用卡付款流程

自收款銀行取得貨款。收款銀行會向發卡銀行進行貨款清算。最後，發卡銀行則會向持卡人請求繳款。

SSL 機制之信用卡付款

若採用 SSL 機制之信用卡付款方式，商家也需先向金融機構申請 VISA 或 MasterCard 的特約商店，商家也需向憑證管理中心 (CA) 申請使用 SSL 機制，憑證管理中心會核發給商家安全憑證，持卡人的網路環境也須支援 SSL 機制，才能使用以 SSL 機制進行線上信用卡付款之交易。在 SSL 機制之信用卡付款機制中，只有持卡人與商家之間的網路環境才有信用卡付款的 SSL 機制，商家與收款銀行之間仍採用傳統的清算機制。

圖 10.14 是透過 SSL 機制之線上信用卡付款流程。持卡人完成商品訂購之後，他的 SSL 機制會送出加密後的信用卡號碼給商家。商家就將其信用卡以傳統清算機制向收款銀行請求信用卡認證。收款銀行會向發卡銀行請求確認其信用卡之合法性。發卡銀行會回應收款銀行其信用卡是否合法。假如收款銀行獲得確認此信用卡是合法的信用卡，收款銀行會通知商家接受此信用卡，商家就會向持卡人確認交易並提供交易收據。商家則可以向收款銀行請領貨款。發卡銀行則會向持卡人請求繳款。

電子現金付款

電子現金 (Electronic Cash) 是將現金以電子方式來儲存與流通。電子現金

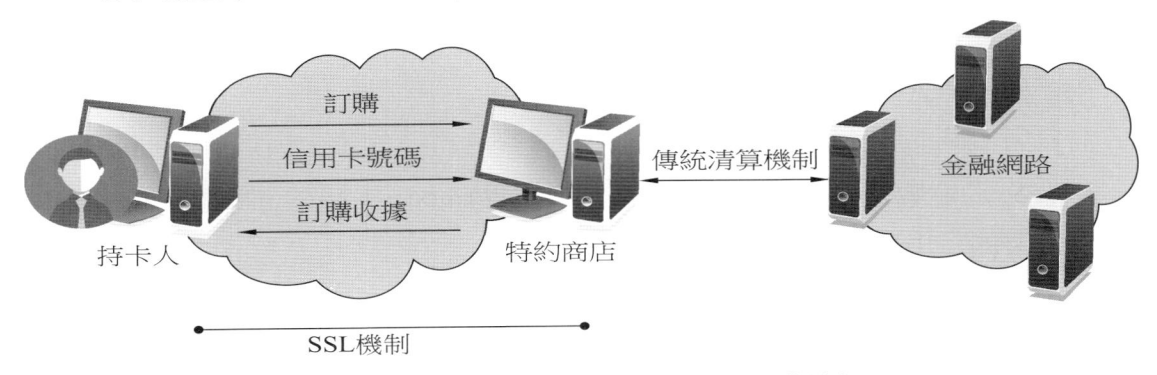

圖 10.14　透過 SSL 機制之線上信用卡付款流程

通常會用 IC 卡或儲存媒體來儲存，電子現金會以安全機制儲存成所謂的電子錢包來流通。為了提供安全的電子現金交易，電子現金需要有安全的流通機制，商家的系統必須要有能力驗證電子現金的真偽，而且無法追蹤電子現金使用者的身份。

圖 10.15 是電子現金的運作方式。消費者首先要先向其往來銀行開戶並申請電子現金，消費者取得電子現金後才可以用電子現金消費。消費者向商家完成商品訂購之後，他即可以電子現金支付。商家拿到消費者電子現金之後，商家的電子現金系統會向其往來的銀行請求電子現金認證。與商家往來的銀行就會向此家發行電子現金的銀行請求確認電子現金的合法性，與消費者往來的銀行會回應與商家往來的銀行其電子現金是否合法。若與商家往來的銀行獲得確認其電子現金是合法，與商家往來的銀行會通知商家可接受此電子現金；商家即可向消費者確認交易，並向與商家往來的銀行請領貨款。

驗證電子現金真偽的機制其實是一個盲簽章 (Blind Signature) 機制。接下來，我們即介紹一種以盲簽章機制來建構電子現金系統的範例。此範例是以基於 RSA 為基礎的盲簽章機制來建構電子現金系統。

- 消費者首先須向其往來銀行申請電子現金，並存入兌換電子先金的金額，每一筆電子現金都會有一個唯一的識別代號 m，消費者隨機選取一個私密的亂數 r，然後計算 $\alpha = m \times r^e \bmod n$，$(e, n)$ 為與消費者往來銀行之公開金鑰。然後，消費者就將 α 傳給銀行。
- 銀行收到訊息 α 之後，銀行會利用私密金鑰 d 對訊息 α 進行簽章 $S_\alpha = \alpha^d \bmod n$，接著將 S_α 傳送給消費者。
- 消費者收到 S_α 之後，因為亂數 r 只有消費者自己知道，所以她／他就可以移除 S_α 的亂數 r，並可以計算出 $S_\beta = (S_\alpha \times r^{-1}) \bmod n$。$(\alpha, S_\beta)$ 即是電子現金。消費者即可用此電子現金消費了。

消費者　　　　　　　　　　　　　商家

　　　　　　　電子現金

申請電子現金　　　　　　　　　　申請認證

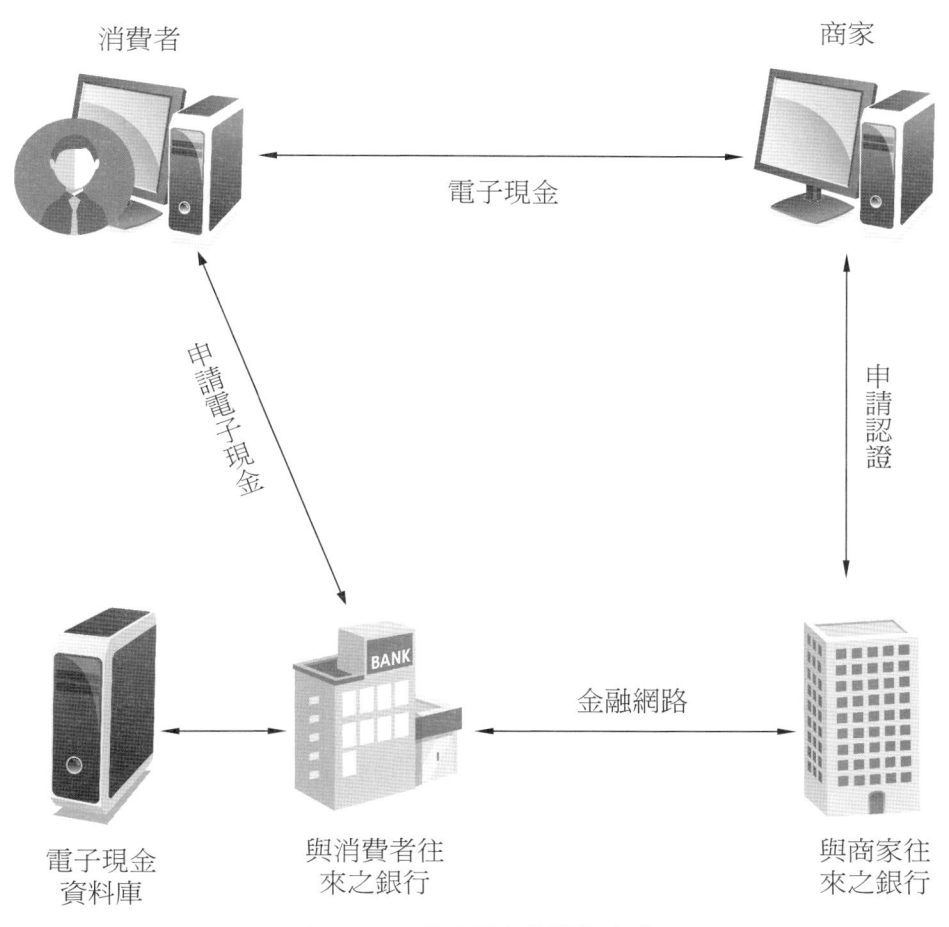

電子現金　　與消費者往　　金融網路　　與商家往
資料庫　　　來之銀行　　　　　　　來之銀行

圖 10.15　電子現金的運作方式

- 商家收到電子現金 (α, S_β) 之後，他會向其往來的銀行請求認證；商家往來銀行則會向其消費者往來銀行請求確認，消費者往來銀行會確認此電子現金的合法性，並且利用電子現金資料庫檢查是否「重複消費 (Double Spending)」，消費者往來銀行會將驗證結果通知商家往來銀行，商家往來銀行則再將驗證結果通知商家；商家即可利用公開金鑰 (e, n) 來驗證電子現金是否合法，若驗證成功，則可相信他使用的電子現金是合法的。於是，商家即可向消費者確認交易。

電子支票付款

　　電子支票 (Electronic Check) 紙本支票在使用過程上沒有太大差異，只是紙本支票是由開票人簽名後才可兌現，而電子支票是利用數位簽章來背書，驗證者則用開票人的公開金鑰的憑證來驗證開票人的公開金鑰，驗證後的公開金鑰來驗證支票上的數位簽章。經由數位簽章的驗證來驗證電子支票的合法性。

圖 10.16 是電子支票交易流程。消費者須先向其付款銀行申請電子支票，才能以電子支票進行交易。消費者向商家完成商品訂購之後，他／她即可以用電子支票支付，因此，他／她就開立電子支票給商家，他／她就在電子支票上進行數位簽章之後，即完成開立支票付款，他／她的電子支票系統會傳一份開立支票通知給其付款銀行。付款銀行收到開票人的已開立支票通知後，會將其已開立之支票提交至票據交換所（票交所）準備票據交換。商家收到消費者開立的電子支票後，他會將此電子支票傳給他往來的收款銀行並申請驗證支票。收款銀行收到商家傳來的電子支票後，會立即傳給票交所請求支票驗證。票交所驗證此電子支票後，則會回應收款銀行此支票是否合法。收款銀行收到此支票之驗證結果後，則會立即通知商家驗證結果。商家收到驗證結果後，即可通知消費者是否接受或拒絕此支票。假設商家接受其電子支票，他就可以提交給其收款銀行，收款銀行就將其電子支票提交至票交所進行票據交換，而收款銀行即可向付款銀行請求清算。

電子支票是利用數位簽章來背書，驗證者則用開票人的公開金鑰來驗證支票上的數位簽章。接下來，我們即介紹一種建構電子支票系統的範例。此範例是以基於 RSA 密碼系統來建構電子支票系統。

- 消費者向其付款銀行申請電子支票之後，即可使用電子支票給付。消費者完成商品訂購之後，他即數位簽章方式開立一張附有票面資訊 CI 的電子支票 EC 給商家。支票 EC 內含支票序號 SN、開票人姓名 NM、支票發行銀行 BK、及其簽章 $S_{BK} = D_{d_{BK}}(SN, NM, BK)$ 等資訊（d_{BK} 為銀行私密金鑰）。票面資訊 CI 內含有票面金額、收款人姓名、開立日期及兌現日期等資訊。開立好支票之後，消費者再用私密金鑰 d 將其所開立的支票進行數位簽

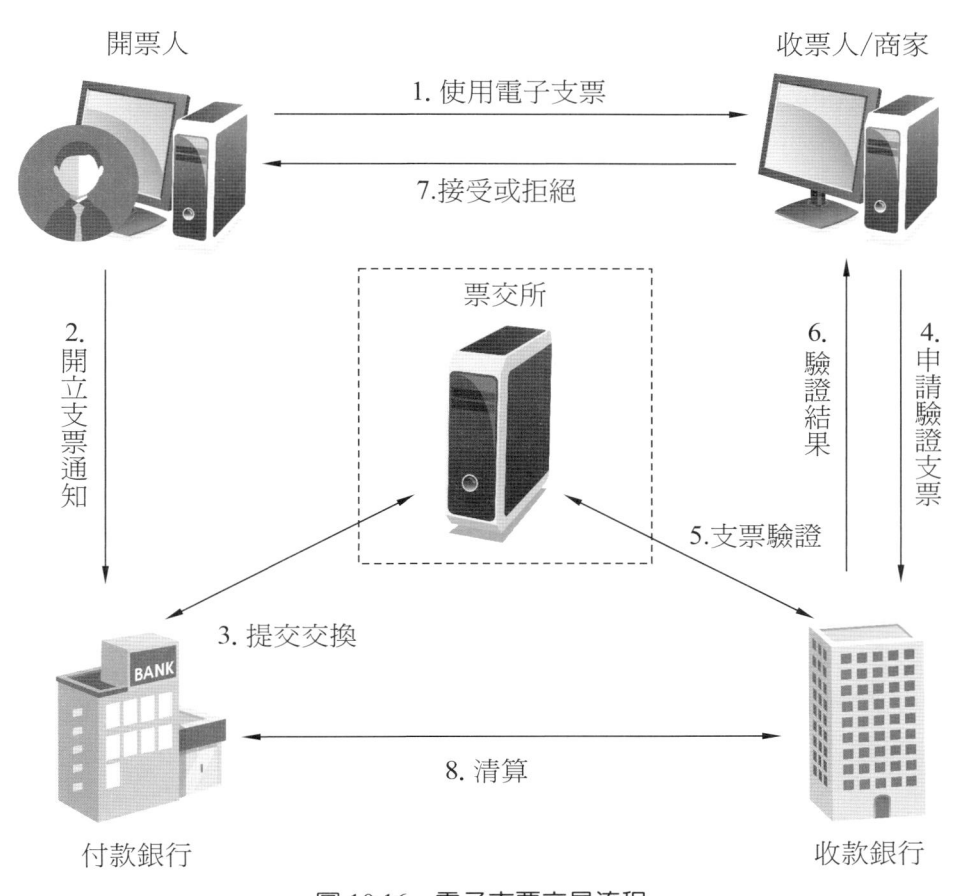

```
                開票人                                                      收票人/商家
                                    1. 使用電子支票
                                    7. 接受或拒絕

        2.                                  票交所                                  4.
        開                                                          6.               申
        立                                                          驗               請
        支                                                          證               驗
        票                                                          結               證
        通                                                          果               支
        知                                                                           票
                                                 5. 支票驗證

                        3. 提交交換

                付款銀行          8. 清算           收款銀行
```

圖 10.16　電子支票交易流程

章，得到數位簽章 SI，即 $SC = (EC \| CI)^d \bmod n$。然後，消費者則將支票的 EC、CI 及簽章 SC 一起傳給商家。

- 商家收到消費者電子支票之後，他會立即將支票之 EC 及 CI 傳給其往來的收款銀行請求驗證支票。

- 收款銀行就將此電子支票提交到票交所請求認證。票交所認證之後，會回應收款銀行此支票是否合法。收款銀行收到此支票之驗證結果後，則會立即將驗證結果通知商家。

- 商家會先用公開金鑰 (e_{BK}, n_{BK}) 來驗證此支票的有效性，確認無誤之後，他會再用消費者的公開金鑰 (e, n) 對支票做驗證，亦即判斷 (EC‖CI) 與 $SC^e \bmod n$ 是否相等。如果相等，則表示消費者所開立的支票是有效的。因此,商家即可以此支票完成交易,並提交至其收款銀行請領支票之金額。

第三方支付

第三方支付服務是指電子商務之交易雙方之外成立的第三方支付平台。第三方支付平台業者整合相關銀行,協助電子商務交易雙方解決支付結算及營運增值服務等事宜。第三方支付平台不涉及電子商務行為,它僅提供電子商務雙方之支付結算業務。自從中國大陸阿里巴巴集團在「掏寶網」之外另成立「支付寶」第三方支付平台之後,獲得很大的迴響,使得第三方支付近年獲得廣泛的重視。第三方支付的運作方式如圖 10.17 第三方支付運作方式所示。首先,消費者自商家完成訂購之後,消費者並不直接付款給商家,而是付款給第三方支付平台;於是第三方支付平台系統會將消費者支付款項加

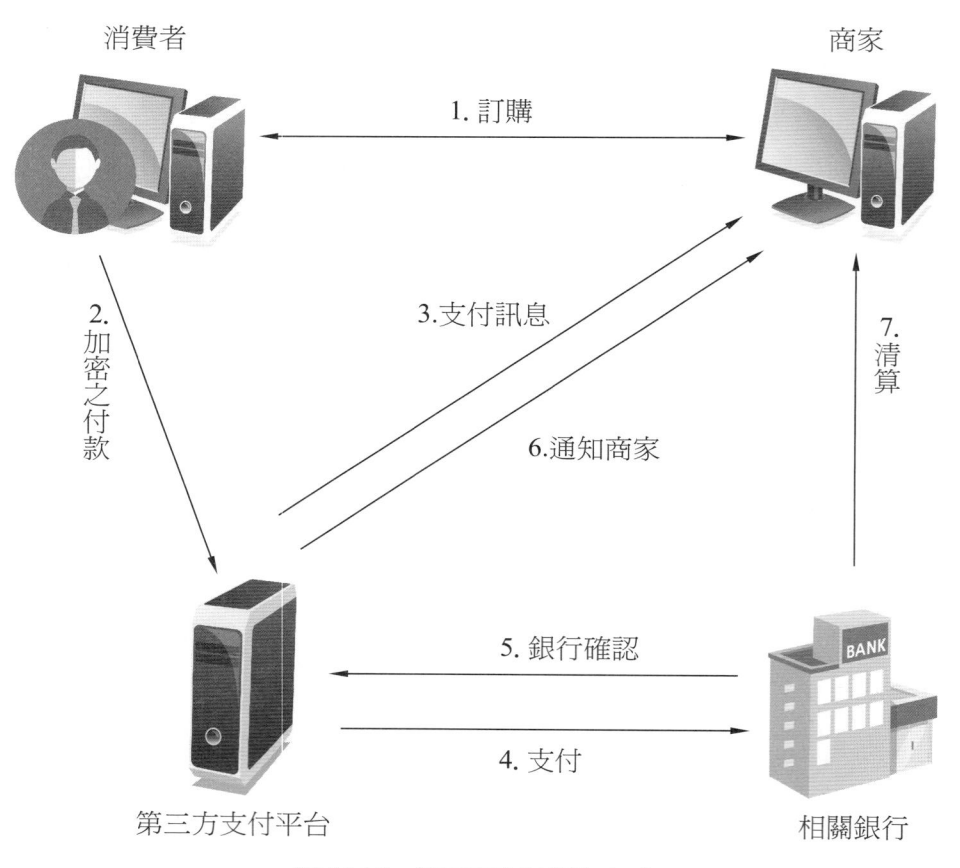

圖 10.17　第三方支付運作方式

密後傳送給第三方支付平台。第三方支付平台收到消費者之支付款項之後，第三方支付平台會立即通知商家，將由相關銀行支付款項給商家；同時，第三方支付平台便將代收的款項支付給相關銀行。相關銀行收到支付款項之後，它會立即向第三方支付平台確認已收到款項。第三方支付平台會通知商家已支付款項。商家即可向相關銀行清算款項。

第三方支付方式的最大優點是它提供交易擔保，可有效減少交易糾紛，也可以防堵詐騙行為的發生。在付款安全性方面，由於目前第三方支付平台主要採取 SSL 機制，可提高交易安全。另一個優點是提供消費者便利的付款方式，也提供商家簡便的收款方式。

然而，第三方支付方式也存在一些缺點。例如，消費者資金可能遭不肖之第三方支付業者挪用或甚至惡性倒閉，或者第三方支付方式可能成為犯罪洗錢的工具，目前仍須更好的機制和法律來配合解決。

10.5　結語

由於網際網路的蓬勃發展，電子商務已然成為一種新的商業模式，線上購物也成為新的消費方式。然而，網路交易存在許多風險與不確定性，網路交易安全即成為我們非常值得關切的問題。本章介紹網際網路安全 SSL/TLS 機制及安全電子交易 SET 機制等機制即是提供網路交易安全的機制。另外，本章也介紹電子郵件安全機制 PGP，它可以確保電子郵件的隱私。隨著電子商務的蓬勃發展，電子商務安全將扮演越來越重要的角色，電子商務安全技術也會持續發展，電子商務安全技術發展始終都是電子商務發展最重要的關鍵。

習 題

1. 請說明 PGP 運作流程。

2. 請說明 PGP 加密程序。

3. 請說明 PGP 簽章與驗證程序。

4. 請說明 SSL 記錄協定。

5. 請說明 SET 的雙重簽章作法。

6. 請比較 SSL 與 SET 兩種機制。

7. 請舉出至少三種電子付款機制。

Chapter 11

惡意程式與防禦措施

本章大綱

11.1　惡意程式

11.2　惡意程式防禦措施

11.3　結語

惡意程式泛指破壞電腦系統正常運作的程式，惡意程式對電腦系統往往造成嚴重的破壞，特別是在現今網際網路發達時代，惡意程式的傳播更快速且範圍更廣大，造成的損失更嚴重，惡意程式與防禦措施即成為非常重要的課題。這一章即先針對惡意程式作介紹，然後再介紹惡意程式的防禦措施。

11.1 惡意程式

惡意程式 (Malware) 泛指破壞電腦系統正常運作的程式。惡意程式一般分成寄生型和獨立型兩大類；寄生型惡意程式會寄生隱藏在一般檔案或程式內，獨立型惡意程式則可以獨立存在，不會依附在檔案或程式內；例如特洛伊木馬程式 (Trojan Horse)、後門 (Backdoor) 程式、電腦病毒 (Virus) 或邏輯炸彈 (Logic Bomb) 等均屬寄生型惡意程式，而如電腦蠕蟲 (Worm) 或電腦殭屍 (Zombie) 則屬於獨立型惡意程式。另外，若從其傳播能力來區分，有一些惡意程式會自我複製，有一些不會自我複製；例如特洛伊木馬程式或後門程式等屬於不會自我複製的惡意程式，如電腦病毒或蠕蟲則屬於會自我複製的惡意程式。

特洛伊木馬程式

特洛伊木馬 (Trojan Horse) 常被簡稱為木馬程式，木馬程式是攻擊者會先將木馬程式植入到電腦系統的檔案中，當受害者連線下載這個檔案時，木馬程式也就被下載下來。攻擊者就可以向受害者主機內的木馬程式連線，而且對受害者主機發出控制命令，進行破壞或竊取資料。木馬程式通常不會自行啟動執行，當受害者執行或開啟他所下載的檔案時才會執行。程式容量很小，而且執行時不會浪費太多資源，若沒有使用防毒軟體很難被發覺。

後門程式

所謂**後門** (Backdoor) 是指原電腦系統開發者為了系統測試或維護所需刻

意留下的程式密道。後門攻擊是指利用此後門密道進行入侵和竊取資料的一種攻擊。往往在系統開發的時候，系統開發者通常會利用幾個所謂萬用密碼來提供方便維護或修改，開發者或維護者使用萬用密碼就可以合法通過系統認證，存取系統內的資料。系統後門若被洩漏出去，或者被攻擊者偵測出來，就會對系統造成重大的安全威脅。有時候，網路駭客也會自行植入後門程式，以避開系統防護措施來竊取資料。另外一種情形，安全問題來自於系統開發者的疏失所留下的系統漏洞，或者安裝時使用權限設定不當或組態設定不當，往往也會造成嚴重的安全問題。這一類型的系統漏洞往往也成為駭客攻擊的目標，這類型系統漏洞也可稱為一種後門程式。

電腦病毒

電腦病毒 (Virus) 泛指一個寄生在系統檔案或程式且會自行複製以破壞電腦正常運作的惡意軟體。電腦病毒在早期是一個學術研究成果，最早一份關於電腦病毒理論的學術工作於 1949 年由約翰 • 馮 • 范紐曼所完成。范紐曼在他的論文中描述一個電腦程式如何複製其自身。後來一些有心人士模仿或衍生設計等方式設計一些病毒，逐漸演變成現今的各種電腦病毒。這些電腦病毒往往造成電腦系統嚴重的破壞。電腦病毒為了能夠自行複製，病毒通常都是依附在合法的執行檔上，當使用者企圖執行該執行檔時，病毒就有機會執行而開始進行破壞。

邏輯炸彈

邏輯炸彈 (Logic Bomb) 是一種被植入電腦系統中且會在特定條件下啟動破壞攻擊的惡意程式，當邏輯炸彈被觸發後，往往造成電腦資料毀損，甚至電腦癱瘓；最常見的邏輯炸彈是時間炸彈，例如「愚人節」或「十三號星期五」即屬於一種時間炸彈。「邏輯炸彈」引發時的癥狀與有些病毒感染狀況相似，但是它強調破壞作用，而實施破壞的程序時不會自我複製，它不具有傳染性。

電腦蠕蟲

電腦蠕蟲 (Worm) 與電腦病毒不同之處在於蠕蟲不需依附在另一個程式或檔案之內，而且蠕蟲能自我複製或執行。電腦蠕蟲未必會直接感染或破壞電腦系統，但是它可能會執行垃圾程式來發動分散式阻斷服務 (DDOS) 攻擊，讓電腦的執行效率造成極大程度降低，從而影響電腦的正常運作；蠕蟲也可能會毀損或修改電腦的檔案；也可能只是浪費網路頻寬而造成網路服務的阻斷。第一個被廣泛注意的蠕蟲是「莫里斯蠕蟲」，它是 1988 年由羅伯特‧泰迪‧莫里斯所設計出來的。這個電腦蠕蟲間接或直接造成了龐大的損失，開始引起各界對電腦蠕蟲的廣泛注意。

電腦殭屍

電腦殭屍 (Zombie) 是一種在網路上控制其它電腦系統的程式。連接到網際網路的電腦若被電腦殭屍感染後，這部電腦系統就受控於駭客，駭客隨時對這部電腦發動控制命令來對特定伺服器系統進行分散式阻斷服務 (DDOS) 攻擊，進而造成網路頻寬嚴重不足與服務阻斷。被感染殭屍的電腦最常被用來傳發垃圾郵件，這樣亂發垃圾郵件方式很難被偵查出來。

惡意行動碼

惡意行動碼 (Malicious Mobile Code) 是一種跨平台的「行動碼 (Mobile Code)」的惡意程式。惡意行動碼是網路普及後新式的惡意程式。惡意行動碼會攻擊電腦系統，並傳送電腦病毒、電腦蠕蟲或木馬程式；不過，惡意行動碼不會感染檔案或擴散，它是利用主機授與它執行的權限，然後才能啟動攻擊。

惡意程式比較

本節已介紹大家比較熟悉的惡意程式，如電腦病毒、電腦蠕蟲、後門程式、木馬程式、電腦殭屍、邏輯炸彈或惡意行動碼等惡意程式，對其特性及感染方式將會有清楚了解，綜合本節對惡意程式的介紹，如下表 11.1 惡意程式之比較表之所示，我們可以了解各種惡意程式的主要差異。

表 11.1　惡意程式之比較表

特徵	病毒	蠕蟲	後門程式	木馬程式	邏輯炸彈	電腦殭屍	惡意行動碼
可否獨立存在？	否	是	否	否	否	是	否
可否自行複製？	是	是	否	否	否	否	否
擴散方法為何？	使用者互動	自行擴散	使用者不知情的情況下，經由網路下載或傳播			

惡意程式的類型

(1) 開機型病毒

開機型病毒是隱藏在磁碟的開機磁區 (Boot Sector) 內。若被感染到開機型病毒，當電腦開機的時候，病毒就侵入到記憶體而被執行，當病毒程式執行後，病毒機會開始破壞電腦檔案，以及進行複製，再感染其它檔案；比較有名的開機型病毒像「米開朗基羅病毒」就是很有名的例子。

(2) 檔案型病毒

檔案型病毒通常是寄生在程式的可執行檔 (如 *.EXE 或 *.COM 等) 內。當被感染的執行檔被執行的時候，病毒程式就會被執行到，當病毒被執行之後，它就開始破壞電腦檔案及感染其它檔案。像「維也納病毒」即是此型的惡意程式。

(3) 記憶體常駐型病毒

記憶體常駐型病毒是常駐在主記憶體內，成為電腦系統常駐程式的一部分。因為它常駐在記憶體中，所有執行中的程式都會被感染，對電腦的破壞就更大。

(4) 巨集病毒

巨集病毒是一種透過應用軟體的巨集 (MACRO) 語言來散播與執行本身的病毒。一般文書處理應用軟體，像 WORD 或 Excel 等，都是利用巨集來處理重複的工作，藉此減少操作的動作。基本上，應用軟體的巨集是一種內嵌 (Embedded) 在文件檔中的可執行程式。當啟動此文件檔應用程式之後，巨集就會被執行，巨集病毒就可以複製自身到其它文件內，或者破壞其它檔案。

巨集病毒會造成嚴重威脅的原因主要在於：(1) 巨集是跨平台，與作業系統無關，(2) 巨集病毒感染的是文件檔，大部份電腦資訊產出都是文件形式為主。巨集病毒常透過電子郵件或隨身磁碟等將具有巨集的文件載入電腦系統中。台灣 No. 1 病毒即是這種巨集病毒。

(5) 電子郵件病毒

電子郵件病毒是以夾檔方式隨著電子郵件透過網路傳送的一種惡意軟體。電子郵件病毒以夾檔方式隨著電子郵件傳送給收信者，收信者打開附檔之後即發生中毒。例如，梅麗莎 (Melissa) 病毒就是依附在微軟 WORD 的巨集，經由電子郵件來傳播的病毒，當收信者開啟附檔時，巨集就會被執行，就會破壞電腦系統。更新的電子郵件病毒不是依附在電子郵件附檔內，它是利用電子郵件的功能來複製，當收信者一打開電子郵件，這種病毒就會感染主機上電子郵件系統，造成電腦應用程式的破壞。

(6) 惡意行動碼

惡意行動碼 (Malicious Mobile Code) 是一種跨平台的「行動碼 (Mobile Code)」的惡意程式。惡意行動碼是網路普及後新式的惡意程式。惡意行動碼會攻擊電腦系統，並傳送電腦病毒、電腦蠕蟲或木碼程式；不過，惡意行動碼不會感染檔案或擴散，它是利用主機授與它執行的權限，然後才能啟動攻擊。惡意行動碼主要是利用高階程式語言撰寫，如 Java、ActiveX、VB Script、Java Script 等程式語言。

病毒躲避偵測的方式

(1) 藏匿

有些病毒會攔截防毒軟體對作業系統的呼叫來欺騙防毒軟體，讓防毒軟體以為檔案未中毒，而使病毒藏匿著不被偵測出來。當防毒軟體進行掃毒的時候，防毒軟體會利用作業系統的系統呼叫 (System Call) 來讀取檔案，這種病毒可以攔截此系統呼叫，返回 (Return) 防毒軟體一個未感染訊息，使得防毒軟體以為該檔案沒有被感染，如此讓病毒可以藏匿起來。

(2) 加密

有些病毒會對病毒本身進行加密，而且每次感染，病毒都會用不同密鑰來加密，防毒軟體無法直接利用病毒特徵來偵測，讓病毒很難被偵測出來。

(3) 變形

防毒軟體最常透過病毒特徵來偵測一個檔案是否以被感染，一般來說，同一類型的病毒它的特徵非常類似或相同，有些病毒可以將其自身改寫，而形成防毒軟體無法判斷的新特徵，這種病毒可以作到變形的目的，這種病毒就非常難被偵測出來。

11.2 惡意程式防禦措施

加強防毒

(1) 良好的電腦與網路使用方式

面對病毒威脅最好的策略是預防，才能減少損失到最低。最有效的防毒策略是良好的電腦與網路使用方式。一個良好的電腦與網路使用方式主要在於：

- 組織應有良好的安全措施和管理；
- 組織內人員要對資訊安全有正確的認識，組織應對其成員也要常常作資訊安全的教育訓練與宣導；
- 建立資訊安全機制，確實落實執行。

以下是針對組織內人員或個人之良好的電腦與網路使用方式之建議：

- 不要使用非法軟體
- 不要瀏覽可疑的網站
- 不要開啟可疑的電子郵件
- 資料備份
- 重要資料檔案應盡量加密保護

• 安裝防毒軟體

(2) 善用防毒軟體

防毒軟體是最常用來防禦惡意軟體與掃毒的工具。防毒軟體係指使用於偵測、移除電腦病毒、蠕蟲和木馬程式等之軟體程式。一般防毒軟體的防毒方法是藉由病毒特徵比對來判斷是否被病毒感染；防毒軟體會掃描系統，掃描後得到訊息會跟病毒特徵資料庫作比對，若訊息與病毒特徵資料庫的任何一個特徵相符，及判斷系統被感染病毒。由於它是利用特徵比對來判斷是否感染病毒，所以對於未知新病毒容易誤判。防毒軟體對已知的惡意程式非常有效，對已知病毒的變形也有很好的防毒效果，但是對全新出現的惡意程式就不易偵測出來，若有全新型惡意程式發生，防毒軟體公司儘快完成惡意程式分析，找出全新惡意程式特徵，經驗證可以達成防禦這種病毒之後，防毒公司即會利用其網站給其用戶下載安裝且掃毒。

電腦病毒的防制策略之一是安裝防毒軟體。目前較知名的防毒軟體有趨勢公司的 PC-cillin 及 Office Scan、諾頓之 NAS、諾德之 NOD32 Antivirus 或免費的 Avast 等均屬較好的防毒軟體之一。

(3) 弱點補強

目前常用的電腦系統都存在一些安全漏洞或弱點，例如視窗作業系統 Windows 即存在一些安全漏洞或弱點，這些安全漏洞或弱點非常容易遭受到攻擊，造成電腦系統的隱憂。目前 Windows 系統已提供安全修補程式，可以利用 Windows 的自動更新功能補強系統安全。平時使用電腦時，盡量關掉不必要的應用程式或服務，盡可能不要使用檔案共享，降低電腦系統漏洞或弱點之暴露情形，減少讓惡意程式或攻擊者有可乘之機。

惡意程式事件處理

組織應建立資訊安全防禦措施，若遭受到惡意程式攻擊，組織對惡意程式事件應立即採取妥善處理。當惡意程式事件發生時，如下是對惡意程式事件之處理措施的建議：

(1) 惡意程式之隔離

為了防止惡意程式的擴散，及防止惡意程式進一步對系統的傷害，首先應立即將惡意程式作隔離。平時在未發生惡意程式事件時，組織可以利用防火牆或入侵偵測系統來過濾一些特定或可疑之電子郵件或網際網路訊息；若發生惡意程式事件時，組織應立即停止該部電腦系統之使用，甚至切斷網路連結，然後要進行惡意程式之辨識與清除之工作。

(2) 惡意程式之檢查與辨識

若發現疑似是惡意程式事件時，應儘快辨識出是否確實遭受惡意程式攻擊，可以利用防毒軟體掃描電腦系統，檢查及辨識系統遭受惡意程式攻擊之情形與證據，防毒軟體掃描電腦系統之後，會記錄掃描後之資料以提供我們判斷系統受感染情形與證據。另外一方面，防火牆或入侵偵測系統也會有網路活動的一些記錄，可以提供我們參考。

(3) 惡意程式之清除與系統復原

經由惡意程式之檢查與辨識之後，若確定是遭受惡意程式攻擊，應立即利用防毒軟體清除此惡意程式。惡意程式清除之後，電腦系統或檔案可能已遭受到破壞，只好儘快利用備份檔案作系統復原或檔案復原。若惡意程式已嚴重毀損系統或大量檔案，就需要重建系統並且從備份檔案還原。

11.3 結語

在現今網際網路發達時代，惡意程式的傳播更快速且範圍更廣大，造成的損失更嚴重，惡意程式與防禦措施即成為非常重要的課題。這一章針對惡意程式作介紹，然後再介紹惡意程式的防禦措施。未來惡意程式仍會持續發生，其對資訊與網路安全的破壞也將更嚴重，建立良好的電腦與網路使用方式，以及建立完善的惡意程式防禦措施，將是遠離傷害的最高指導原則。

習題

1. 何謂惡意程式 (Malware)？

2. 何謂後門程式 (Backdoor)？

3. 何謂惡意行動碼 (Malicious Mobile Code)？

4. 請敘述病毒躲避偵測的方式。

5. 請說明惡意程式事件處理方式。

Chapter 12

無線區域網路安全

本章大綱

12.1 無線區域網路發展狀況

12.2 無線區域網路安全

12.3 WEP 安全機制

12.4 802.1x EAP 身份認證機制

12.5 WPA/WPA2 安全機制

12.6 結語

無線區域網路是屬於應用於家庭或辦公室之區域範圍的無線網路。由於無線區域網路建置簡單，使用便利，目前已越來越普及了。然而，由於無線區域網路之無線的特質，如果沒有安全機制保護，造成它非常不安全。因此，無線區域網路標準組織（如 IEEE 或 Wi-Fi 聯盟）定義了一些安全標準，提供無線區域網路安全保護機制。這一章將介紹 WEP 安全機制、802.1x EAP 身分認證機制及 WPA / WPA2 安全機制等無線區域網路安全機制。

12.1　無線區域網路發展狀況

由於使用方便，安裝簡單，不需要到處佈線，使得無線區域網路 (Wireless LAN) 越來越普及，如圖 12.1 無線區域網路基本架構所示。無線區域網路通訊範圍大約 100 公尺左右，適合家庭或辦公室等應用。基於各種需求增加，

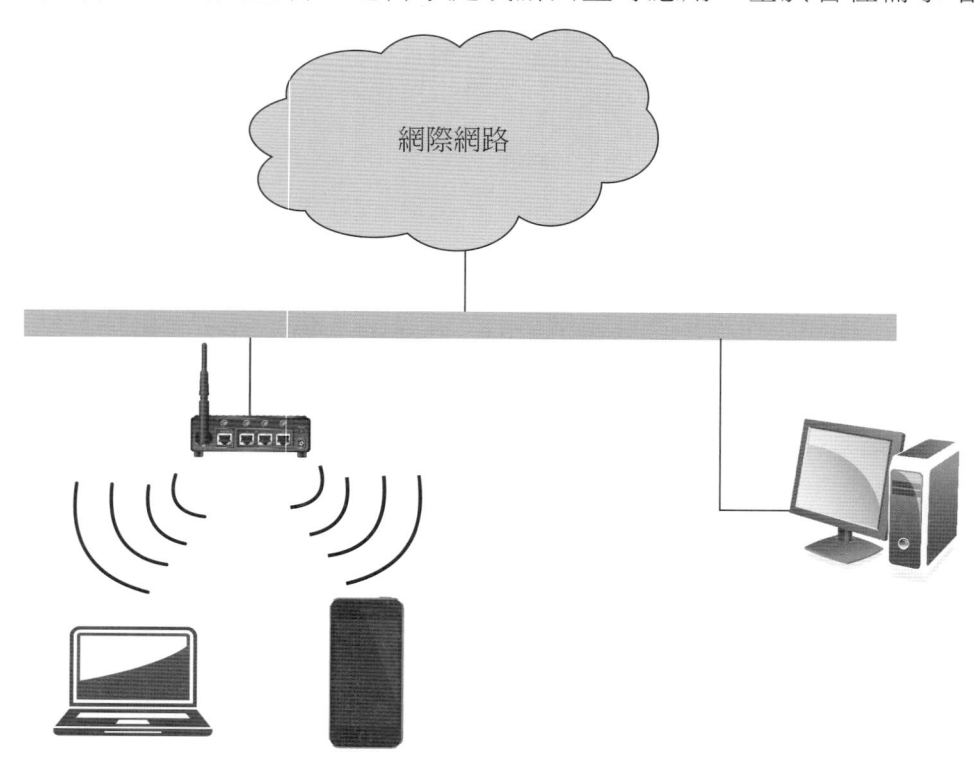

圖 12.1　無線區域網路基本架構

無線區域網路標準 IEEE 802.11 已定義 802.11b、802.11a、802.11g 及 802.11n 等傳輸標準。

雖然無線區域網路使用非常便利，但是如果沒有任何安全機制來保護網路通訊，無線區域網路其實非常不安全。如果沒有任何安全措施，無線區域網路很容易被竊聽或攻擊。基於通訊安全，無線區域網路標準組織 IEEE 802.11 逐次定義了 WEP (Wired Equivalent Privacy)、802.1x EAP (Extensible Authentication Protocol)、WPA (Wi-Fi Protected Access) 及 WPA2 等無線區域網路安全標準。IEEE 定義一個安全的無線網路至少必須提供三項服務：身份認證、資料保密、資料完整性。無線區域網路安全標準均提供此三項服務的機制；然而，基於未來發展需求，IEEE 802.11 仍將持續發展及改進無線區域網路安全機制。

12.2 無線區域網路安全

無線區域網路安全是以無線訊號為通訊媒介，只要在訊號範圍內均可傳送或接收信號。如果沒有任何安全機制來保護網路通訊，無線區域網路非常容易遭受到竊聽或攻擊。攻擊者很容易裝設一套偽裝的 AP (Access Point) 天線或工作站來竊聽或攻擊無線區域網路的通訊資訊。IEEE 802.11 逐次定義了 WEP (Wired Equivalent Privacy)、802.1x EAP、WPA (Wi-Fi Protected Access) 及 WPA2 等無線區域網路安全標準。此章節將分別討論這些無線區域網路安全機制。

12.3 WEP 安全機制

WEP (Wired Equivalent Privacy) 是 IEEE 802.11 最早 (1999 年) 提出的無線區域網路安全標準。WEP 的安全機制非常簡單，存在許多安全問題，WEP 密碼非常容易被破解；因此，為了改善 WEP 缺失，到 2003 年 802.11

提出了 WPA (Wi-Fi Protected Access) 標準；其間，一個改善 WEP 之認證 (Authentication) 方案——802.1x EAP 在 2001 年也被提出來成為無線區域網路安全標準。2004 年隨即又提出一套更強化的安全標準——WPA2，WPA2 提供更強化的無線區域網路安全。

12.3.1　WEP 加密機制

　　WEP 加密機制是屬於對稱式加密系統，如圖 12.2 WEP 加解密流程圖所示。WEB 加密步驟如圖 12.2 WEP 加解密流程圖之 (a) WEP 加密所示，其加密步驟描述如下：

1. WEP 先將 IV (Initialization Vector，初始向量) 值和 Key (密鑰) 作串接。
2. 串接結果經由 RC4 加密，產生密鑰串流 (Key Stream)。
3. 將明文利用 CRC-32 運算產生 CRC-32 完整性簡查碼，並將明文和 CRC-32 完整性簡查碼作串接，產生校驗串流 (Integrity Stream)。
4. 將密鑰串流和校驗串流作 XOR 運算，產生密文。
5. 將 IV 值與密文作串接，即產生密文與 IV 串接串流，並傳給接收端。

　　WEB 解密步驟如圖 12.2 WEP 加解密流程圖之 (b) WEP 解密所示，其解密步驟描述如下：

1. 接收端收到密文與 IV 串接串流後，即將其拆解成 IV 值及密文。
2. 將 IV 值和 Key 作串接。
3. 串接結果經由 RC4 加密，產生密鑰串流。
4. 將密鑰串流與密文作 XOR 運算，會產生原來的明文與 IV 串接串流 (明文 || CRC-32)。
5. 將明文與 IV 串接串流拆解後即可得到明文。

12.3.2　WEP 身份認證程序

　　WEP 身份認證是利用所謂「挑戰與回應 (Challenge and Response)」的方式來驗證用戶端是否合法。WEP 身份認證只是單向驗證，沒有雙向驗證；

(a) WEP 加密

(b) WEP 解密

圖 12.2　WEP 加解密流程圖

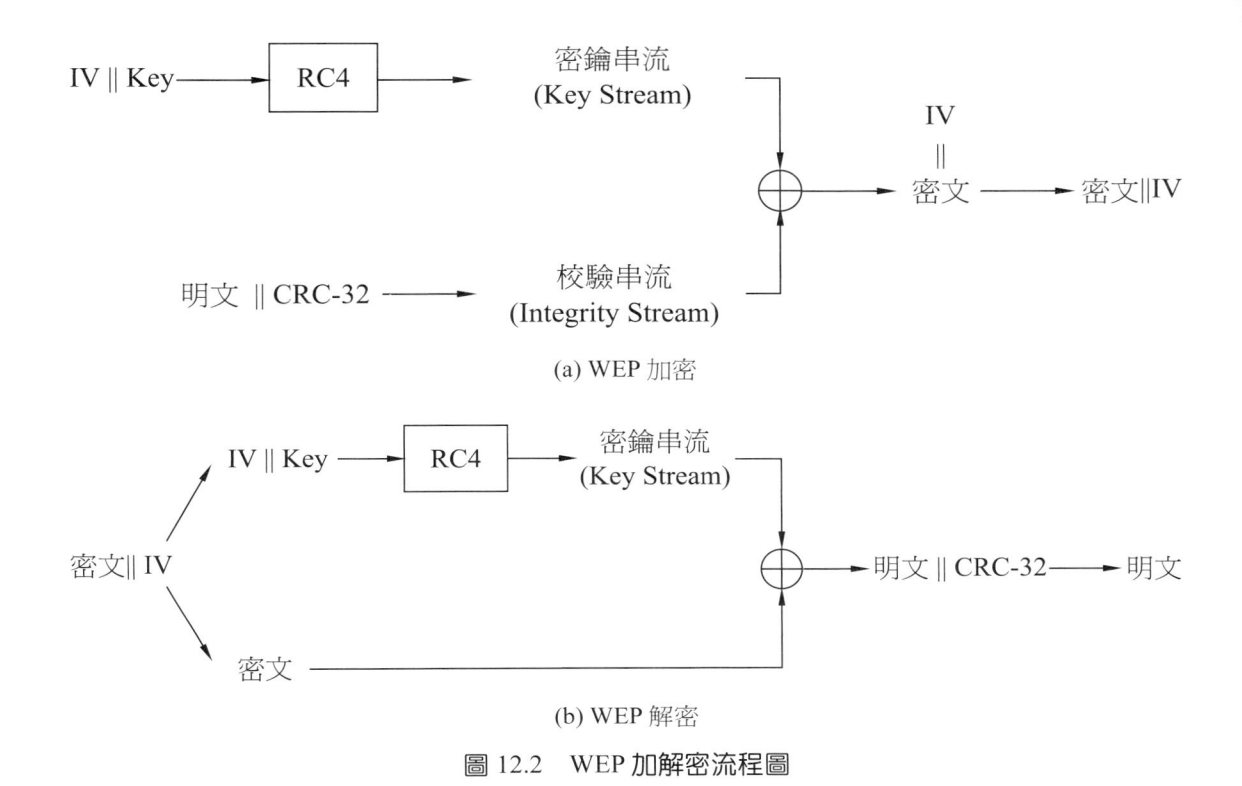

WEP 只有 AP 驗證用戶端 (Client) 是否合法，用戶端沒有驗證 AP 是否合法；因此，攻擊者很容易安裝一套偽裝的 AP 來竊聽或攻擊。也因為如此，WEP 很容易受中間人 (Man-in-the-Middle) 攻擊法的攻擊。WEP 身份認證的程序如圖 12.3 WEP 身份認證程序所示。WEP 身份認證程序描述如下：

1. 通訊前用戶端需要先向 AP 提出認證鑰求。
2. AP 收到認證要求後，以挑戰文字回應用戶端。
3. 用戶端需要以 WEP 密鑰將挑戰文字加密，並將加密之挑戰文字回應 AP。
4. AP 收到加密挑戰文字後，將加密挑戰文字解密，若解密成功且挑戰文字符合，則回應身份認證驗證成功給用戶端。

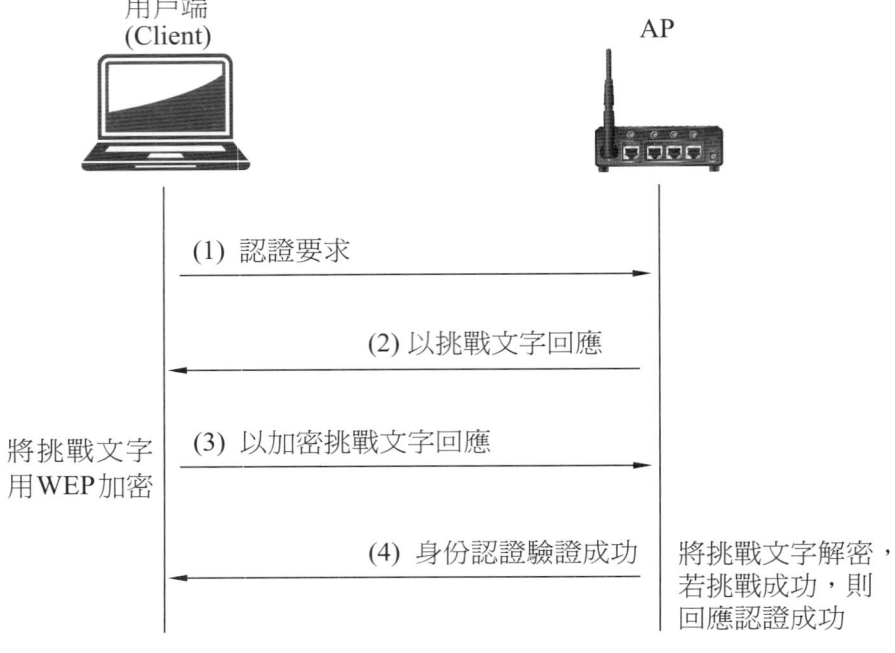

```
         用戶端                            AP
        (Client)

        (1) 認證要求
        ────────────────────────────►

        (2) 以挑戰文字回應
        ◄────────────────────────────

將挑戰文字  (3) 以加密挑戰文字回應
用WEP加密  ────────────────────────────►

        (4) 身份認證驗證成功              將挑戰文字解密，
        ◄────────────────────────────   若挑戰成功，則
                                        回應認證成功
```

圖 12.3　WEP 身份認證程序

12.4　802.1x EAP 身份認證機制

　　802.1x 是 IEEE 802.11 的身份認證標準，它被廣泛應用在 LAN 或 WLAN 環境之中，提供 LAN 或 WLAN 的身份認證架構，802.1x 是利用埠口 (Port) 存取控制 (Access Control) 方式來達成身份認證功能。EAP (Extensible Authentication Protocol) 也是身份認證協定，它被廣泛應用在無線網路安全之中，EAP 支援幾種身份認證機制，如 MD5、LEAP、TLS 等機制；802.1x 只提供身份認證的架構，並沒有身份認證機制，802.1x 將 EAP 納入其身份認證標準之中。EAP 以乙太網路 (Ethernet) 格式來傳送，這種方式稱為 EAP 透過 LAN (EAP Over LAN) 協定，簡稱 EAPOL 協定。

　　802.1x 包含三部份設備：請求者 (Supplicant)、認證器 (Authenticator) 及認證伺服器 (Authentication Server)。請求者若沒有經過合法授權通過，它

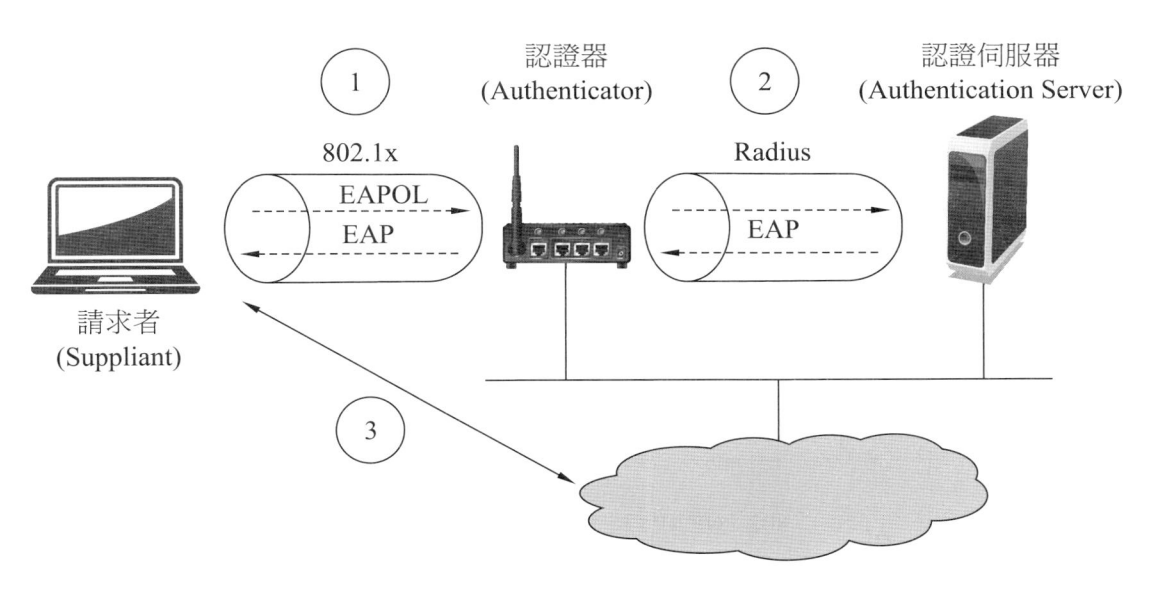

圖 12.4　802.1x 認證程序

就無法使用通訊網路；它若要使用通訊網路，就必須先認證通過。如圖 12.4 802.1x 認證程序所示，802.1x 認證運作程序可分成三階段來達成；第一階段是請求者與認證器的交互認證 (Mutual Authentication)，802.1x 會先以 EAPOL 協定啟動認證，然後藉由 EAP 協定作交互認證；第二階段是認證器與認證伺服器之間的交互認證，這一階段的交互認證是藉由 Radius 協定機制來達成，Radius 是一個提供認證 (Authentication)、授權 (Authorization) 及稽核 (Accounting) 等 AAA 功能之網路協定；第三階段是網路存取，如果請求者通過身份認證，請求者才可以使用通訊網路。

802.1x 身份認證機制如圖 12.5 802.1x 身份認證協定所示。802.1x 身份認證機制分成兩個部分，第一部分是請求者與認證器的交互認證，它是藉由 EAP 協定作交互認證；第二部分是認證器與認證伺服器的交互認證，它是藉由 Radius/EAP 協定作交互認證，認證器會將 EAP 認證訊息藉由 Radius 協定轉送 (Forward) 給認證伺服器，而認證伺服器也會將 EAP 認證訊息藉由 Radius 協定轉送給認證器。

EAP 是一個身份認證協定，EAP 並未定義特定之認證機制與方法，EAP 基於各種通訊環境支援幾個認證機制：EAP-MD5、EAP-TLS、EAP-TTLS、

```
                                            存取阻斷
請求者                    認證器                     認證伺服器

802.1x/EAPOL -啟動
─────────────────────▶
          802.1x/EAP -請求/身份認別
◀─────────────────────
802.1x/EAP -回應/身份認別
─────────────────────▶       Radius/EAP -存取-請求
                         ─────────────────────▶
                                Radius/EAP -存取-挑戰
                         ◀─────────────────────
          802.1x/EAP -請求
◀─────────────────────
802.1x/EAP -回應(秘密式)
─────────────────────▶       Radius/EAP -存取-請求
                         ─────────────────────▶
          802.1x/EAP -成功           Radius/EAP -存取-成功
◀─────────────────────   ◀─────────────────────

─────────────────── Access Allowed ───────────────────
```

圖 12.5　802.1x 身份認證協定

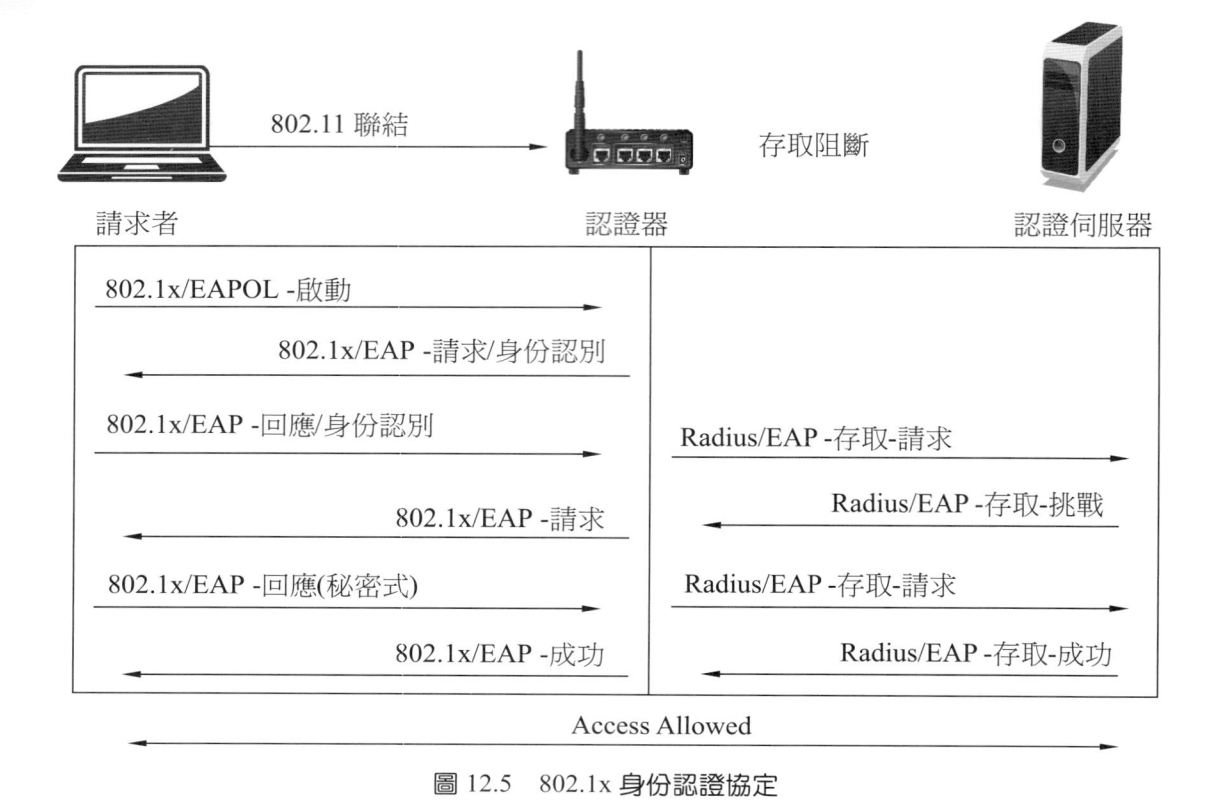

EAP-PEAP、EAP-LEAP 等。關於 EAP-MD5、EAP-TLS、EAP-TTLS、EAP-PEAP、EAP-LEAP 詳細可參考 IETF 標準對這些認證協定之說明，此章節將不作詳細說明。

12.5　WPA/WPA2 安全機制

　　WPA 加密機制是為了 WEP 的弱點所發展出來的無線區域網路安全機制。2004 年 IEEE 802.11 組織定義了純為無線網路的無線網路安全標準 802.11i，Wi-Fi 聯盟 (The Wi-Fi Alliance) 採用了 802.11i 標準，Wi-Fi 聯盟實作了大部份的 802.11i，成為一個 802.11i 完備之前過渡版本 WPA (Wi-Fi Protected Access)；802.11i 完全通過後，Wi-Fi 聯盟完整實作了 802.11i，即成為 WPA2 版。不過，WPA2 無法用在部分舊式的無線網卡上。

12.5.1 WPA/WPA2 安全通訊程序

WPA/WPA2 若要建立安全通訊，必須進行 WPA/WPA2 安全通訊四階段 (4 Phases) 之程序。如圖 12.6 WPA/WPA2 安全通訊程序所示，第一階段 (Phase-1) 是建立安全策略 (Security Policy)，這個階段是利用 802.11 Probe 協定來完成，此階段要協議出所採用的身份認證方法 (Authentication Methods)、資料保護協定 (如 TKIP 或 CCMP 等) 等協議。第二階段是身份認證 (Authentication) 程序，此階段所採用的協定是 802.1x/EAP 或 802.1x/TLS 等協定，這個階段是要確任 802.1x 交互認證來確認用戶、認證器及認證伺服器之是否合法。第三階段則是密鑰產生與分配 (Key Derivation and Distribution)，此階段主要利用 EAPOL 協定完成；由於安全通訊機制主要靠安全且私密的各個密鑰才能達成，因此需要一個密鑰產生與分配的機制；WPA/WPA2 的密鑰產生與分配機制是利用 EAPOL 協定進行四向握手機制 (4-Way Handshaking) 與群密鑰握手機制 (Group Key Handshaking) 以推

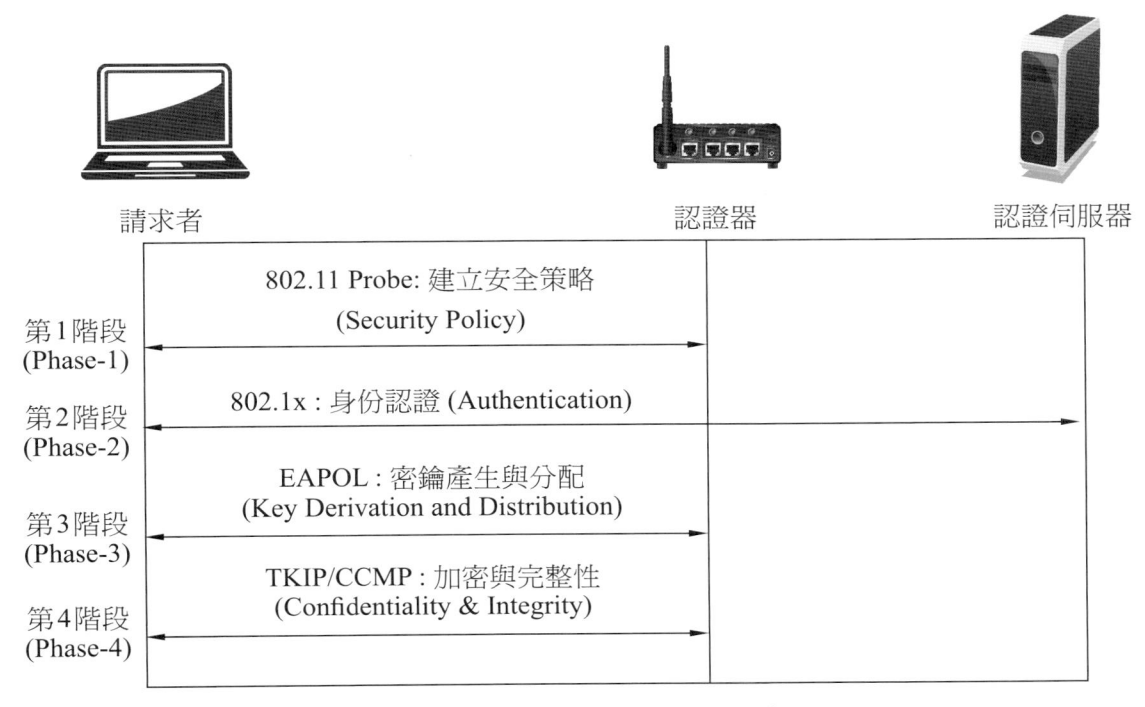

圖 12.6　WPA/WPA2 安全通訊程序

導出身份認證、加密、資料完整性加密所需的密鑰，如 TEK (Temporary Key) 及 TMK (Temporary MIC Key) 等密鑰。第四階段則是機密性與完整性 (Confidentiality & Integrity) 處理機制；這一階段主要是利用 TKIP (Temporal Key Integrity Protocol) 或 CCMP (Counter Mode with Cipher Block Chaining MAC Protocol) 來進行加密及資料完整性確認工作。

12.5.2　WPA TKIP 加密

WPA 在通訊時主要提供身份認證機制和加密機制來確保通訊保安全。WPA 所採用的加密機制是 TKIP (Temporal Key Integrity Protocol)，如圖 12.7 WPA TKIP 加密架構所示。首先 TKIP 會建立一些參數，IV (Initialization Vector) 是初始向量，TEK (Temporary Key) 是臨時密鑰，TA (Transmitter

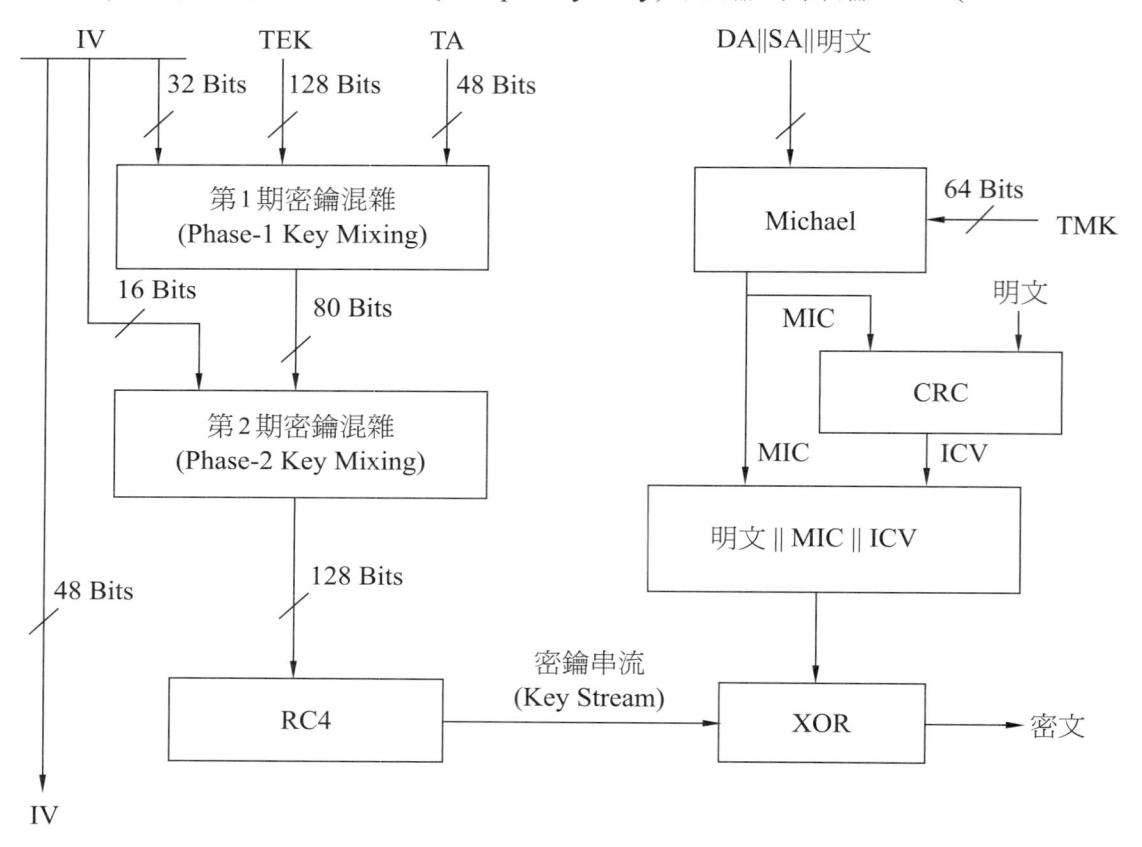

圖 12.7　WPA TKIP 加密架構

Address) 是基地台位址代碼，DA (Destination Address) 目的地位址代碼，SA (Source Address) 來源位址代碼，TMK (Temporary MIC Key) 是 Michael 加密演算法之臨時密鑰。TKIP 是以動態產生密鑰串流 (Key Stream) 方式來進行加密，可以提高加密安全。TKIP 動態產生密鑰串流方式是將 IV 利用兩期 (Phase) 密鑰混雜處理，再經過 RC4 加密產生密鑰串流。在另一方面，明文等資料先經過 Michael 演算法加密成 MIC (Message Integrity Protocol)，然後用 CRC 產生完整性檢查碼 ICV，及將明文與 MIC 及 ICV 作串接，明文 ||MIC||ICV。最後將密鑰串流與明文 ||MIC||ICV 做一次 XOR 運算，就得到密文。密鑰混雜處理中的第 1 期密鑰混雜 (Phase-1 Mixing) 或第 2 期密鑰混雜 (Phase-2 Mixing) 演算法是一種 Hash 演算法的簡化版雜湊演算法；而 WPA TKIP 加密機制中 Michael 演算法也是一種 Hash 演算法的簡化版雜湊演算法。

如圖 12.8 WPA TKIP 解密架構所示，WPA TKIP 解密時，也是先產生密

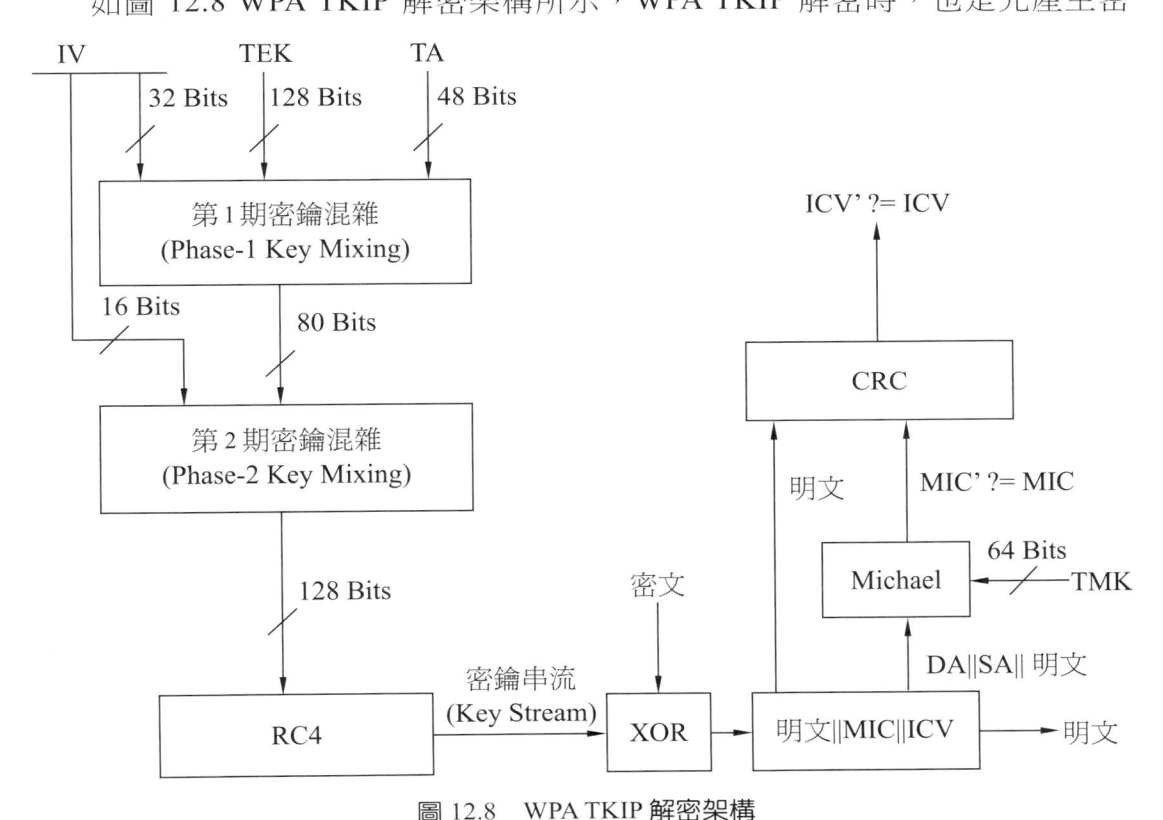

圖 12.8　WPA TKIP 解密架構

鑰串流 (Key Stream)，而且產生密鑰串流的過程與加密時相同；產生密鑰串流之後，將密鑰串流與密文作 XOR 運算即可得到明文 ||MIC||ICV 串流；將明文 ||MIC||ICV 串流分解開來即可得到明文、MIC 及 ICV，若將 DA 及 SA 與明文串接，將串接之 DA||SA|| 明文串流輸入至 Michael 加密機制可以得到 MIC'，我們可以檢驗 MIC' 是否與 MIC 相同，若 MIC' 與 MIC 相同，則表示密文應該是正確且沒有被修改的；若再將明文及 MIC' 輸入作 CRC 運算則可以得到 ICV'，若 ICV' 與 ICV 相同，我們即可確定收到密文是正確且沒有被修改的。

12.5.3　WPA2 CCMP 加密

CCMP (Counter Mode with Cipher Block Chaining MAC Protocol) 是 802.1i 中的加密協定。它採用 128 位元長度的 CCM 加密模式，其核心採用 AES。CCM 加密是一種對稱式加密方法的區段加密模式 (Block Cipher Mode) 組合加密機制；CCM 加密是採用 CTR 模式與 CBC-MAC 模式的組合的加密機制，WPA 所採用的對稱式加密方法是 AES 加密演算法。CCMP 是利用 CBC-MAC 來產生 MIC。CCMP 在加密時，如圖 12.9 WPA2 CCMP 加密架構所示，CCMP 之 MIC 的計算是採用 CBC-MAC 模式將隨機值 Nonce、明文 Data 及 CCMP 標頭等以 TEK 加密產生 MIC 碼。MIC 會需要拿來作資料加密用，並且會附到加密資料後面作為接收者驗證用途。Nonce 是由 SA (Source Address)、Priority 及 PN 等值算出的一個隨機值。CCMP 加密是採用 CCM 加密演算法；CCM 加密演算法使以 AES 為基礎的 CBC-MAC 模式加密方法；CCMP 將明文 Data、Nonce 及 MIC 等以 TEK 進行 CCM 加密，即得到加密資料 (Encrypted Data)。整個加密封包中前面是 MAC 標頭 (MAC Header)，其次是 CCMP 標頭 (CCMP Header)，然後接著是加密資料 (Encrypted Data)，最後附著 MIC 碼。

CCMP 解密的時候，如圖 12.10 WPA2 CCMP 解密架構所示，首先將收到的加密封包拆解，CCMP 則將加密資料 (Encrypted Data)、Nonce 及 MIC 等以 TEK 進行 CCM 解密，即得到解密資料 (Decrypted Data)。

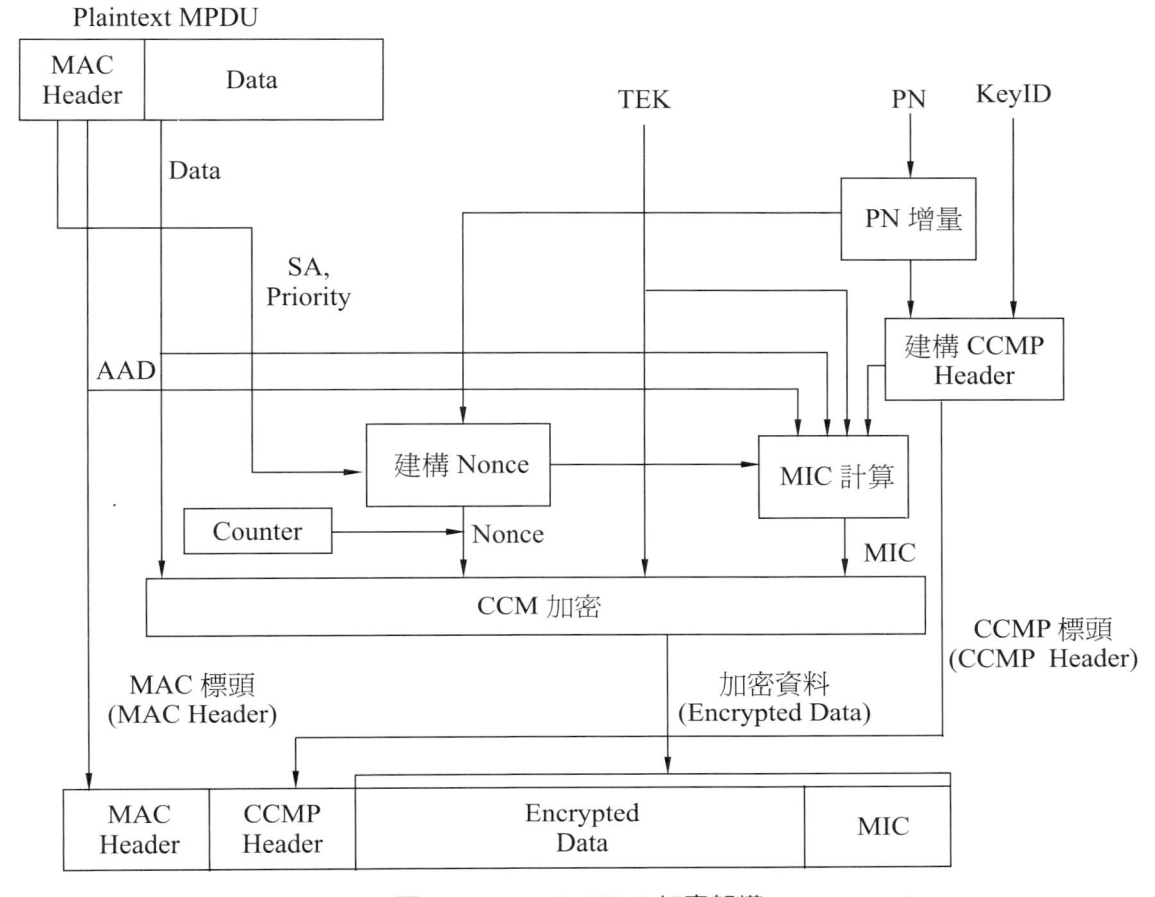

圖 12.9　WPA2 CCMP 加密架構

12.5.4　WPA/WPA2 之安全評析

　　WPA/WPA2 是基於改善 WEP 缺失而發展出來的無線區域網路安全機制，仍然存在一些弱點，WPA/WPA2 的弱點主要是 WPA/WPA2 之密鑰產生機制仍容易被攻擊成功，導致 MIC 等資訊可能被猜出來。WPA/WPA2 的另一些安全問題是來自於 WPA/WPA2 其採用的身份認證機制本身的安全問題，因為如 EAP 等身份認證機制本身存在一些可能被字典攻擊法 (Dictionary Attacks) 攻擊之安全問題。

圖 12.10　WPA2 CCMP 解密架構

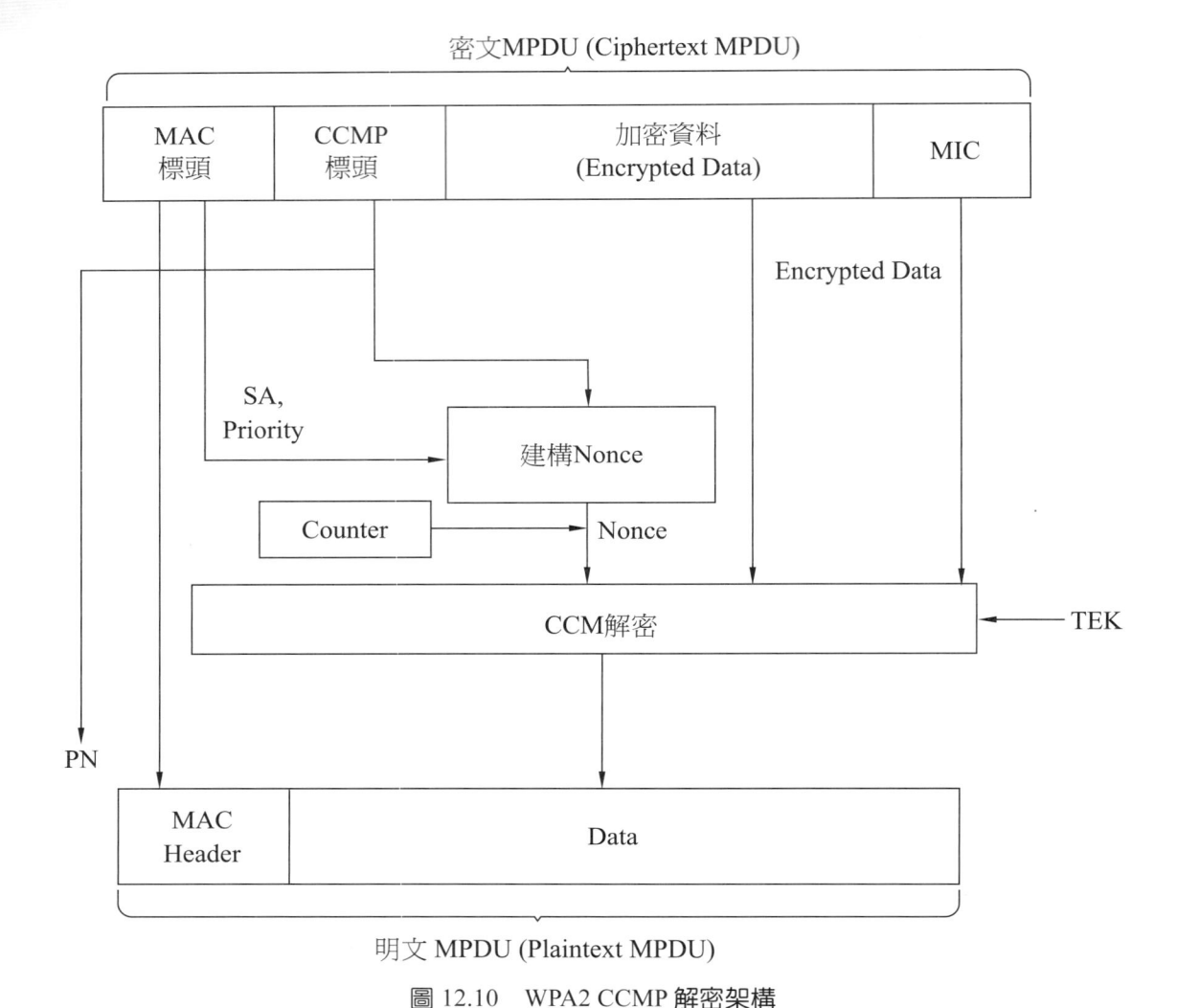

12.6　結語

　　無線區域網路架設與使用都非常便利，無線區域網路的傳輸媒介是電磁波，在通訊範圍內都可以接收到訊號，如果沒有安全措施，無線區域網路非常容易遭受竊聽或攻擊。本章討論的無線區域網路安全機制，即是要確保無線區域網路之通訊安全。本章依其發展沿革介紹了 WEP、802.1x EAP、WPA/WPA2 等無線區域網路安全機制，也對其安全性作評析，藉此希望幫助讀者對無線區域網路安全機制有更清楚的了解與認識。WPA/WPA2 是基於改善 WEP 缺失而發展出來的無線區域網路安全機制，仍然存在一些弱點，WPA/WPA2 之密鑰產生機制仍容易被攻擊成功，導致 MIC 等資訊可能會被猜出來。一般無線區域網路建置完成之後，管理者應該要求合法使用者在使用無線網路之前，必須透過 802.1x 作認證，認證成功後才允許使用無線區域網路。此外，為求保護資料在無線區域網路傳輸的安全，也可以納入 IPSec 方案來加強安全控管。

習 題

1. 請說明 WEP 加密。

2. 請說明 WEP 身份認證程序。

3. 請說明 WPA TKIP 加密。

4. 請說明 WPA2 CCMP 加密機制。

5. 請評析 WPA/WPA2 之安全性。

Chapter 13

無線行動通訊網路安全

本章大綱

13.1　無線行動通訊網路安全

13.2　GSM 和 GPRS 無線網路安全

13.3　3G UMTS 之無線網路安全

13.4　4G LTE 之無線網路安全

13.5　結語

近年來無線行動通訊蓬勃發展，帶給人們無限的便利，行動通訊產品已成為現代人們生活不可或缺的一項必需品。行動通訊服務除了提供語音通訊之外，各種網際網路服務、寬頻多媒體或視訊服務等也越來越實惠。在我們享受無線行動通訊的便利性之餘，各種網路攻擊層出不窮，造成無線行動通訊之安全上的問題，因此無線行動通訊標準組織 3GPP 及 ITU 均積極發展無線行動通訊網路安全標準，以確保無線行動通訊之安全。本章將介紹 GSM（第二代行動通訊標準）與 GPRS（第二點五代行動通訊標準）、3G UMTS（第三代行動通訊標準）及 4G LTE（第四代行動通訊標準）等之無線行動通訊網路安全。

13.1 無線行動通訊網路安全

由於無線通訊快速融入我們的生活，帶給我們生活無限的便利，各種通訊服務也日新月異。因此，無線行動通訊網路安全也益形重要。無線行動通訊早期是類比 (Analog) 無線通訊，僅能提供語音通訊服務，無法提供數據通訊服務，主要應用是軍方通訊用途，我們稱這個階段的通訊系統為第一代 (1G) 無線通訊系統；一直到全球行動通訊系統 (Global System for Mobile Communications, 簡稱 GSM) 的推出，無線行動通訊開始快速普及，現在無線行動通訊已成為我們生活中不可或缺的一部分，我們稱這個階段的通訊系統為第二代 (2G) 無線通訊系統；隨著通訊技術進步與行動通訊需求增加，通用封包無線服務系統 (General Packet Radio Service, 簡稱 GPRS) 很快就被提出來，我們稱這個階段的通訊系統為第二點五代 (2.5G) 無線通訊系統。然而，無線通訊技術快術發展，多媒體需求增加，通用行動通訊系統 (Universal Mobile Telecommunications System, 簡稱 UMTS) 也很快地被發展出來，我們稱這個階段的通訊系統為第三代 (3G) 無線通訊系統；近年更由於視訊等寬頻需求增加，世界各國也積極發展長期演進技術 (Long Term Evolution, 簡稱

LTE），我們稱這個階段的通訊系統為第四代 (4G) 無線通訊系統。本章節即針對無線通訊網路安全作介紹。

13.2　GSM 和 GPRS 無線網路安全

　　GSM 是一套電路交換 (Circuit Switching) 系統，而 GPRS 是分封交換 (Packet Switching) 系統。目前 GSM 及 GPRS 相關標準仍由第三代無線通訊標準組織 (3GPP) 來維護。在網路存取 (Network Access) 的網路安全方面，GPRS 主要繼承 GSM 的安全機制與標準。此節即主要介紹 GSM 及 GPRS 在網路存取的網路安全機制。此節將討論 GSM 與 GPRS 之身份認證機制及加密機制；而 GSM 與 GPRS 之身份認證機制及加密機制所採用的加密函數 A3、A5 及 A8 等函數也將在此節介紹。

GSM 無線網路概述

　　圖 13.1 是 GSM 網路架構。GSM 通訊時，一個行動裝置 (ME) 必須與它所在的基地台 (BTS) 連接，然後經由它所在區域的基地台控制器 (BSC) 和行動交換中心 (MSC) 連接到共用網路 (PSTN)。行動裝置要與另一端電信使用者通訊之前，需經過它所在當地的旅區登錄中心 (VLR) 身份認證通過可以進行通訊；如果行動裝置無法在旅區登錄中心進行身份認證，旅區登錄中心即會連接到它的家區登錄中心及認證中心 (AuC) 請求認證，家區登錄中心即會將認證結果與身份認證資料傳給旅區登錄中心，再由旅區登錄中心完成身份認證工作。完成身份認證之後，行動裝置即可進行通訊；在進行通訊時，GSM 會啟動行動裝置與基地台間之通訊加密以確保通訊安全。

GPRS 無線網路概述

　　GPRS 通訊是基於 GSM 所發展出來的分封交換 (Packet Switching) 通訊系統。圖 13.2 是 GPRS 網路架構。GPRS 通訊時，一個行動裝置 (ME) 必須

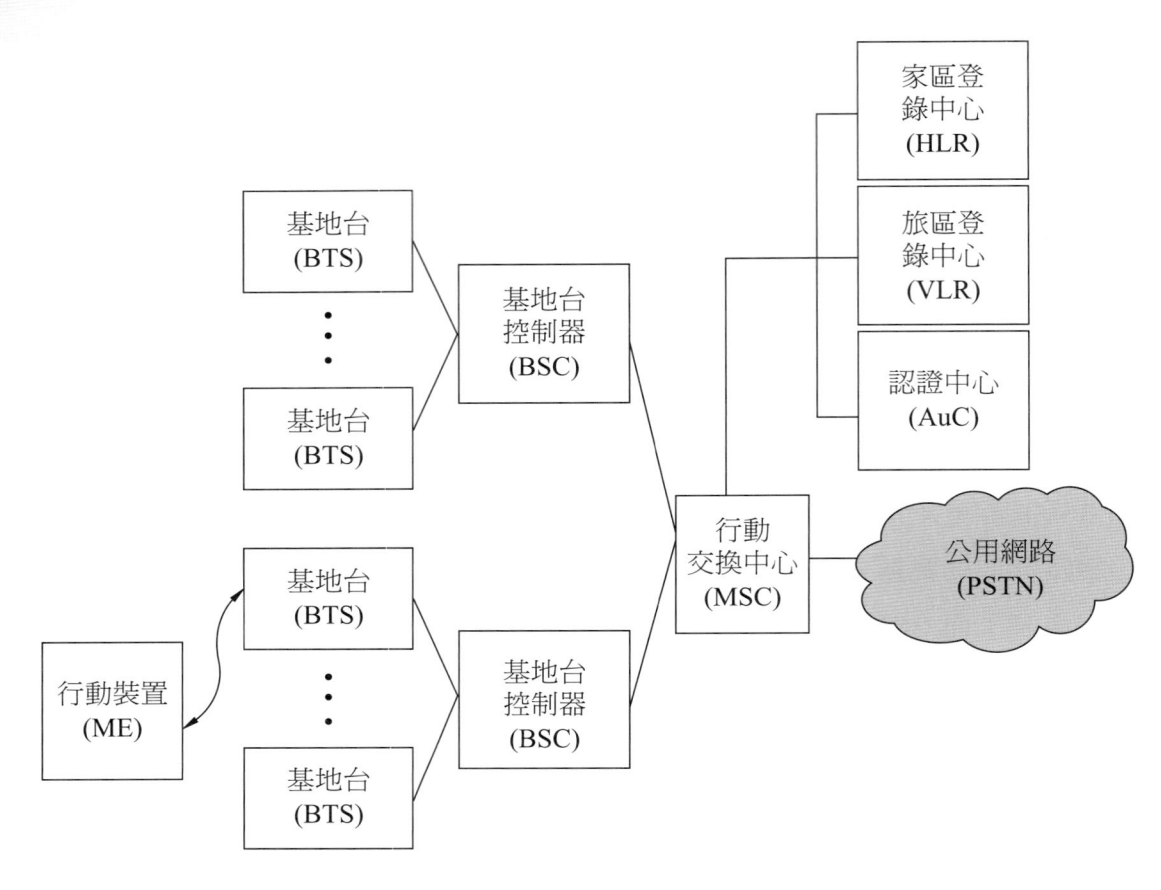

圖 13.1　GSM 網路架構

與它所在的基地台 (BTS) 連接，然後經由它所在區域的基地台控制器 (BSC)、行動交換中心及旅區登錄中心 (MSC/VLR) 連接到共用網路 (PSTN)。另外一方面，行動裝置與它所在的基地台連接，然後經由它所在區域的基地台控制器和服務 GPRS 支援中心 (SGSN) 連接到網際網路 (Internet)。行動裝置要與另一端電信使用者通訊之前，需經過它所在當地的旅區登錄中心 (VLR) 身份認證通過可以進行通訊；如果行動裝置無法在旅區登錄中心進行身份認證，旅區登錄中心即會連接到它的家區登錄中心及認證中心 (AuC) 請求認證，家區登錄中心即會將認證結果與身份認證資料傳給旅區登錄中心，再由旅區登錄中心完成身份認證工作。完成身份認證之後，行動裝置即可進行通訊；在進行通訊時，GPRS 會啟動行動裝置到行動交換中心及旅區登錄中心之間 (MSC/VLR) 的通訊加密以確保通訊安全。

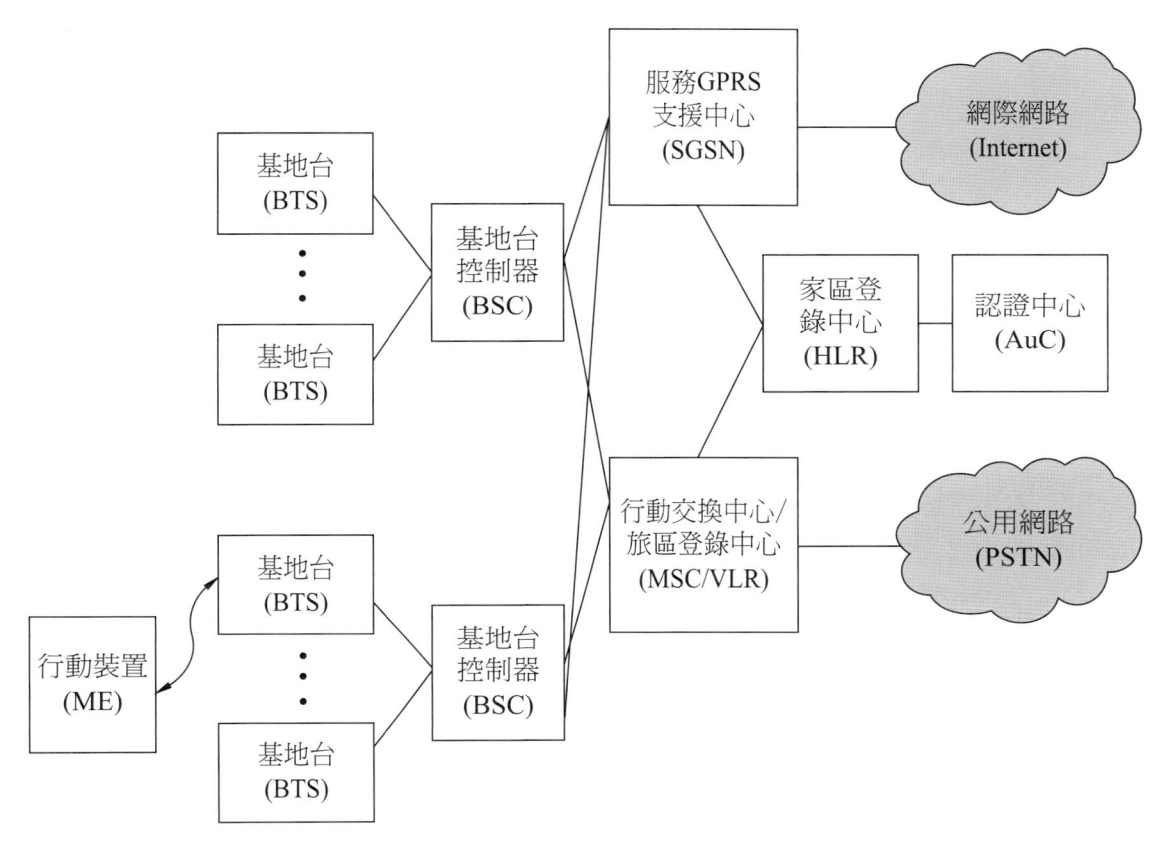

圖 13.2　GPRS 網路架構

GSM/GPRS 身份認證機制

　　圖 13.3 是 GSM/GPRS 的一般身份認證 (Authentication) 機制。行動裝置 ME 需要將其國際行動用戶代碼 (International Mobile Subscriber Identity, 簡稱 IMSI) 傳送給旅區註冊中心 VLR，VLR 若是存著用戶的舊資料，VLR 就會將 IMSI 再傳送給 HLR 要求驗證及回應身份認證所需的資料；HLR 將 IMSI 驗證後，並以 A3/A8 用個別認證密鑰 (Individual Subscriber Authentication Key, Ki) 及亂數計算出加密密鑰 Kc、簽署回應 SRES (Signed Response) 及亂數 RAND，此 Kc 是提供身份認證通過後通訊時加密之用；HLR 再將 RAND、SRES 及 Ki 回應 VLR；VLR 會將最新的 RAND、SRES 及 Ki 存起來，然後將 RAND 傳給 ME 並要求 ME 計算它的 Kc 及 SRES；ME 則以同樣方式利

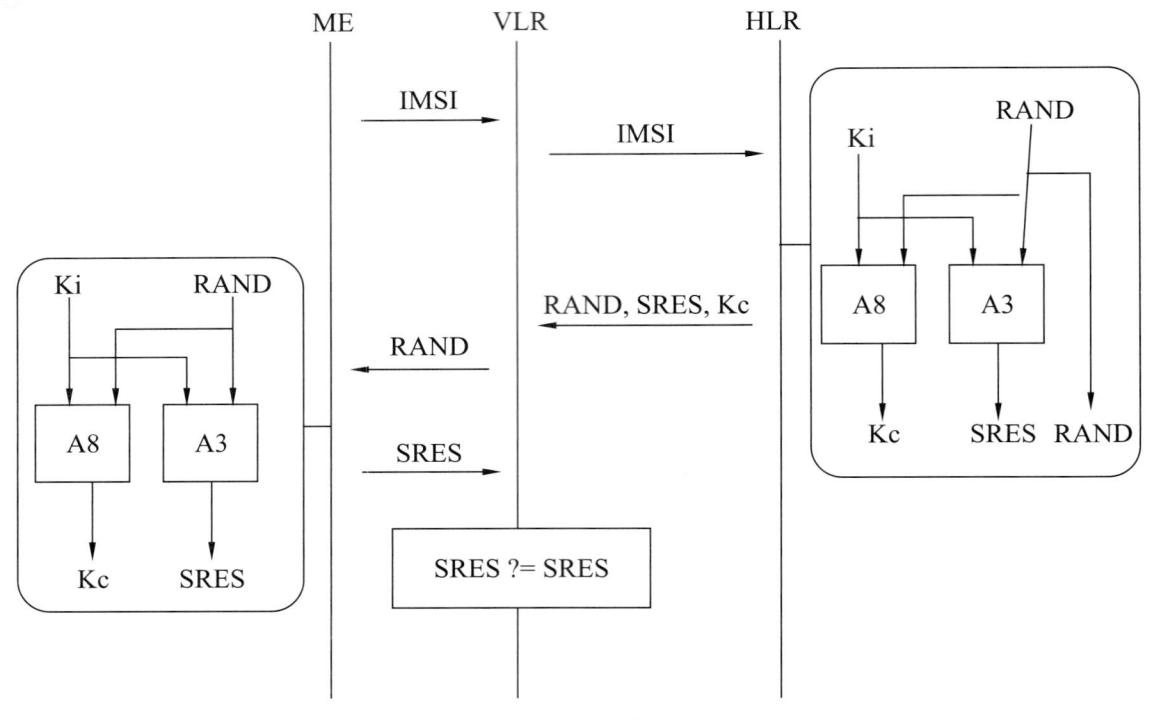

圖 13.3　GSM/GPRS 身份認證機制

用 A3/A8 機制計算 Kc 及 SRES，此 ME 算出的 Kc 也是提供通訊時加密之用；計算出的 SRES 傳回給 VLR，VLR 即將 ME 之 SRES 與 HLR 傳來之合法 SRES 作比較，如果 SRES 相同則通過身份認證。

加密函數 A3/A8

　　GSM 與 GPRS 的身份認證機制是利用加密函數 A3 和 A8 來達成。A3 和 A8 基本上是相同的加密方法，只是用途不同而取代號不同而已；A3 是用於認證 (Authentication) 工作，而 A8 用來產生加密函數 A5 所需之會議金鑰 (Session Key)。如圖 13.4 即是 A3/A8 壓縮函數機制。GSM/GPRS 的 A3/A8 加密機制採用了 COMP128 演算法來進行加密。COMP128 演算法是一種雜湊函數 (Hash Function)。如下是 COMP128 之演算法：

```
x[16..31] = RAND;
for (i = 0; i < 8; i++)
{
   x[0..15] = ki;
   Compression;
   Bits-to-Bytes;
   if (i < 7) Permutation;
}
```

　　COMP128 雜湊演算法會進行 8 個回合的壓縮與重排等運算。每一回合都會進行壓縮 (Compression) 與位元轉換 (Bits-to-Bytes)，但是重排 (Permutation) 運算只有在前面 7 個回合會進行，第 8 回合沒有進行重排。

　　COMP128 在每一回合的壓縮運算會進行 5 階次 (Level) 的壓縮 (Compression) 與取代 (Selection) 運算。圖 13.4 之 (a) 即是 COMP128 之壓縮 (Compression) 運算之示意圖。第一階次是分成兩個 16 位元組 (Bytes) 經由 S0 取代表 (Selection Table) 進行交錯壓縮與取代運算；第二階次是分成四個 8 位元組經由 S1 取代表進行兩兩交錯壓縮與取代運算；第三階次是分成八組 4 位元組經由 S2 取代表進行兩兩交錯壓縮與取代運算；第四階次是十六組 2 位元組經由 S3 取代表進行兩兩交錯壓縮與取代運算；第五階次是 32 組 1 位元組經由 S4 取代表進行兩兩交錯壓縮與取代運算。$S0$ 到 $S4$ 是 COMP128 定義之特定之取代表 (或稱壓縮表：Compression Table)。

　　每第 i 階次的 Si 表 ($S0$ 到 $S4$ 之一個表) 只會將 8 Bits (即 1 個 Byte) 轉成 $8-i$ 個 Bits。5 階次執行完，結果會放在 32 個 Bytes 之 $x[]$ 內，而每個 Byte 只剩下 4 個 Bits 內有壓縮值，亦即剩下 128 Bits 的值。由於此 128 Bits 值太散亂放置，因此經過位元轉換 (Bits-to-Bytes) 將其轉放到 16 Bytes (128 Bits) 的 bit[] 內。

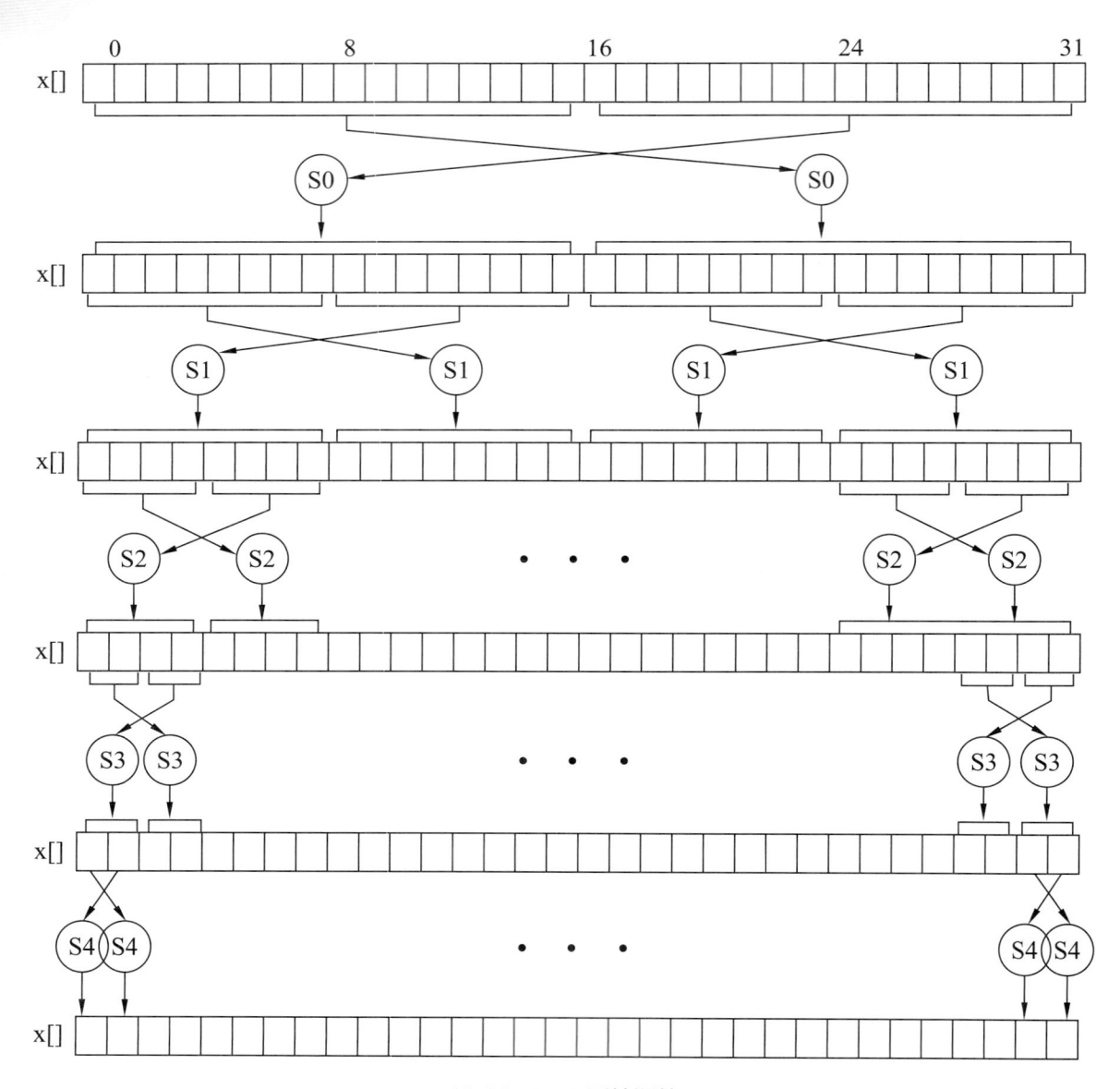

(a) COMP128 壓縮運算

圖 13.4　A3/A8 壓縮函數

(b) COMP128 位元轉換與重排

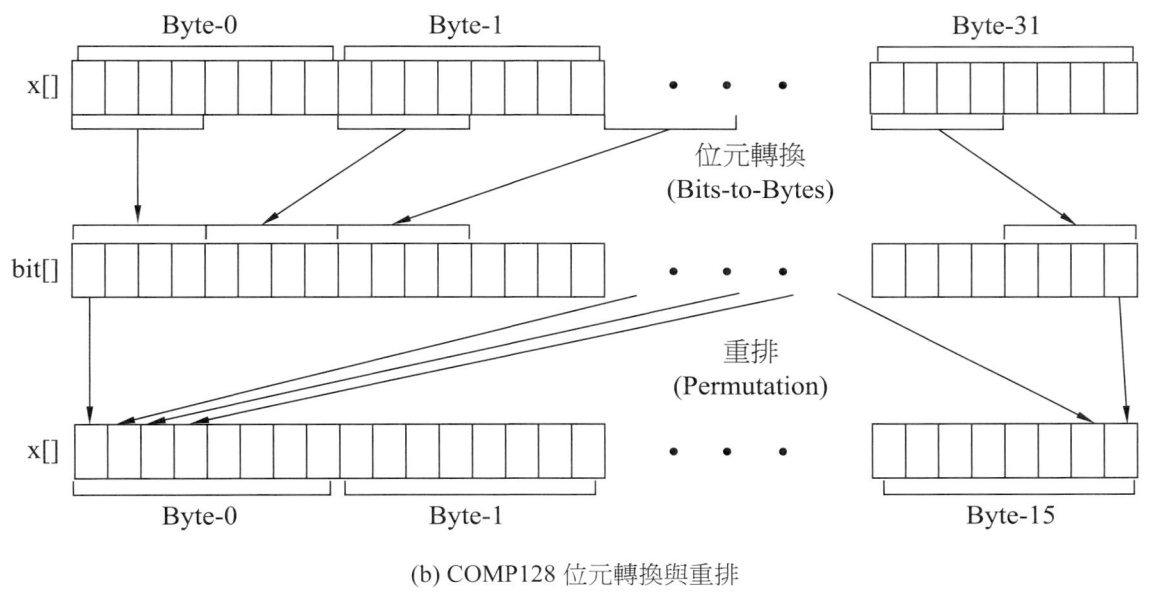

圖 13.4　A3/A8 壓縮函數 (續)

　　最後一回合則進行重排 (Permutation) 運算。COMP128 重排運算是將放在 bit[] 內資料藉由 (((8*Byte_No + Bit_No)*17) mod 128) << (7 - Bit_No) 計算所得值對應轉換到 16 個 Bytes 的 x[] 內。 符號 << 表示左移位元運算。

　　經過 8 回合運算之後，只取剩下 12 個 Bytes (96 位元) 的值。圖 13.4 之 (b) 即是 COMP128 之位元轉換與重排運算。此結果之 bit[0..31] 是用於 SRES，bit[32..95] 是用於密鑰 Kc 的值。

加密函數 A5

　　GSM/GPRS 在用戶通訊時會啟動加密機制來確保網路存取安全 (Network Access Protection)。GSM/GPRS 的加密機制是利用一個加密函數 A5 來完成。加密函數 A5 是 GSM/GPRS 產生加密所需之密鑰串流 (Key Stream) 的方法。圖 13.5 所示即是 GSM/GPRS 加密函數 A5 方法。首先，用 3 個線性回饋移位暫存器 (Linear Feedback Shift Registers, LFSRs) 作混雜處理；最初先將 64 位元的加密密鑰 (Cipher Key) K 作混雜移位運算，即 R[0] = R[0] ⊕ K[i] $0 \leq i < 64$，將已混雜之 K 的 64 位元分別切到 3 個 LFSRs 暫存器中，此 3

個 LFSRs 分別是 19 Bits、22 Bits 及 23 Bits，合計 64 Bits；然後藉由時脈控制 (Clocking Control) 方式將 LFSRs 作線性回饋；第 1 個 LFSR (19 Bits 的 Register) 的時脈位元 (Clocking Bit) 是第 8 位元，第 2 個 LFSR (22 Bits 的 Register) 的 Clocking Bit 是第 10 位元，第 3 個 LFSR (23 Bits 的 Register) 的 Clocking Bit 是第 10 位元；另外，每個 LFSR 都有不同的膠貼位元 (Taped Bits)，第 1 個 LFSR 的 Taped Bits 是第 18、17、16 及 13 位元，第 2 個 LFSR 的 Taped Bits 是第 21 及 20 位元，第 3 個 LFSR 的 Taped Bits 是第 22、21、20 及 7 位元；最後進行 114 次的時脈多數 (Clocking Majority) 運算，當每一個 LFSR 的 Clocking Bit 為，若 3 個 LFSR 的 Clocking Bits 經過如下表 13.1 之多數函數 (Majority Function) 運算後產生一組多數位元 (Majority Bits)，三維的 Majority Bits 對應著三個 LFSRs，若 Majority Bits (y_1, y_2, y_3) 之 y_1、y_2 或 y_3 位元是 1 時，則將其對應之 LFSR 的 Taped Bits 作 XOR 運算，並回饋到 LFSR 之最低位元 lsb R[0] 位元。每次左移則將 3 個 LFSR 的最高位元 msb 作 XOR 輸出。經過 114 次 Clocking Majority 運算後輸出 114 位元的密鑰串流 (Key Stream)。作加密運算時則將 Key Stream 與 114 位元的區段緩衝器 (Frame Buffer) 內明文 (Plaintext) 作 XOR 運算加密，即得到 A5 加密結果。

表 13.1　多數函數表

多數函數 (Majority Function)	
$(y_1, y_2, y_3)=f(x_1, x_2, x_3)$	(x_1, x_2, x_3)
(1, 1, 1)	(0, 0, 0) (1, 1, 1)
(1, 1, 0)	(0, 0, 1) (1, 1, 0)
(0, 1, 1)	(0, 1, 1) (1, 0, 0)
(1, 0, 1)	(1, 0, 1) (0, 1, 0)

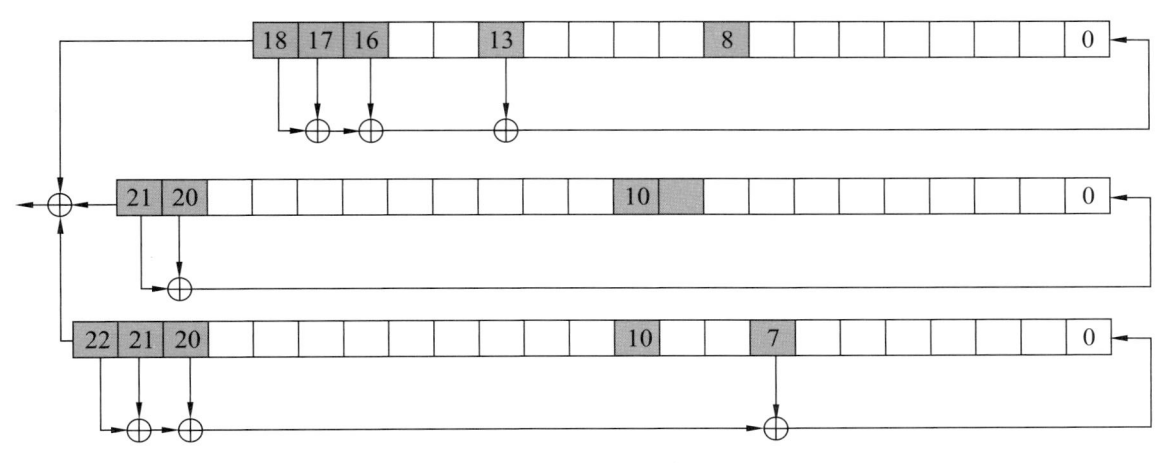

圖 13.5　GSM/GPRS 加密函數 A5

GSM/GPRS 加密機制

　　GSM/GPRS 在用戶通訊時會啟動加密 (Encryption) 機制來確保網路存取安全。GSM/GPRS 的加密機制是利用一個加密函數 A5 來完成。圖 13.6 是 GSM/GPRS 加密機制。加密時，行動裝置 ME 將參數 INPUT 及 DIRECTION 以加密密鑰 Kc 經過 A5 加密函數產生密鑰串流 (Key Stream)，然後將明文 (Plaintext) 與密鑰串流作 XOR 運算，即得到加密之密文 (Ciphertext)；A5 的參數 INPUT 是 A5 特定值，參數 DIRECTION 是表示上行 (Uplink) 或下行 (Downlink) 通訊方向；解密時，GSM 的基地台或 GPRS 的行動交換中心 BTS(GSM)/MSC(GPRS) 則以相同方式將 INPUT 及 DIRECTION 以加密密鑰 Kc 經過 A5 加密函數產生 Key Stream，然後將密文與密鑰串流作 XOR 運算，即得到加密之明文。

GSM/GPRS 安全評析

　　GSM/GPRS 雖然已作了一些安全保護措施，但仍存在一些安全性缺失。GSM/GPRS 並未作雙向交互認證，所以基地台可能被偽造攻擊而竊取機密資訊；文獻已發現 GSM/GPRS 所用的 A5 加密函數的一些漏洞缺失，造成安全上隱憂；隨著通訊技術進步與需求增加，新一代無線行動通訊 3G UMTS 或

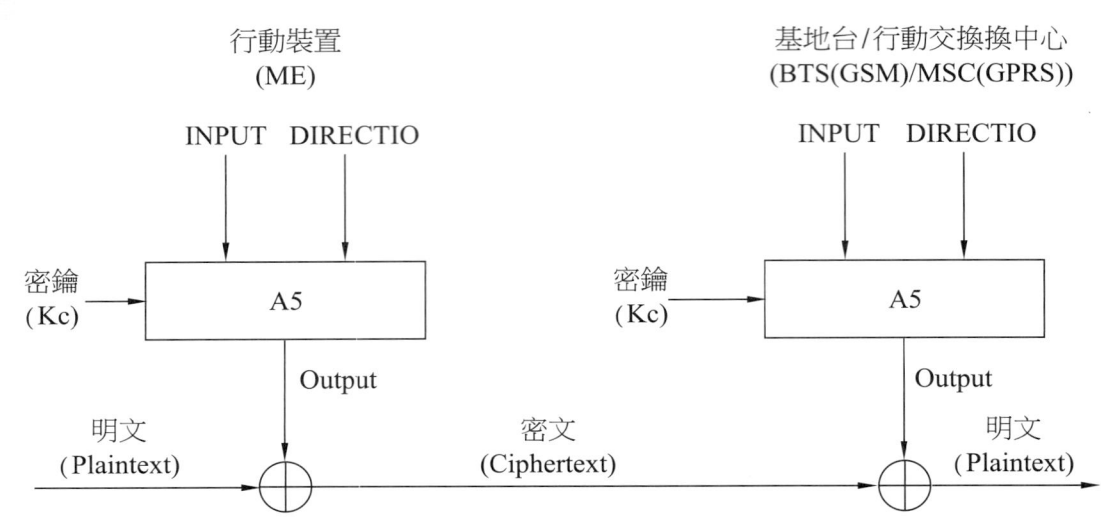

```
                行動裝置                              基地台/行動交換換中心
                  (ME)                              (BTS(GSM)/MSC(GPRS))
            INPUT   DIRECTIO                     INPUT   DIRECTIO
                │       │                          │       │
                ▼       ▼                          ▼       ▼
    密鑰       ┌─────────┐            密鑰       ┌─────────┐
    (Kc) ────▶│   A5    │            (Kc) ────▶│   A5    │
             └─────────┘                       └─────────┘
                  │ Output                          │ Output
    明文          ▼          密文           明文    ▼
  (Plaintext) ──⊕──────────(Ciphertext)──(Plaintext)──⊕──
```

圖 13.6　GSM/GPRS 加密機制 (資料參考來源：3GPP)

4G LTE 等也逐漸取代了 GSM/GPRS，而 3G UMTS 或 4G LTE 的安全保護就比 GSM/GPRS 改善很多。

13.3　3G UMTS 之無線網路安全

UMTS 是第三代無線通訊標準組織 (3GPP) 定義的第三代無線行動通訊 (3G) 標準；本章節主要討論 3GPP 所定義的 UMTS 網路安全標準及其機制，因此，主要資料來源是 3GPP 標準組織。本節也主要介紹 UMTS 在網路存取層的網路安全機制。

3G UMTS 網路概述

3G 無線通訊網路是提供行動通訊網路。3G 無線通訊網路相關標準是由 3GPP 來定義。3G 無線通訊網路比 2G 無線通訊網路更佳的優點主要含：3G 有更高的頻寬、可提供互動多媒體服務 (Interactive Multimedia Service)、更好的服務品質 (QoS)、全 IP 及全球漫遊等優點。3G 網路服務主要含語音通訊務、寬頻數據服務及視訊電話服務等寬頻服務。

3G UMTS 服務架構如圖 13.7 3G UMTS 服務架構所示。用戶 (Subscriber) 透過基地台控制器 (Base Station Controller, 簡稱 BSC)、無線網路控制器 (Radio Network Controller, 簡稱 RNC)、行動服務交換中心 (Mobile Service Switching Center/Visitor Location Register, 簡稱 MSC/VLR) 及核心網路之閘道行動服務交換中心 (Gateway Mobile Service Switching Center, 簡稱 GMSC of Core Network) 連接到公眾服務電信網路 (PSTN)。基地台控制器 (BSC) 或無線網路控制器 (RNC) 控制通訊資源分配及服務品質 (QoS)。

無線網路控制器 (RNC) 負責 UTRAN (UMTS Terrestrial Radio Access Network) 的交換與控制。無線網路控制器 (Radio Network Controller, 簡稱 RNC)、行動服務交換中心 (MSC) 及核心網路之閘道行動服務交換中心 (GMSC) 負責傳送通訊訊號到公眾服務電信網路 (PSTN)。另外一方面，3G UMTS 透過 SGSN (Serving GPRS Support Node) 及 GGSN (Gateway GPRS

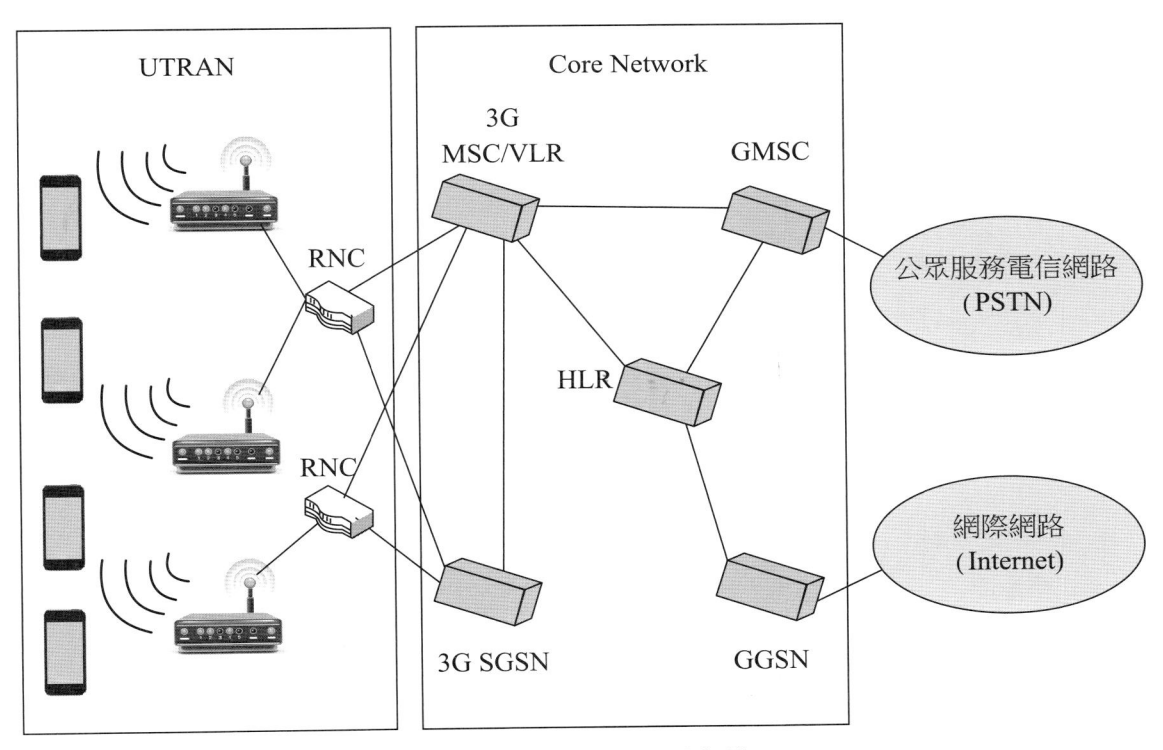

圖 13.7　3G UMTS 服務架構

Support Node) 支援 Internet 服務。在 UMTS 的核心網路內有個 HLR (Home Location Register)，它存著國際行動用戶代碼 (International Mobile Subscriber Identify, 簡稱 IMSI)、國際行動設備代碼 (International Mobile Equipment Identify, IMEI)、身份認證參數等資料。UMTS 包含相容於 2G 無線通 GSM/GPRS (Global System for Mobile Communication/General Packet Radio Services) 標準。

圖 13.8 是 UMTS 之 ME 登錄與連結程序。如果是電路交換 (Circuit Switching)，ME 是透過 UTRAN 連接到 MSC/VLR，然後再由 MSC/VLR 連接到 HLR；如果是分封交換 (Packet Switching)，ME 是透過 UTRAN 連接到 SGSN，然後再由 SGSN 連接到 HLR。整個 ME 到 HLR 連接過程中在各服務域 (Service Domain) 都會經過加密。

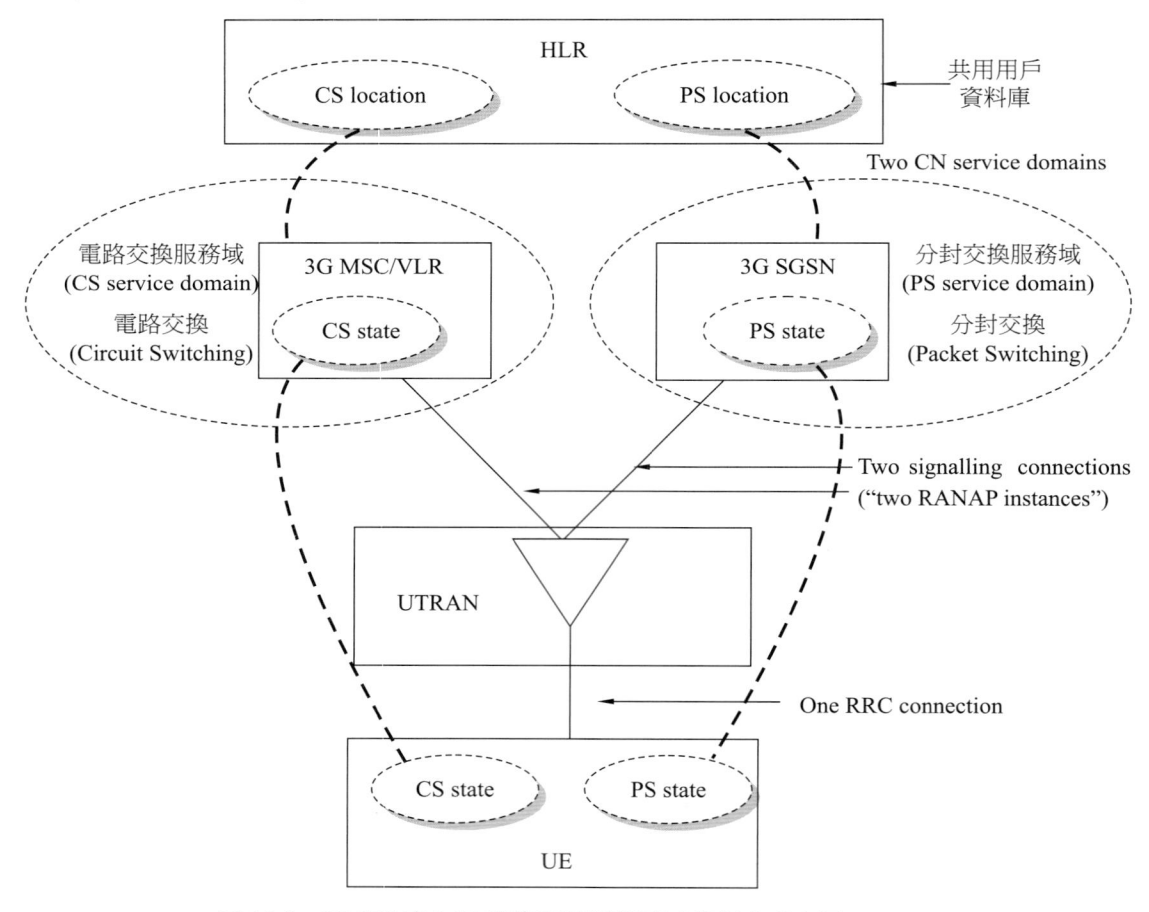

圖 13.8　UMTS 之 ME 登錄與連結程序 (資料參考來源：3GPP)

3G UMTS 網路安全

由於 3G 網路是無線網路，相較有線網路本質上更不安全，更高的移動力 (Mobility) 隱含著更高的安全風險，全 IP 之開放網路也會帶來新的弱點。相較於 2G 網路，3G 網路安全更需要考慮移動力、網路複雜度、更多資訊型態及新式網路威脅等事項。

3G UMTS 網路安全在設計時即已考慮三個基本原則：

1. 3G 的結構應建構於 2G 系統之上。
2. 3G 應改善 2G 系統的安全。
3. 3G 需提出新服務並保護此新服務安全。

基於這些需求與考量，3G UMTS 網路安全加強了如下安全功能：

1. 加長金鑰長度以提供更強的加密和完整性需求。
2. 支援網路之間的安全機制。
3. 網路安全應包含整個網路，而不是像 GSM 只保護到基地台 (Base Station)。
4. 國際行動設備代碼 (IMEI) 機制在標準發展初期就要設計進去，不應像 GSM 在後期才帶入。
5. 跨網路漫遊之安全要支援智慧卡 (Smart Card)。

3G UMTS 網路是全 IP 的寬頻網路系統，在網路的 IP 層，UMTS 定義網域安全層的網路安全機制是 IPSec；為了滿足更高的安全需求，UMTS 在網路存取安全層 (Network Access Layer) 定義了更安全的安全保護機制，以確保通訊安全；此章節將介紹網路存取安全層之網路安全機制，如身份認證機制、資料加密機制及資料完整性保護機制等部分。

3G UMTS 連接時，用戶代碼 (User Identification)，身份認證 (Authentication) 和密鑰協商 (Key Agreement) 等在每一個服務域 (Service Domain) 都獨立處理。UMTS 藉由名為 k 的共享密鑰來建構身份認證和密鑰產生。基本上，UMTS 的認證和密鑰協議是由加密函數 f1，f2，f3，f4，f5 處理。資料的完整性是由完整性函數 f9 處理；保密性是由加密函數 f8 處理。本節的後面部份將介紹 UMTS 的 f1 到 f5 加密函數、資料保密、身份認證、資料完整、完整性函數 f9、加密函數 f8 等機制。

加密函數 f1, f1*, f2, f3, f4, f5 and f5*

UMTS 在認證和密鑰協商是利用加密函數 f1，f2，f3，f4，f5 處理，圖 13.9 是加密函數 f1，f1*，f2，f3，f4，f5，f5* 加密機制。

加密函數 f1，f1*，f2，f3，f4，f5，f5* 加密機制輸出結果是 f1，f1*，f2，f3，f4，f5，f5* 函數值。此加密機制會用到加密的營運商相依值 (OP_C)，加密的營運商相依值 (OP_C) 是由營運商相依值 (OP) 加密運算而得，$OP_C = OP \oplus E_K (OP)$；f1，f1*，f2，f3，f4，f5，f5* 加密機制所採用的加密演算法 EK (・) 是 AES；營運商相依值 (OP) 是營運商的一組設定值。首先，亂數 RAND 先與 OP_C 作 XOR 後，再經過 $E_K(OP_C \oplus RAND)$ 加密；在 f1 和 f1* 部分，先將序

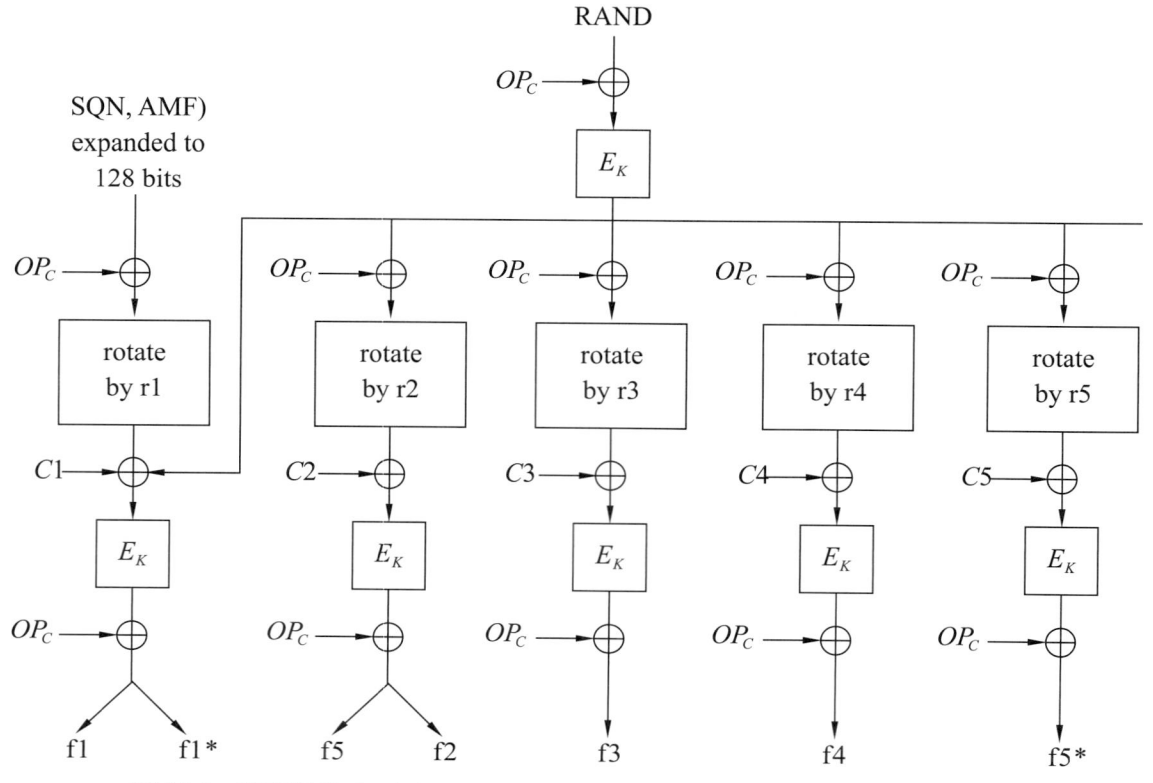

圖 13.9　加密函數 f1, f1*, f2, f3, f4, f5, f5* 加密機制 (資料參考來源：3GPP)

號 SQN (Sequence Number) 及 AMF (Authentication Message Field)—(SQN, AMF) 擴充為 128 位元,然後將 (SQN, AMF) 與 OP_C 作 XOR,其結果 (SQN, AMF) || OP_C 作 r_1 位元的旋轉 $Rotate^{r1}$((SQN, AMF) || OP_C),再將旋轉結果 $Rotate^{r1}$((SQN, AMF) || OP_C) 與一個常數值 C1 及先前的 $E_K(OP_C \oplus RAND)$ 一起作 XOR 運算 $Rotate^{r1}\left((SQN, AMF) || OP_C\right) \oplus C1 \oplus E_K(OP_C \oplus RAND)$,然後再將結果作加密 $E_K(Rotate^{r1}\left((SQN, AMF) || OP_C\right) \oplus C1 \oplus E_K(OP_C \oplus RAND))$,最後再將加密結果與 OP_C 再作一次 XOR 即得到 f1 及 f1*。

類似方式,f2 到 f5 函數運算過程分別是描述如下:

$f5$ 及 $f2 = OP_C \oplus E_K(C2 \oplus Rotate^{r2}(OP_C \oplus E_K(OP_C \oplus RAND)))$;

$f3 = OP_C \oplus E_K(C3 \oplus Rotate^{r3}(OP_C \oplus E_K(OP_C \oplus RAND)))$;

$f4 = OP_C \oplus E_K(C4 \oplus Rotate^{r4}(OP_C \oplus E_K(OP_C \oplus RAND)))$;

$f5^* = OP_C \oplus E_K(C5 \oplus Rotate^{r5}(OP_C \oplus E_K(OP_C \oplus RAND)))$ 。

使用者身份保密

使用者身份保密 (User Identity Confidentiality) 機制是確保使用者身份的私密而不被別人知道。使用者身份是由他所訪問的服務網路所知道的臨時身份來認別,或者由加密後的永久身份來認別。這個機制必需確保使用者身份的保密性。為了確保永久 IMSI 不被竊取,UMTS 會以臨時的身份代號來取代。

身份認證與密鑰協商機制

UMTS 之身份認證與密鑰協商機制 (Authentication/Key Agreement) 如圖 13.10 UMTS 身份認證與密鑰協商機制所示。首先 VLR/SGSN 會送身份認證資料請求 (Authentication Data Request) 給 HE/HLR;HE/HLR 收到身份認證資料請求之後會產生 n 維的身份認證向量 (Authentication Vector),並且也會送身份認證資料回應 (Authentication Data Response) 給 VLR/SGSN,這個回應是 n 維的身份認證向量;身份認證向量包含一個亂數 (Random Number)、期待回應值 XRES、加密之密鑰 CK、完整性密鑰 IK 及身份認證記號 AUTN (Authentication Token) 等資料；AUTN 是由認證密鑰 AK (Authentication Key) 及訊息認證碼 MAC (Message Authentication Code) 等串接而成的字串；VLR/SGSN 收到身份認證資料回應之後，選取對應的第 i 個身份認證向量，並將其第 i 個亂數 RAND(i) 與第 i 個身份認證記號 AUTN(i) 作串接後作為使用者身份認證要求送給用戶 MS；MS 則先驗證 AUTN(i)，然後計算一個 XMAC 並與 MAC 比較看是否相等，同時檢查 SQN 是否正確，若均符合則計算一個回應值 RES(i) 並回應給 VLR/SGSN，同時 MS 也計算一個 CK(i) 和 IK(i)；VLR/SGSN 收到回應值 RES(i) 後，將 RES(i) 與 XRES(i) 作比較，若符合則選取對應的 CK(i) 和 IK(i)，完成了身份認證與密鑰協商。

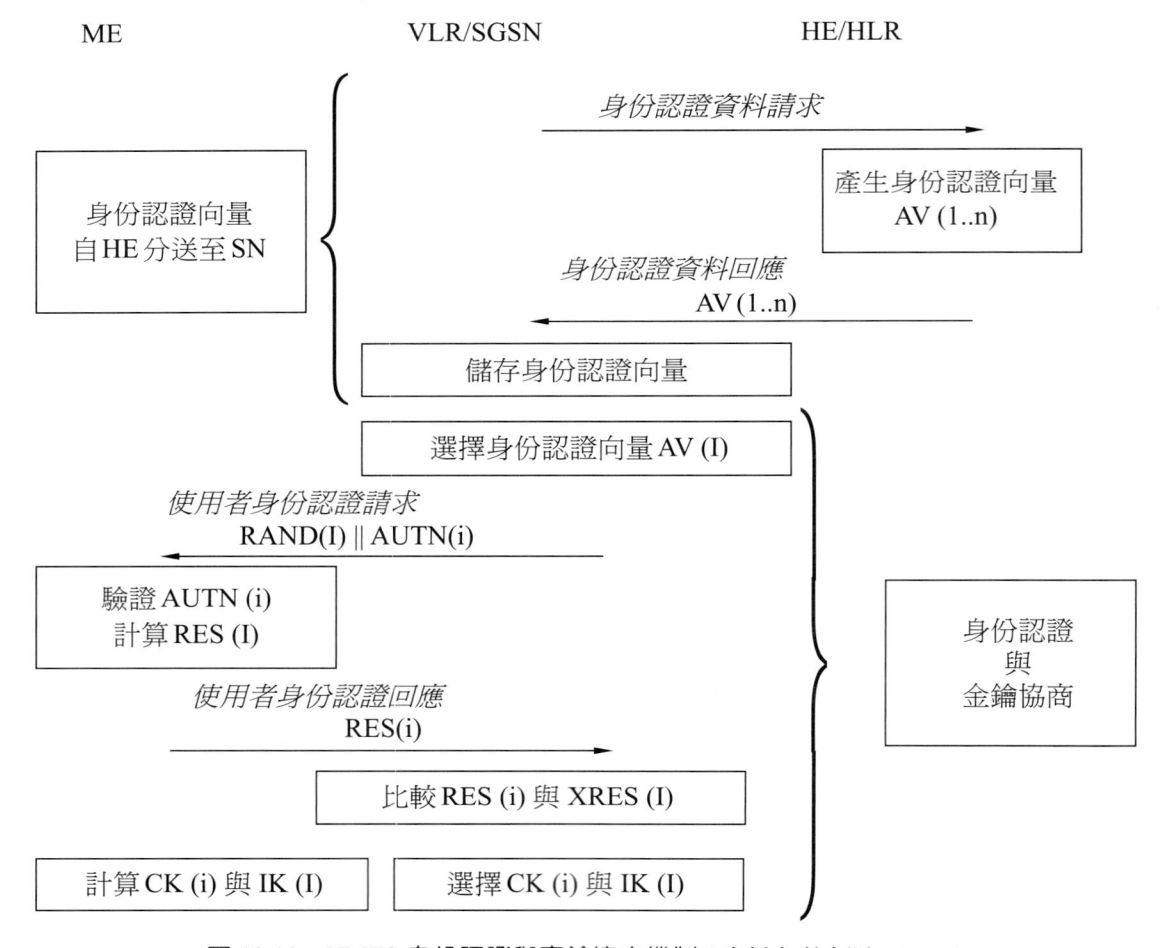

圖 13.10　UMTS 身份認證與密鑰協商機制 (資料參考來源：3GPP)

HE/HLR 身份認證資料及認證向量產生方式

身份認證與密鑰協商機制需要產生身份認證資料及認證向量，這一小節將介紹身份認證資料及認證向量產生方式。圖 13.11 是 UMTS 在 HE/HLR 身份認證資料及認證向量產生方式。首先，身份認證與密鑰協商機制要先產生一個序號 SQN (Sequence Number) 及一個亂數 RAND (Random Number)；將密鑰 K、AMF、SQN 及 RAND 等經由 f1 函數運算 f1(K, AMF, SQN, RAND) 即可得到 MAC 值；將密鑰 K 及 RAND 經過 f2 函數運算 f2(K, RAND) 可以得到 XRES；同樣方式，將密鑰 K 及 RAND 經過 f3 函數運算 f3(K, RAND) 可以得到 CK；將密鑰 K 及 RAND 經過 f4 函數運算 f4(K, RAND) 可以得到 IK；將密鑰 K 及 RAND 經過 f5 函數運算 f5(K, RAND) 可以得到 AK。然後將 AK、AMF 及 MAC 作串接之後，再與 SQN 作 XOR 運算 AUTN = SQN ⊕ AK || AMF || MAC 即可得到身份認證記號 AUTN；將 RAND、XRES、

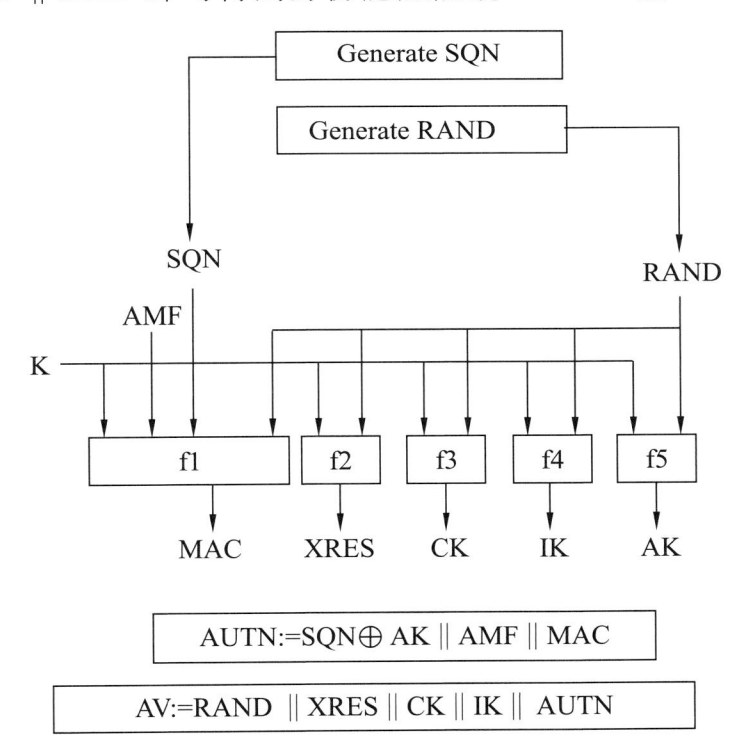

圖 13.11　HE/HLR 身份認證資料及認證向量產生方式 (資料參考來源：3GPP)

CK、IK 及 AUTN 作串接 AV = RAND ∥ XRES ∥ CK ∥ IK ∥ AUTN 即得到身份認證向量 AV。

ME 身份認證資料及認證向量產生方式

圖 13.12 是 ME 身份認證資料及認證向量產生方式。我們先介紹 XMAC 計算方式，首先，將密鑰 K 和亂數 K 經過 f5 函數運算得到認證密鑰 AK (Authentication Key)，將 AK 與 SQN 作 XOR 得到 SQN ⊕ AK，然後將 AK 再與 SQN ⊕ AK 會得到 SQN；將 K、SQN、AMF 及 RAND 經過 f1 函數運算 f1(K, SQN, AMF, RAND) 後即得到 XMAC。將 K 及 RAND 經過 f2 含術算 f2(K, RAND) 得到 RES；將 K 及 RAND 經過 f3 含術算 f3(K, RAND) 得到 CK；將 K 及 RAND 經過 f4 含術算 f4(K, RAND) 得到 IK。

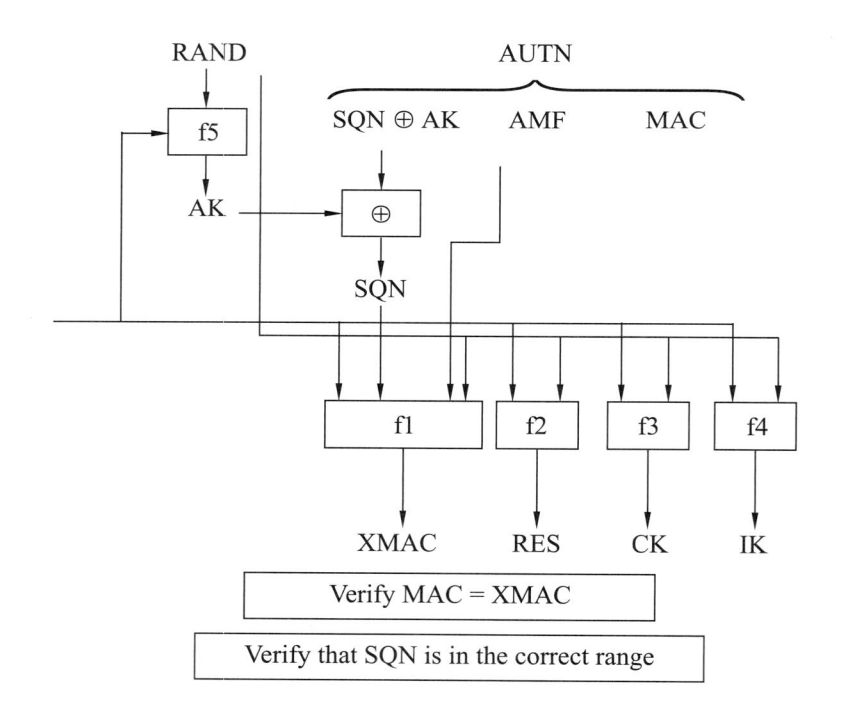

圖 13.12　ME 身份認證資料及認證向量產生方式 (資料參考來源：3GPP)

ME 即將 XMAC 與 MAC 作比較看是否相等，同時也檢查 SQN 是否在範圍內，若均正確則回應 RES 給 VLR/SGSN，否則即認證失敗。

區域身份認證與連線建置

當 ME 自一個區域移動到另一個區域，這時連結需要從一個基地台 (BTS) 換到新的基地台而發生換手連線 (Handover)，也就是說 ME 對網路要作一次新的存取 (Access)；或者 ME 作一次新連線建置時，ME 也對網路要作一次新的存取。ME 每一次網路存去 (Network Access) 都要先做一次區域身份認證 (Local Authentication)，並且啟動選定安全模式之連線建置，以確保通訊安全。圖 13.13 是 UMTS 之區域身份認證與連線建置之程序圖。
UMTS 之區域身份認證與連線建置之程序描述如下：

1. RRC (Radio Resource Control 協定) 連線建立：將服務 START 值與加密 UEAs (UMTS Encryption Algorithms) 及完整性確保 UIAs (UMTS Integrity Algorithm) 資訊等傳給 SRNC (Source Radio Network Controller)。SRNC 將 START 值及 UE (User Equipment) 的安全能力 (UEAs 及 UIAs) 存起來。
2. ME 將含有 User ID、KSI (Key Set Identifier) 之啟動 L3 (Location update request、CM service request、Routing update request、Attach request、...etc.) 更新訊息送給 VLR/SGSN。
3. ME 與 SRNC 雙方進行身份認證 (Authentication) 及 Key 產生之處理。
4. VLR/SGSN 決定哪一種 UIAs 及 UEAs 被允許。
5. VLR/SGSN 將 (UIAs、IK、UEAs、CK、etc.) 以安全模式命令傳給 SRNC。
6. SRNC 選擇 UIA 及 UEA，並產生一個亂數值 FRESH。
7. 將 (CN、UIA、FRESH、UEA、MAC-I 等) 以安全模式命令傳給 ME。CN 表示 Core Network 型態代號。

```
ME                          SRNC                      VLR/SGSN
```

1. RRC 連線建立：將服務 START 值與加密 UEAs 及完整性確保 UIAs 資訊等傳給 SRNC

1. 將 START 值及 UE 的安全能力 (UEAs 及 UIAs) 存起來

2. 將含有 User ID,KSI 之啟動 L3 更新訊息送給 VLR/SGSN

3. 身份認證及 Key 產生之處理

4. 決定哪一種 UIAs 及 UEAs 被允許

5. 將 (UIAs,IK,UEAs,CK,etc.) 以安全模式命令傳給 SRNC

6. 選擇 UIA 及 UEA，並產生一個亂數值 FRESH

7. 將 (CN, UIA, FRESH, UEA, MAC-I 等) 以安全模式命令傳給 ME

8. 利用 UIA 計算 XMAC-I，且驗證 MAC-I ?= XMAC-I

9. 若驗證成功，將 (MAC-I) 以安全模式完成訊息傳給 SRNC

10. 驗證 MAC-1 ?= XMAC-I

11. 將 (選用的 UEA 及 UIA) 以安全模式完成訊息歲給 VLR/SGSN

啟動加/解密   啟動加/解密

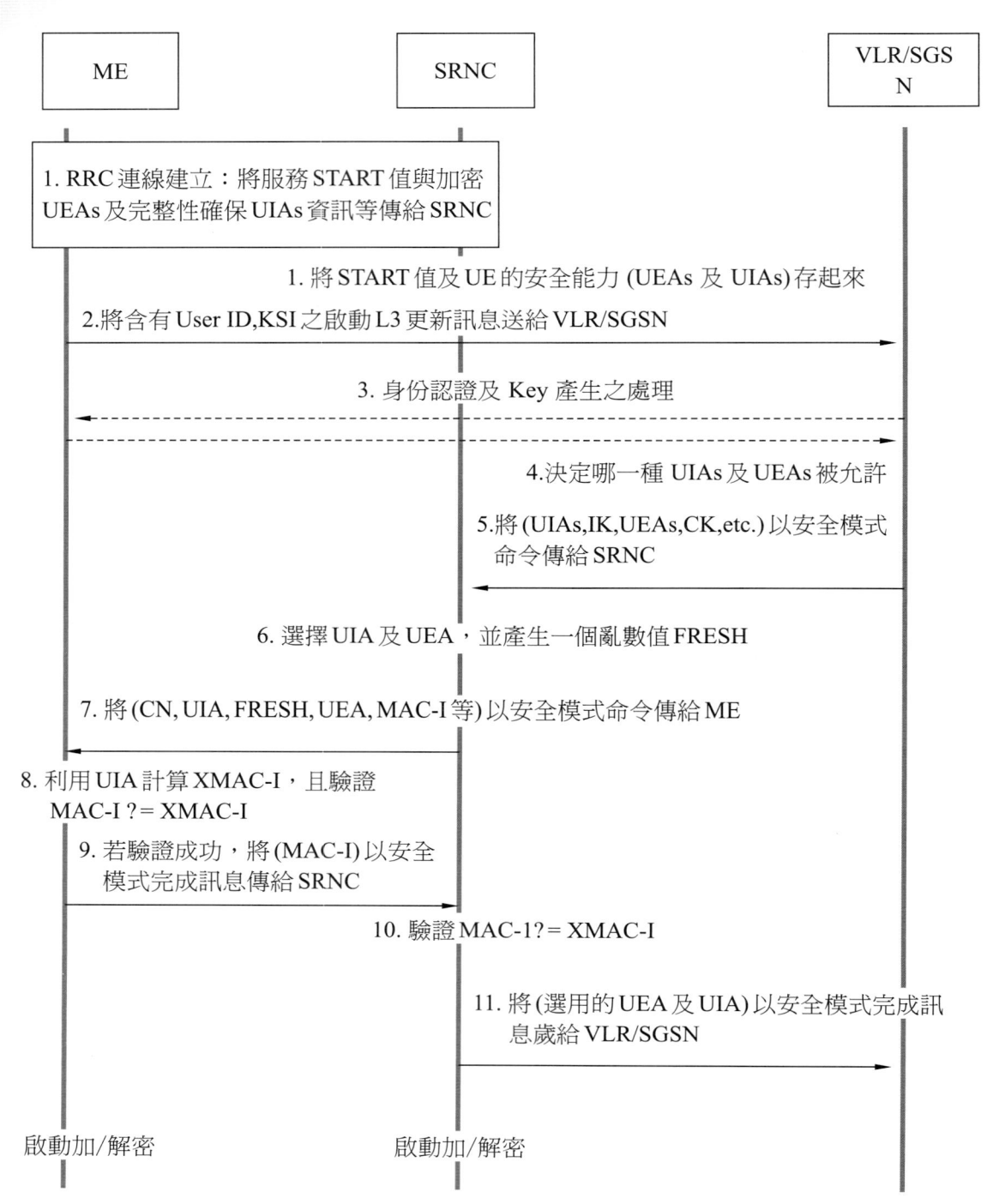

圖 13.13　UMTS 區域身份認證與連線建置 (資料參考來源：3GPP)

8. ME 利用 UIA 計算 XMAC-I，且驗證 MAC-I ? = XMAC-I 使否相等。

9. ME 若驗證成功，將 (MAC-I) 以安全模式完成訊息傳給 SRNC。

10. SRNC 驗證 MAC-I ? = XMAC-I 使否相等。

11. SRNC 將 (選用的 UEA 及 UIA) 以安全模式完成訊息歲給 VLR/SGSN。

當這 11 個程序處理成功後，ME 及 SRNC 都會啟動加解密，確保通訊安全。在這個程序中，CK 和 IK 是已存在 VLR/SGSN 和 USIM (Universal Subscriber Identity Module) 之內。

加密函數 f8

UMTS 資料保密機制是利用加密函數 f8 來達成資料保密功能；f8 加密程序中，f8 會先設定其特定參數 COUNT、BEARER 及 DIRECTION 等參數，COUNT 是 f8 特定參數，BEARER 是頻道代碼，DIRECTION 表示上行 (Uplink) 或下行 (Downlink) 通訊方向的數值；然後將 COUNT、BEARER、DIRECTION 及 0 等作串接成 A，亦即 A = COUNT||BEARER||DIRECTION||0...0；再將 A 用 $CK \oplus KM$ 作一次 KASUMI 加密，亦即 $A = KASUMI[A]_{CK \oplus KM}$，CK 是加密密鑰，KM 是一個修正密鑰的特定常數。接下來，再將 A 與 BLKCNT 及 KSB 作 XOR 運算，亦即 $A \oplus BLKCNT \oplus KSB_{n-1}$；最後，將 $A \oplus BLKCNT \oplus KSB_{n-1}$ 經過 KASUMI 用 CK 加密，$KSB_n = KASUMI[A \oplus BLKCNT \oplus KSB_{n-1}]_{CK}$。f8 加密演算法如下：

A=COUNT[0]...COUNT[31]BEARER[0]...BEARER[4]DIRECTION[0]0...0
A= KASUMI[A] CK⊕ KM

For each n with 1<= n <= BLOCKS
  $KSBn = KASUMI[A \oplus BLKCNT \oplus KSB_{n-1}]_{CK}$

For n=1 to BLOCKS
  $KS[((n-1)*64) + i] = KSB_n[i]$

此 f8 加密機制應用了 KASUMI 加密演算法，KASUMI 是 8 回合 Feistel 加密演算法。KASUMI 加密演算法是區塊加密法 (Block Cipher)。事實上，

```
COUNT || BEARER || DIRECTION || 0...0
                    ↓
CK Å KM ──→      KASUMI
                    ↓
                    A
                    ↓
BLKCNT=0 ⊕   BLKCNT=1 ⊕   BLKCNT=2 ⊕   BLKCNT=BLOCKS-1 ⊕
              ⊕             ⊕                   ⊕
CK→KASUMI   CK→KASUMI    CK→KASUMI      CK→KASUMI
    ↓           ↓            ↓                ↓
KS[0]...KS[63] KS[64]...KS[127] KS[128]...KS[191]
```

圖 13.14　加密函數 f8 加密機制 (資料參考來源：3GPP)

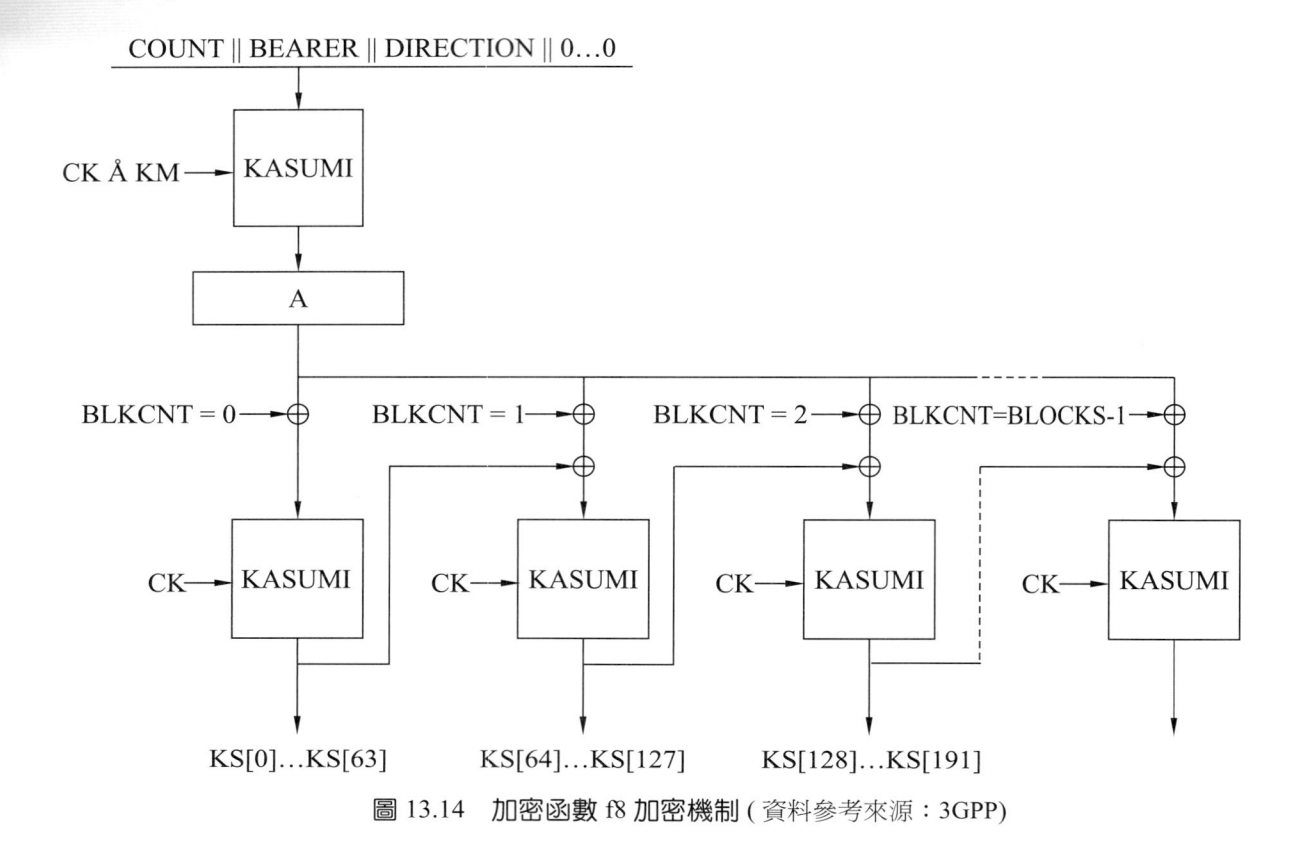

KASUMI 是自 AES 修改而來。f8 加密演算法之圖示表示即是圖 13.14 加密函數 f8 加密機制所示。

　　KASUMI 加密法是 8 回合 Feistel 加密演算法。KASUMI 加密演算法是區塊加密法 (Block Cipher)。如圖 13.15 KASUMI 加密函數，以及圖 13.16 KASUMI 之 FO/FI/FL 函數所示。KASUMI 加密演算法是以一個 Feistel 結構的加密演算法，密鑰長度為 128 位元，對一個 64 位元的輸入進行八回合的反覆運算，產生長度為 64 位元的輸出。每一回合函數包括一個輸入／輸出為 32 位元的非線性混合函數 FO，和一個輸入／輸出為 32 位元的線性混合函數 FL；函數 FO 由一個輸入／輸出為 16 位元的非線性混合函數 FI 進行 3 回合重複運算而構成；而函數 FI 是由使用非線性的取代盒 S- 盒 (S-Box) 由 S7 和 S9 構成的 4 回合結構。$KI_{i,*}$、$KO_{i,*}$ 及 $KL_{i,*}$ 是 KASUMI 在第 i 回合的次密鑰。為了實作效率，S-Box 已定義成一個查閱表 (Look-Up Table)，作法上與 DES

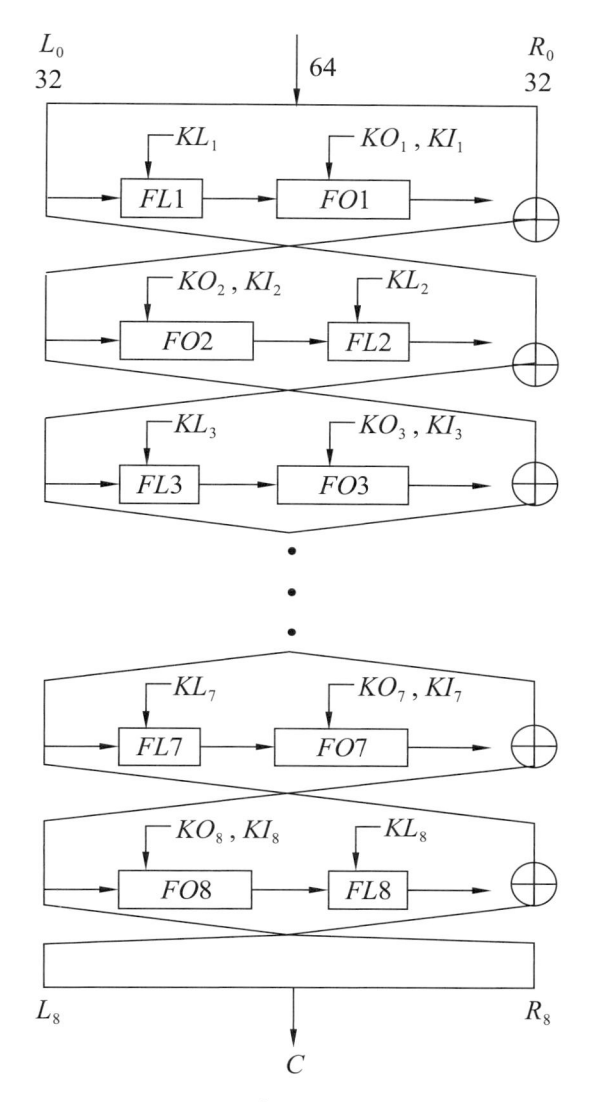

圖 13.15　KASUMI 加密函數 (資料參考來源：3GPP)

的 S-Box 非常類似。

　　3GPP 組織的安全測試之評估分析，KASUMI 加密演算法可以對抗目前的大部分密碼攻擊方法：密碼學破解法 (Cryptanalysis) 與副頻道攻擊 (Side-Channel Attacks)；差分密碼分析，線性攻擊法；而對副頻道攻擊：時序攻擊 (Timing Attack)，能量攻擊法 (Power Attack) 等攻擊也具有很好的安全性，尤其是在 3G 的環境中。

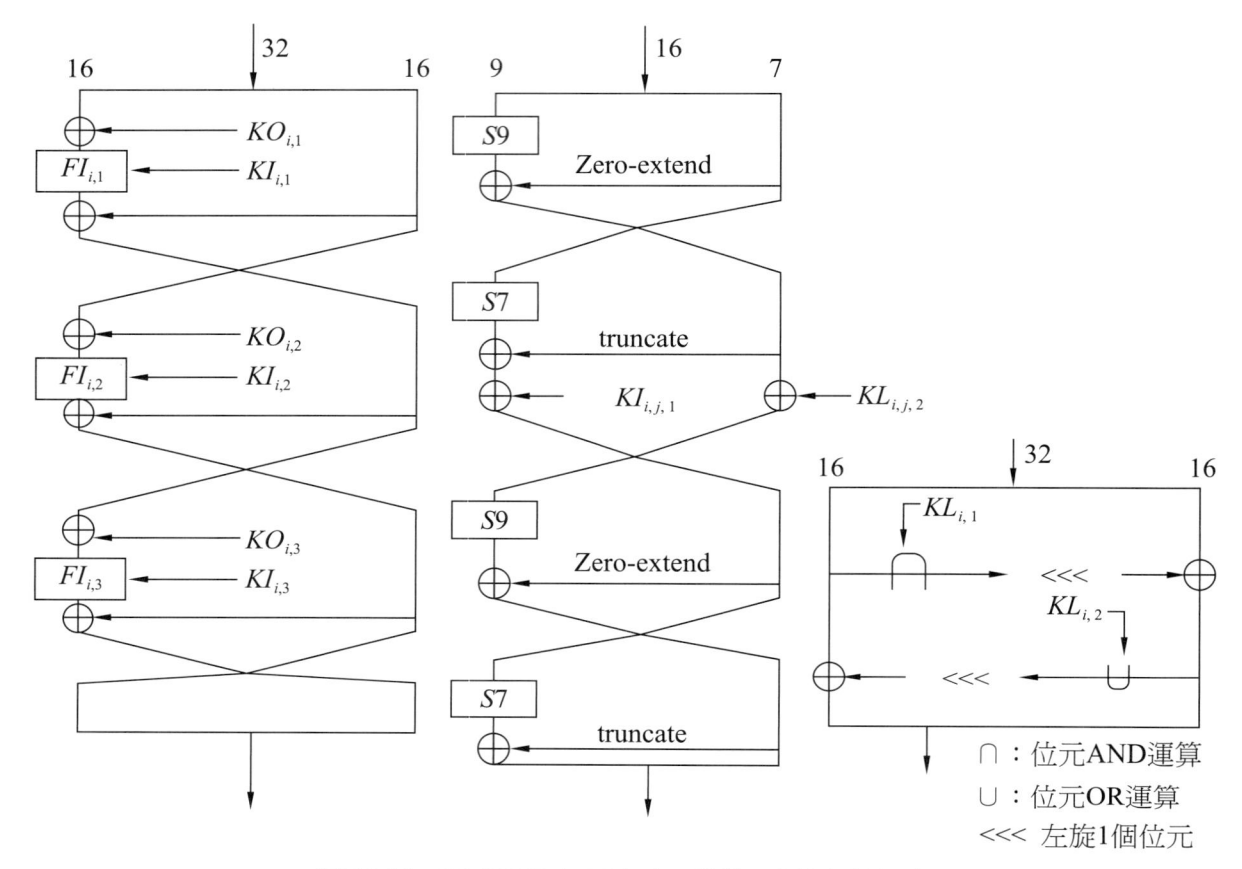

圖 13.16　KASUMI 之 FO/FI/FL 函數 (資料參考來源：3GPP)

UMTS 資料保密機制

　　圖 13.17 是 UMTS 資料保密 (Data Confidentiality) 之加密機制。UMTS 加密機制是確保行動裝置 (ME) 與無線網路控制器 (RNC) 之間的秘密通訊。發送端加密過程，UMTS 資料保密加密機制先利用 f8 加密函數產生密鑰串流區塊 (KEYSTREAM BLOCK)，即 KeyStreamBlock = f8(CK, COUNT-C, BEARER, DIRECTION, LENGTH)，然後將 KeyStreamBlock 與明文 PaintextBlock 作 XOR 運算，即產生密文 CiphertextBlock。接收端解密過程幾乎相同方式，解密時先利用 f8 加密函數產生密鑰串流區塊 (KEYSTREAM BLOCK)，即 KeyStreamBlock = f8(CK, COUNT-C, BEARER, DIRECTION, LENGTH)，然後將 KeyStreamBlock 與密文 CiphertextBlock 作 XOR 運算，即產生明文

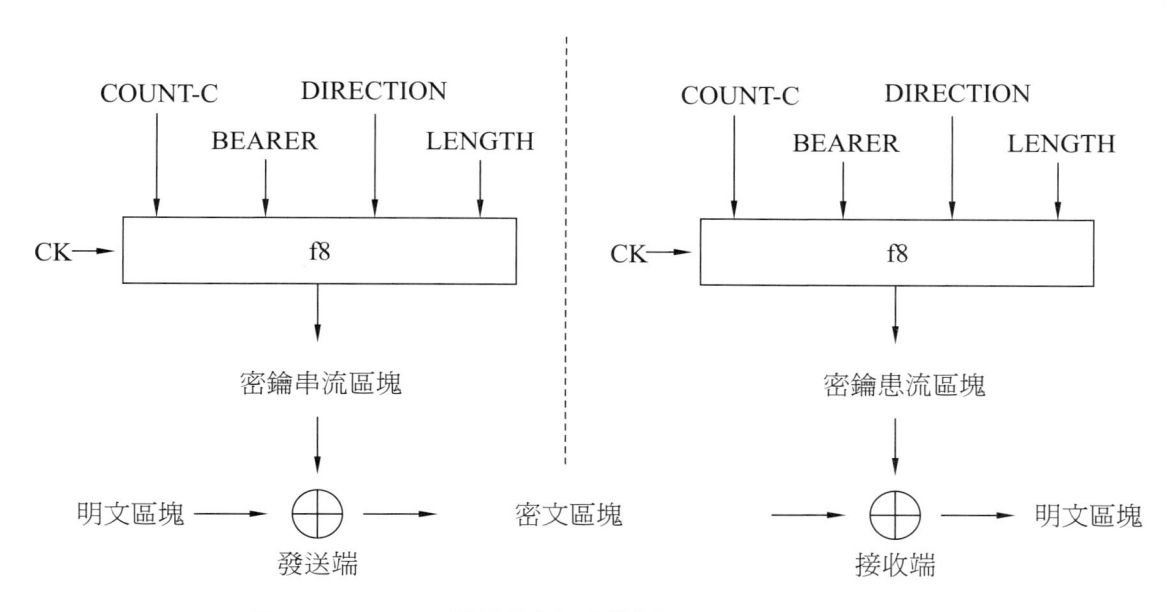

圖 13.17　UMTS 資料保密加密機制 (資料參考來源：3GPP)

PlaintextBlock。

完整性加密函數 f9

UMTS 完整性機制是利用完整性加密函數 f9 來達成完整性保護功能，f9 完整性加密演算法如下：

Initialization: A = 0, B = 0,

PS = COUNT[0]···COUNT[31]FRESH[0]···FRESH[31]MESSAGE[0]···MESSAGE[LENGTH – 1] DIRECTION[0]10*

PS = PS0 || PS1 ||PS2|| ··· || PSBLOCKS-1

$A = KASUMI[A \oplus PS_n]_{IK}$

$B = B \oplus A$

$B = KASUMI[B]_{IK \oplus KM}$

MAC-I = lefthalf(B)

此 f9 完整性加密機制也應用了 KASUMI 加密演算法。f9 完整性加密演算法之圖示表示即是圖 13.18 完整性函數 f9 加密機制所示。

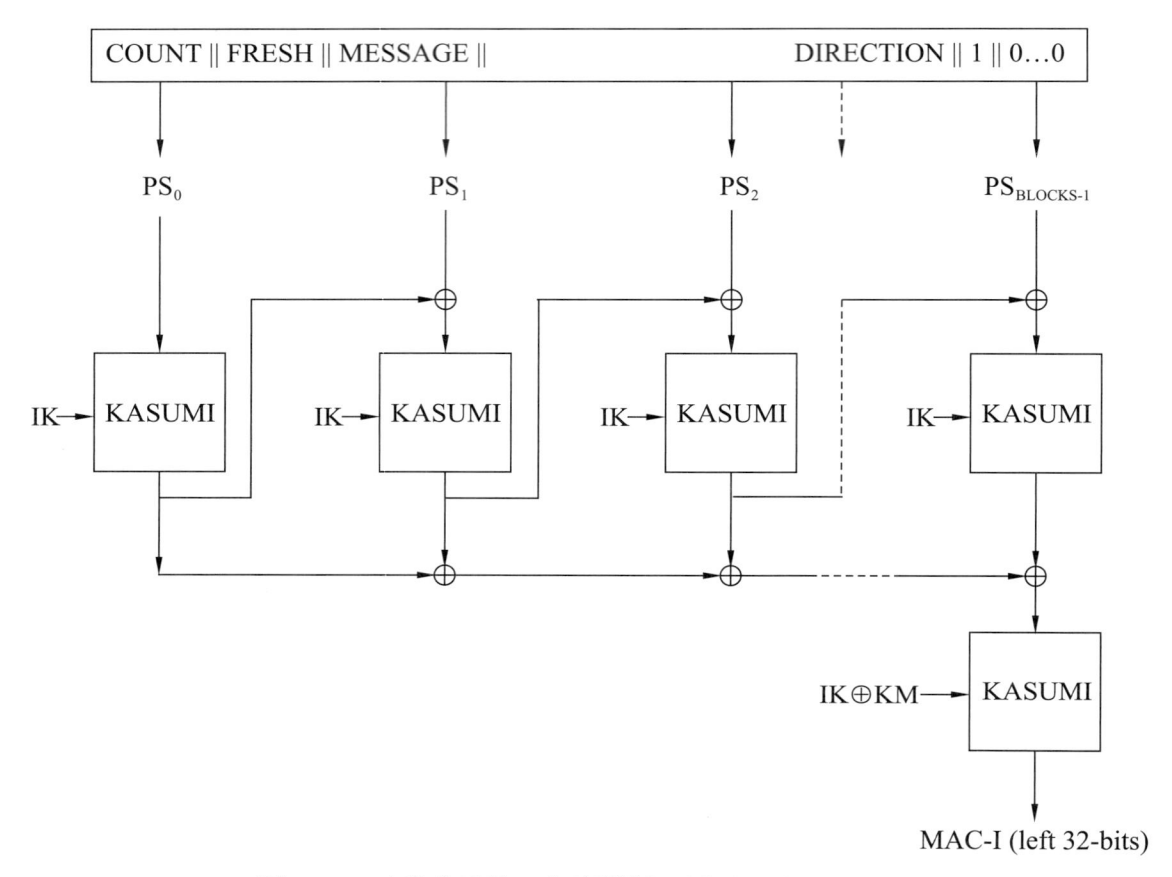

圖 13.18　完整性函數 f9 加密機制 (資料參考來源：3GPP)

UMTS 資料完整性保護機制

　　圖 13.19 是 UMTS 資料完整性保護機制。UMTS 資料完整性保護機制是利用完整性加密函數 f9 來達成資料完整性。發送端先將 IK、COUNT-I、MESSAGE、DIRECTION 及 FRESH 等資料經由 f9 函數運算產生 MAC-I，即 MAC-I = f9(IK, COUNT-I, MESSAGE, DIRECTION, FRESH)。接收端計算過程與發送端相同，將 IK、COUNT-I、MESSAGE、DIRECTION 及 FRESH 等資料經由 f9 函數運算產生 XMAC-I，即 XMAC-I = f9(IK, COUNT-I,

MESSAGE, DIRECTION, FRESH)。

```
   COUNT-I      DIRECTION              COUNT-I      DIRECTION
         MESSAGE      FRESH                   MESSAGE      FRESH
           ↓    ↓    ↓                          ↓    ↓    ↓
    ┌─────────────────┐                  ┌─────────────────┐
 IK→│        f9       │               IK→│        f9       │
    └─────────────────┘                  └─────────────────┘
              ↓                                    ↓
            MAC-I                               XMAC-I
            發送端                                接收端
```

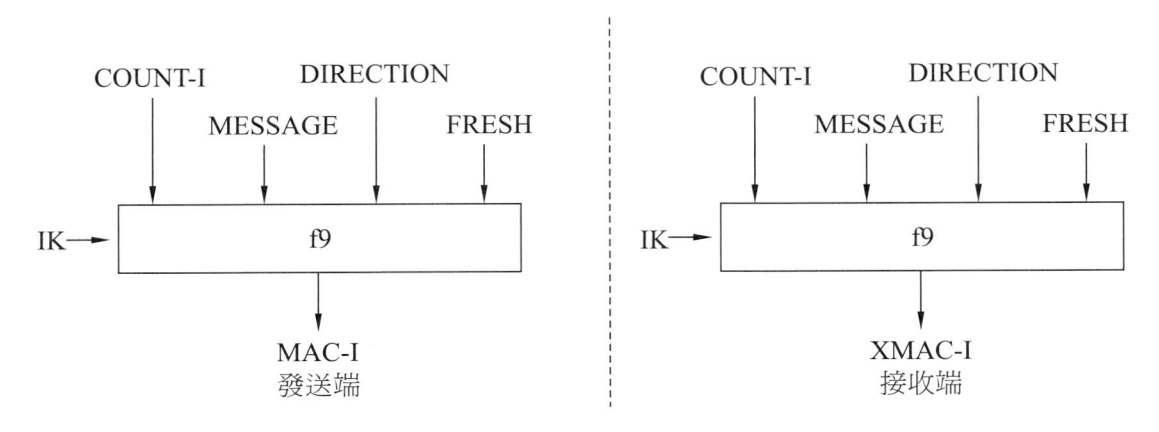

圖 13.19　UMTS 資料完整性保護機制 (資料參考來源：3GPP)

13.4　4G LTE 之無線網路安全

　　LTE 稱為第四代無線行動通訊 (4G) 標準；它繼承了 3GPP UMTS 主要標準內涵，然而在傳輸標準上一直無法達到 ITU 之「全球通行」的要求，只有 LTE-Advanced 標準才滿足 ITU 對 4G 的要求，最後納入 LTE-Advanced 傳輸標準後即成為 4G 標準；而 LTE 在網路安全標準基本上主要繼承了 3GPP UMTS 網路安全標準，但在資料加密機制方面新增加了 EEA1 及 EEA2 加密機制，在資料完整性保護機制方面則新增加 EIA1 及 EIA2 保護機制。此節即主要討論 LTE 在網路存取層之網路安全機制；此節將針對 LTE 加密機制、LTE 資料完整性保護機制、EEA1、EEA2、EIA1 及 EIA2 等作說明與討論。

13.4.1　LTE 加解密機制

　　圖 13.20 是 4G LTE 資料保密 (Data Confidentiality) 之加解密機制。LTE 加密機制與 3GPP UMTS 的加密機制架構相似，只是 LTE 資料加密機制採用 EEA 加密機制。LTE 加密機制是確保行動裝置 (ME) 與無線網路控制器 (RNC) 之間的秘密通訊。發送端加密過程，LTE 資料保密加密

```
                COUNT-C    DIRECTION                    COUNT-C    DIRECTION
                     BEARER    LENGTH                        BEARER    LENGTH
                        │  │  │  │                              │  │  │  │
                        ▼  ▼  ▼  ▼                              ▼  ▼  ▼  ▼
                     ┌────────────┐                          ┌────────────┐
              CK ──→ │     EEA    │                   CK ──→ │     EEA    │
                     └────────────┘                          └────────────┘
                           │                                       │
                           ▼                                       ▼
                       密鑰串流區塊                              密鑰串流區塊
                           │                                       │
                           ▼                                       ▼
      明文區塊 ──────→  ⊕  ──────→ 密文區塊 ──────→  ⊕  ──────→ 明文區塊
                          發送端                                接收端
```

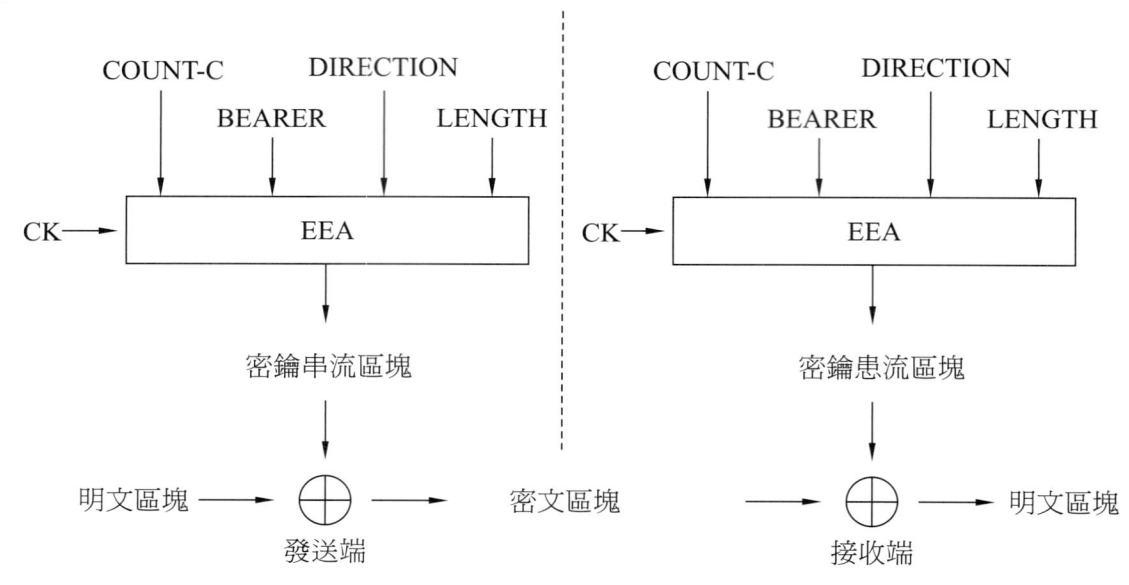

圖 13.20　LTE 加解密機制

機制先利用 EEA 加密函數產生密鑰串流區塊 (KEYSTREAM BLOCK)，即 KeyStreamBlock = EEA(CK, COUNT-C, BEARER, DIRECTION, LENGTH)，然後將 KeyStreamBlock 與明文 PaintextBlock 作 XOR 運算，即產生密文 CiphertextBlock。接收端解密過程幾乎相同方式，解密時先利用 EEA 加密函數產生密鑰串流區塊 (KEYSTREAM BLOCK)，即 KeyStreamBlock = EEA(CK, COUNT-C, BEARER, DIRECTION, LENGTH)，然後將 KeyStreamBlock 與密文 CiphertextBlock 作 XOR 運算，即產生明文 PlaintextBlock。

13.4.2　LTE 資料完整性保護機制

　　LTE 資料完整性保護機制與 3GPP UMTS 的資料完整性保護機制架構相似，只是 LTE 完整性加密機制採用 EIA 加密機制。圖 13.21 是 LTE 資料完整性保護機制。LTE 資料完整性保護機制是利用完整性加密函數 EIA 來達成資料完整性。發送端先將 IK、COUNT-I、MESSAGE、DIRECTION 及 FRESH 等資料經由 EIA 函數運算產生 MAC-I，即 MAC-I = EIA(IK, COUNT-I, MESSAGE, DIRECTION, FRESH)。接收端計算過程與發送端相同，將 IK、COUNT-I、MESSAGE、DIRECTION 及 FRESH 等資料經由 EIA 函數運算產生 XMAC-I，即 XMAC-I = EIA(IK, COUNT-I, MESSAGE, DIRECTION, FRESH)。

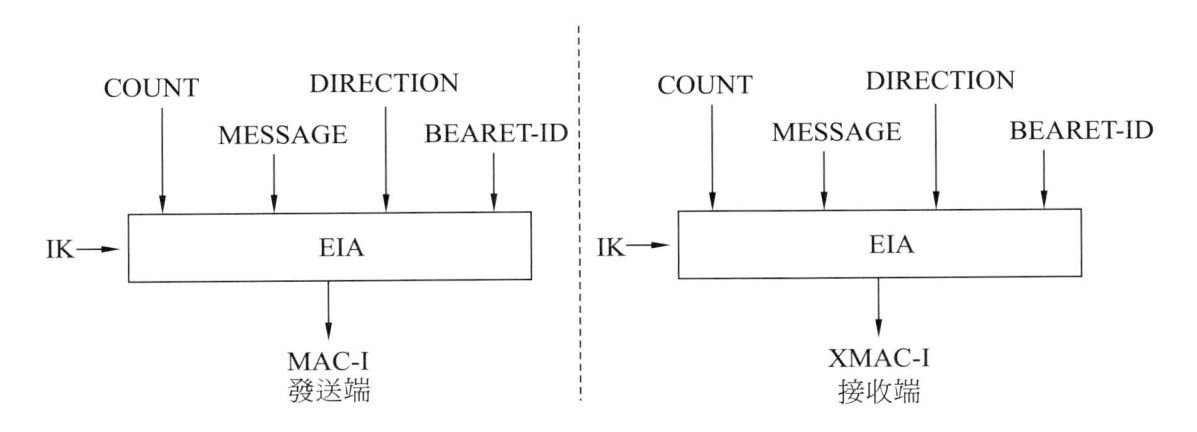

图 13.21　LTE 資料完整性保護機制

13.4.3　LTE SNOW 3G 加密機制

　　LTE 資料加密機制中之 EEA 及 資料完整性保護機制之 EIA 兩者之核心加密演算法都採用 SNOW 3G 加密機制。SNOW 3G 加密機制是要產生加密用途的密鑰串流 (Key Stream)，首先要進行初值化 (Initialization) 的程序，如圖 13.22 LTE SNOW 3G 初值化所示，初值化的開始事先將 4 個密鑰 (K_0、K_1、K_2、K_3) 及 4 個初值化參數 (IV_0、IV_1、IV_2 及 IV_3) 等經過運算設定到 16 個 B 參數中：

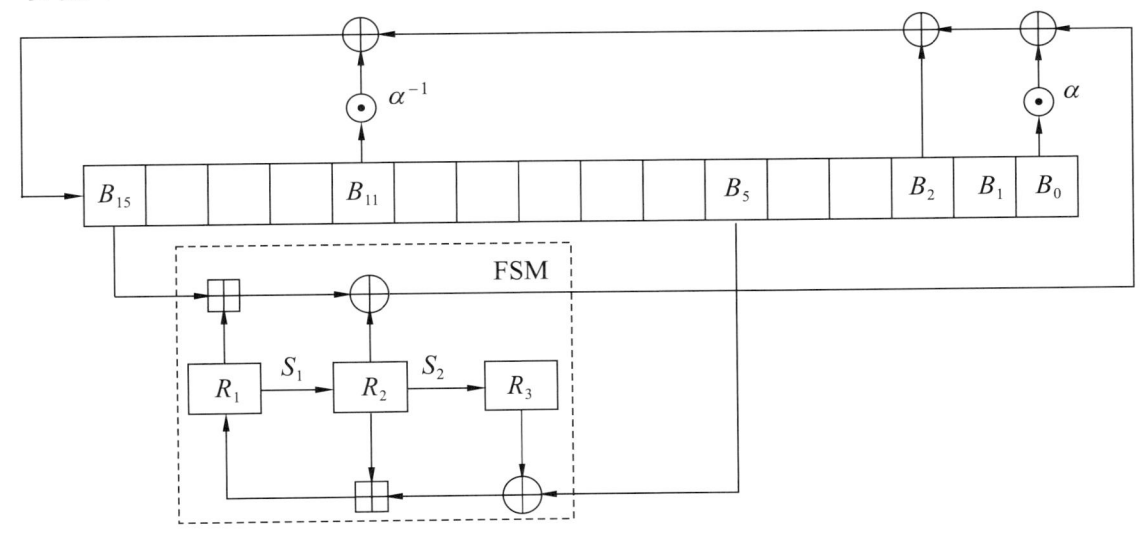

圖 13.22　LTE SNOW 3G 初值化 (資料參考來源 ETSI/SAGE)

$B_{15} = k_3 \oplus IV_0$ $\quad$ $B_{14} = k_2$ $\quad$ $B_{13} = k_1$ $\quad$ $B_{12} = k_0 \oplus IV_1$

$B_{11} = k_3 \oplus 1$ $\quad$ $B_{10} = k_2 \oplus 1 \oplus IV_2$ $\quad$ $B_9 = k_1 \oplus 1 \oplus IV_3$ $\quad$ $B_8 = k_0 \oplus 1$

$B_7 = k_3$ $\quad$ $B_6 = k_2$ $\quad$ $B_5 = k_1$ $\quad$ $B_4 = k_0$

$B_3 = k_3 \oplus 1$ $\quad$ $B_2 = k_2 \oplus 1$ $\quad$ $B_1 = k_1 \oplus 1$ $\quad$ $B_0 = k_0 \oplus 1$

然後經過 32 次的 FSM 處理及時脈控制 LFSR 混雜處理，才完成初值化程序；在每一次 FSM 處理中會產生一個 32 Bits 的輸出，此輸出提供時脈控制 LFSR 混雜處理之用；FSM 處理是利用兩個特定 S Box (S_1 及 S_2) 作轉換，S_1 轉換是將暫存器 R1 資料經由 S_1 轉換到 R2 暫存器，而 S_2 轉換是將暫存器 R2 資料經由 S_2 轉換到 R3 暫存器，然後在將 R1、R2 及 R3 經過 R2 ⊞ ($R3 \oplus B_5$) 及 Output = (B_{15} ⊞ R1) $\oplus$R2 運算 (⊞ 符號表示加法)，得到一次提供時脈控制 LFSR 混雜處理的輸出。時脈控制 LFSR 混雜處理是以時脈控制進行線性回饋 (Linear Feedback) 來做混雜處理，作法上是利用 LFSR 之黏貼位元 (Taped Bits) 經過乘法轉換函數運算產生一次回饋值輸出。經過 32 次的 FSM 處理及時脈控制 LFSR 混雜處理才完成初值化程序，完成初值化程序才進入密鑰串流產生程序。

SNOW 3G 密鑰產生程序與 SNOW 3G 初值化程序非常相似，如圖 13.23

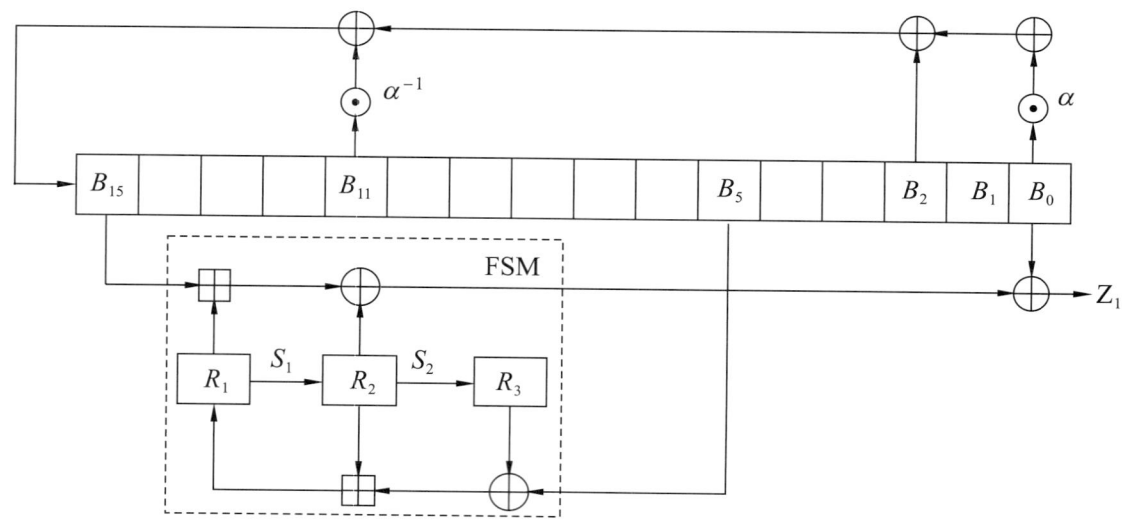

圖 13.23　LTE SNOW 3G 密鑰產生機制 (資料參考來源 ETSI/SAGE)

LTE SNOW 3G 密鑰產生機制所示，主要不同在於 SNOW 3G 密鑰產生程序在 FSM 輸出並不是提供時脈控制 LFSR 混雜處理之用途，而是輸出為一次 32 Bits 的密鑰串流 Z_t。

13.4.4　LTE EEA1 加密機制

　　EEA1 加密機制是採用 SNOW 3G 加密機制產生密鑰串流 (Key Stream)，此密鑰串流即可提供 LTE 資料加密機制中與明文作 XOR 運算來產生密文。圖 13.24 是 LTE EEA1 加密機制，首先先將相關參數做作串接，COUNT-C || BEARER || DIRECTION || 0…0 || COUNT-C || BEARER || DIRECTION || 0…0 及 IV_3 || IV_2 || IV_1 || IV_0；然後也將加密密鑰作串接 K_3 || K_2 || K_1 || K_0。將串接後參數及串接後密鑰作為 SNOW 3G 的輸入，即可產生 L 組的密鑰串流 (Key Stream)：Z_1 (KS[0]…KS[31])、Z_2 (KS[32]…KS[63])、…、Z_L (KS[32L-32]…KS[32L-1]) 等密鑰串流，此密鑰串流即可提供 LTE 資料加密機制之用。

13.4.5　LTE EIA1 加密機制

　　EIA1 加密機制要先進行 EIA1 密鑰串流程序產生密鑰串流，然後要進行 EIA1 認證訊息運算程序。EIA1 密鑰串流產生機制機制與 EEA1 加密機制非常相似，主要差別在於輸入參數及使用的密鑰不同。圖 13.25 是

COUNT-C || BEARER || DIRECTION || 0…0 || COUNT-C || BEARER || DIRECTION || 0…0
IV_3 ||　　　　IV_2　　　　||　　IV_1　||　　　　　Iv_0

CK
$K_3 \| K_2 \| K_1 \| K_0$

SNOW 3G

Z_1　　||　　Z_2　　||　　Z_L
KS[0]…KS[31] || KS[32]…KS[63] || … || KS[32L-32]…KS[32L-1]

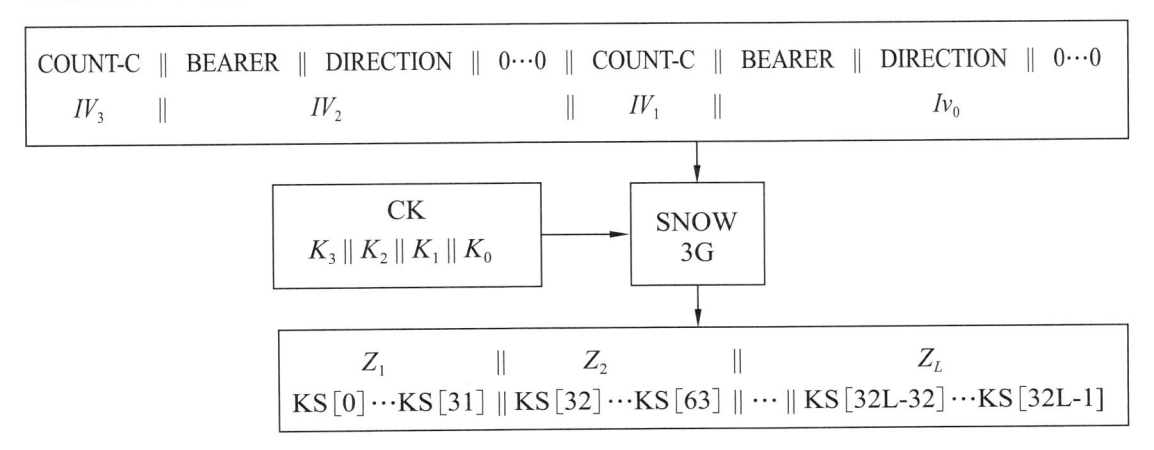

圖 13.24　LTE EEA1 加密機制 (資料參考來源：ETSI/SAGE)

```
                DIRECTION || 0...0              DIRECTION
COUNT-I || FRESH ||     ⊕      || 0000000000000000 ||   ⊕    || 0000000000000000
                    COUNT                         FRESH
     IV₃   ||  IV₂  ||  IV₁   ||                    IV₀
```

```
     CK
K₃ || K₂ || K₁ || K₀   →   SNOW 3G
```

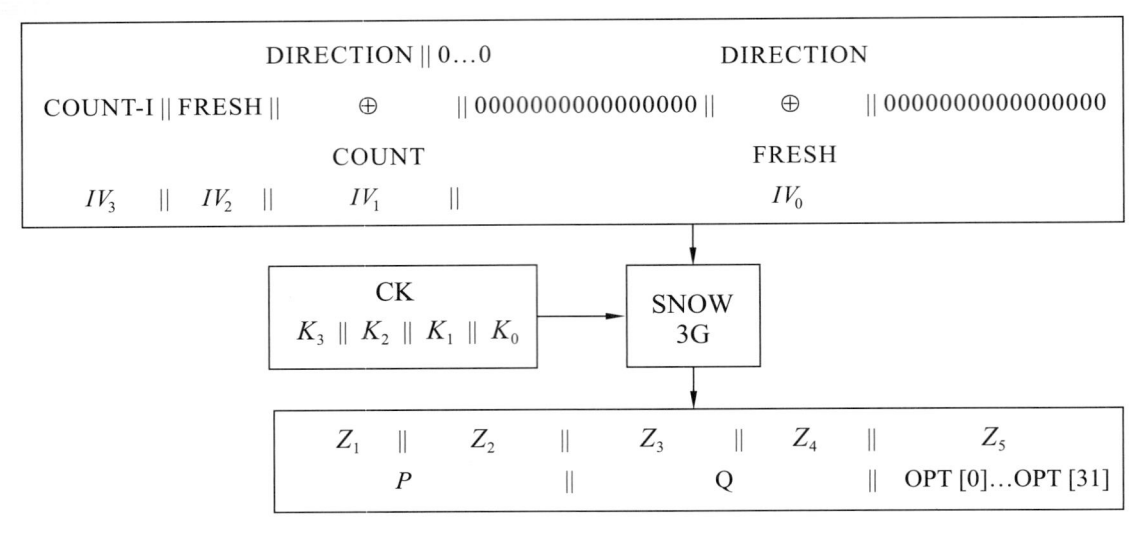

```
Z₁  ||  Z₂  ||  Z₃  ||  Z₄  ||       Z₅
       P        ||       Q      ||  OPT [0]...OPT [31]
```

圖 13.25　LTE EIA1 密鑰串流產生機制 (資料參考來源 ETSI/SAGE)

LTE EIA1 密鑰串流產生機制。因此，相同方式，先將相關參數做作串接，COUNT-I || FRESH || (DIRECTION || 0...0 ⊕ COUNT-I) || 0000000000000000 || (DIRECTION ⊕ FRESH) || 0000000000000000，然後也將加密密鑰作串接 $K_3 \| K_2 \| K_1 \| K_0$。將串接後參數及串接後密鑰作為 SNOW 3G 的輸入，即可產生 5 組的密鑰串流 (Key Stream)：Z_1、Z_2、Z_3、Z_4、Z_5 等密鑰串流。$Z_1 \| Z_2$ 串接之結果是 EIA1 認證訊息運算程序所需的參數 P，而 $Z_3 \| Z_4$、串接之結果是 EIA1 認證訊息運算程序所需的參數 Q。

　　EIA1 密鑰串流程序產生密鑰串流之後，EIA1 要進行認證訊息運算程序，如圖 13.26 LTE EIA1 認證訊息運算機制所示。首先是 EVAL_M 函數 (EVAL_M Function) 運算，EVAL_M 函數是 $M(P) = M_0 P^{D-1} + M_1 P^{D-2} + ... M_{D-2} P + M_{D-1}$ 對於一個點 (Point) $P \in GF(2^{64})$ 之函數運算；因此 EVAL_M 函數運算需要輸入點 (Point) P 及訊息串接來進行運算，EIA1 密鑰串流程序產生的 Z_1 及 Z_2 串接結果 $(Z_1 \| Z_2)$ 便是 EVAL_M 函數所需之 P，再將訊息補零 (MESSAGE || 0···0) 後分成 D-1 個 64 位元的訊息串流 $M_0 \| \cdots \| M_{D-2}$，然後將 P 及 $M_0 \| \cdots \| M_{D-2}$ 作為 EVAL_M 函數之輸入進行運算。接下來將 EVAL_M 函數運算的結果與 MD-1 作 XOR 運算，記作 EVAL_M$(M_0 \| \cdots \| M_{D-2}, P) \oplus M_{D-1}$。完成

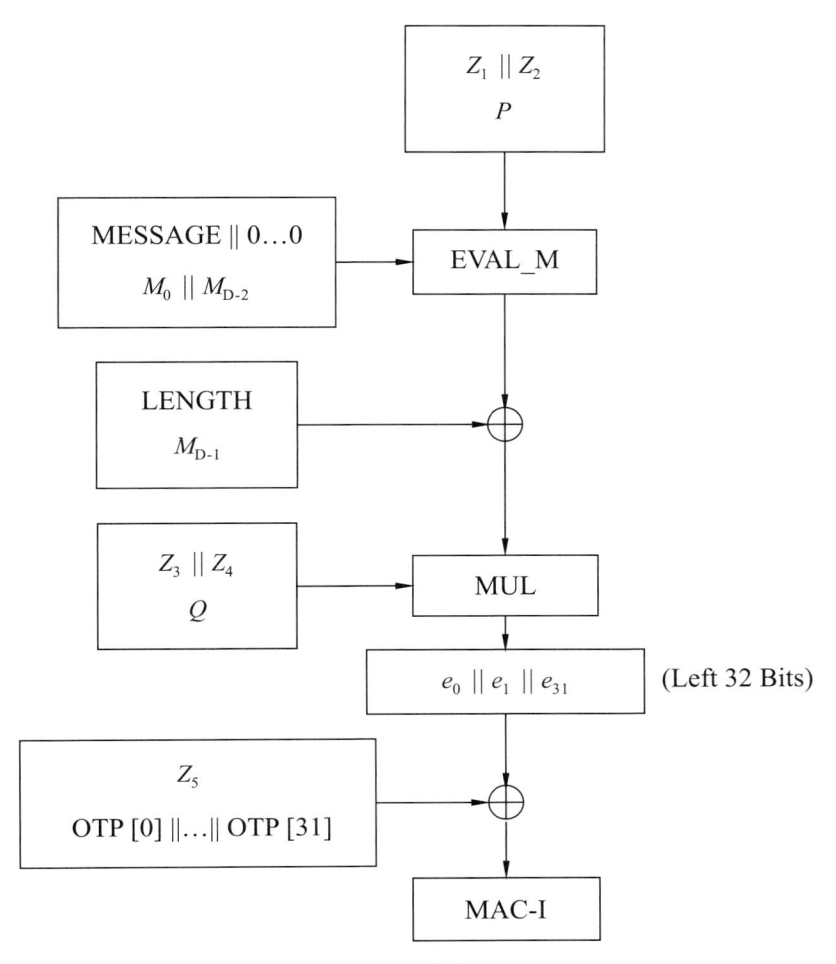

```
                    ┌─────────┐
                    │ Z₁ ‖ Z₂ │
                    │    P    │
                    └────┬────┘
                         │
  ┌──────────────┐   ┌───▼────┐
  │ MESSAGE ‖ 0…0│──▶│ EVAL_M │
  │  M₀ ‖ M_{D-2}│   └────┬───┘
  └──────────────┘        │
                          │
  ┌──────────────┐        │
  │   LENGTH     │─────▶ ⊕
  │   M_{D-1}    │        │
  └──────────────┘        │
                          │
  ┌──────────────┐    ┌───▼───┐
  │  Z₃ ‖ Z₄     │───▶│  MUL  │
  │     Q        │    └───┬───┘
  └──────────────┘        │
                  ┌───────▼─────────┐
                  │ e₀ ‖ e₁ ‖ e₃₁   │  (Left 32 Bits)
                  └───────┬─────────┘
                          │
  ┌──────────────────┐    │
  │       Z₅         │──▶ ⊕
  │OTP[0]‖…‖OTP[31]  │    │
  └──────────────────┘    │
                       ┌──▼───┐
                       │ MAC-I│
                       └──────┘
```

圖 13.26　LTE EIA1 認證訊息運算機制 (資料參考來源：ETSI/SAGE)

EVAL_M 函數運算的結果與 M_{D-2} 的 XOR 運算之後，則需進行 MUL 函數運算，MUL 函數運算是一個對應到 V 與 P 在 $GF(2^{64})$ 的乘法運算。將 EVAL_M($M_0 \| \cdots \| M_{D-2}$, P) $\oplus$ M_{D-1} 及參數 Q 輸入 MUL 函數進行運算之後，會得到密文串流，將密文串流取左邊 32 位元 $e_0 \| e_1 \| \cdots \| e_{31}$ 作為下一個運算之用。最後將 $e_0 \| e_1 \| \cdots \| e_{31}$ 與 Z_5 作 XOR 即得到認證訊息碼 MAC-I。

13.4.6　LTE EEA2 加密機制

LTE EEA2 加密機制是以 CTR 模式進行加密。圖 13.27 是 LTE EEA2 加密機制，KeyStream 是 128 位元的 COUNT ‖ BEARER ‖ DIRECTION ‖ 026 ‖

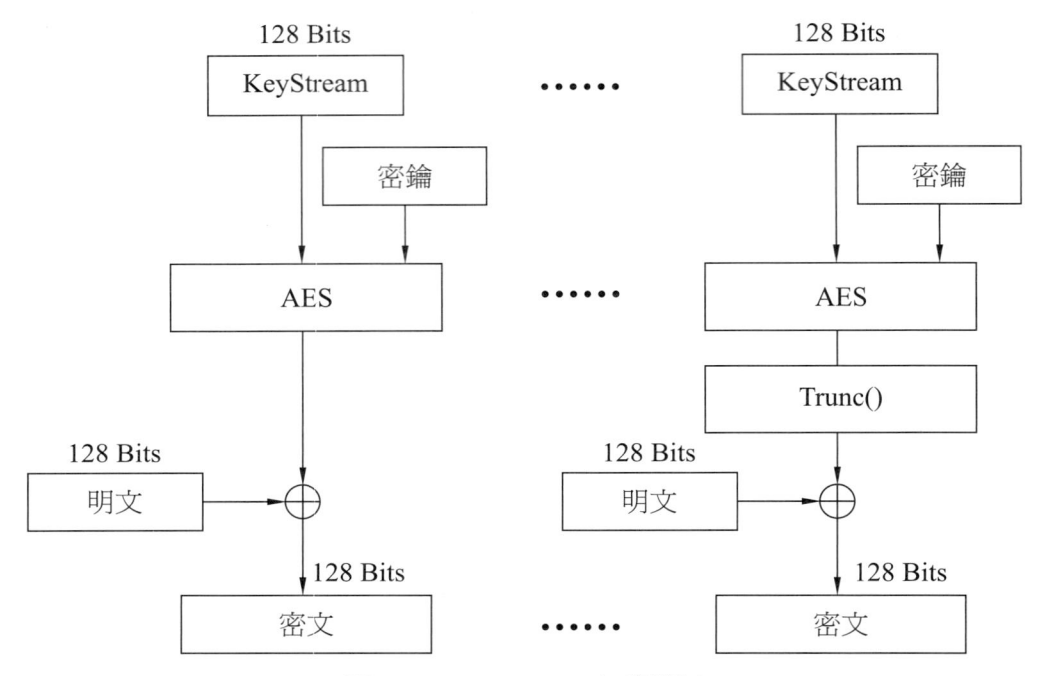

圖 13.27　LTE EEA2 加密機制

CTR，CTR 在每一回合會增加 1；因為 KeyStream 之 CTR 會在每一回合增加 1，所以 EEA2 加密機制是 CTR 模式加密；KeyStream 每一回合都經過 AES 加密；前面 $n-1$ 個回合中 AES 加密後的結果直皆與明文 (Plaintext) 作 XOR 運算得到 128 位元的密文；第 n 個回合則 KeyStream 經過加密後結果須經過捨去處理 Trunc()，將加密後結果切去一部分讓它與原來明文一樣長，然後再將捨去後結果與明文作 XOR 運算得到第 n 回合的密文。

13.4.7　LTE EIA2 加密機制

EIA2 加密機制是一種基於 AES 加密的加密式訊息認證運算 (Cipher-based MAC) 機制，如圖 13.28 LTE EIA2 加密機制。第 2 回合到第 n 回合在進行加密前要將前一回合的加密結果與訊息區塊 (Block) 作 XOR 運算，FOR i = 1 to n { $C_i = AES_K (C_{i-1} \oplus M_i)$ }；第 n 回合在加密前除了要將前一回合的加密結果與訊息區塊 (Block) 作 XOR 運算之外，還要將密鑰 K 與訊息區塊 (Block) 作 XOR 運算；經過 n 回合加密運算之後的結果再經過最高有效位元 (MSB) 處理即可得到認證訊息碼 MAC-I。

圖 13.28　LTE EIA2 加密機制

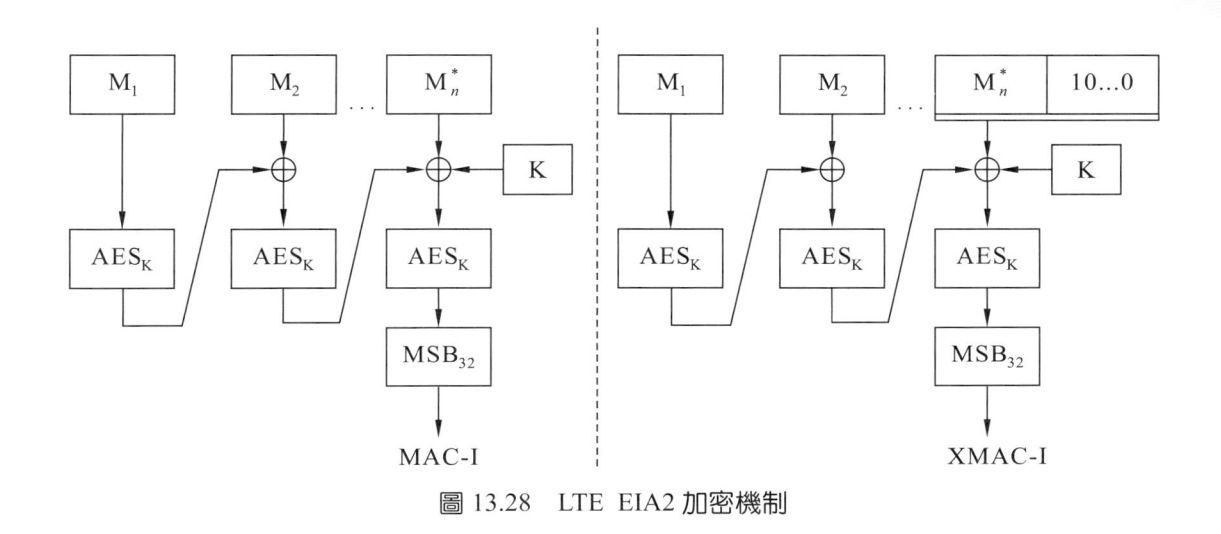

13.5　結語

　　近年來無線行動通訊蓬勃發展，帶給人們無限的便利，行動通訊產品已成為現代人們生活不可或缺的一項必需品。然而，各種網路攻擊層出不窮，造成無線行動通訊之安全上的問題，確保無線行動通訊安全即成為重要議題。本章介紹了 GSM 與 GPRS 無線網路安全機制、3G UMTS 無線網路安全機制及 4G LTE 無線網路安全機制，特別對其訊息完整性保護機制與加密機制等作了詳細介紹。隨著資通訊產業與技術的發展，未來無線行動通訊安全技術仍將持續進步與發展，希望藉由本章對無線行動通訊安全機制的了解，能讓讀者對未來無線行動通訊安全技術有具體的幫助。

習 題

1. 請說明 GSM/GPRS 加密 (Encryption) 機制。

2. 請說明 GSM/GPRS 身份認證 (Authentication) 機制。

3. 請說明 UMTS 資料保密機制。

4. 請說明 LTE EEA1 加密機制。

5. 請說明 LTE EIA2 加密機制。

Chapter 14

雲端計算安全

本章大綱

15.1 雲端計算

15.2 雲端計算安全

15.3 結語

近年雲端計算逐漸成為熱門的議題，雲端計算是基於網際網路的計算方式，透過這種方式共享電腦軟硬體與網路資源，且依需求提供給使用者。雲端計算主要具備節省成本與提高效率等優點。然而，雲端計算也存在許多資訊安全上的威脅，本章將討論雲端計算之安全議題。我們將討論因雲端計算所帶來之新的安全問題，也將討論雲端計算的安全威脅與對策。希望藉由雲端安全議題的討論，能夠促發產業對雲端計算安全的重視。

14.1 雲端計算

雲端計算是基於網際網路的計算方式，透過這種方式共享電腦軟硬體與網路資源，且依需求提供給使用者。基於網際網路的普及，雲端計算通常透過虛擬化 (Virtualization) 與動態可擴充 (Dynamic Scalability) 功能等提供新的資訊技術 (IT) 服務。圖 14.1 是雲端計算示意圖。美國國家標準與技術研究院 (NIST) 對雲端計算定義了三種服務模式：軟體即服務 (Software as a Service, 簡稱 SaaS)、平台即服務 (Platform as a Service, 簡稱 PaaS)、基礎架構即服務 (Infrastructure as a Service, 簡稱 IaaS)；目前較知名的雲端服務者，如 Google、Amazon、Oracle Cloud 及 Microsoft Azure 等均屬較知名的雲端服務者。

IaaS

基礎架構即服務 (Infrastructure as a Service, IaaS) 是提供硬體、虛擬主機及其它硬體資源服務的服務；基礎架構即服務是雲端計算服務中最基本的服務。客戶即付基礎架構使用的費用以獲得服務。平台即服務及軟體即服務藉由基礎架構即服務而服務其客戶。

PaaS

平台即服務 (Platform as a Service, PaaS) 是一種提供計算平台 (Computing Platform) 及解決方案 (Solution) 的服務方式；在平台即服務環境中，客戶利

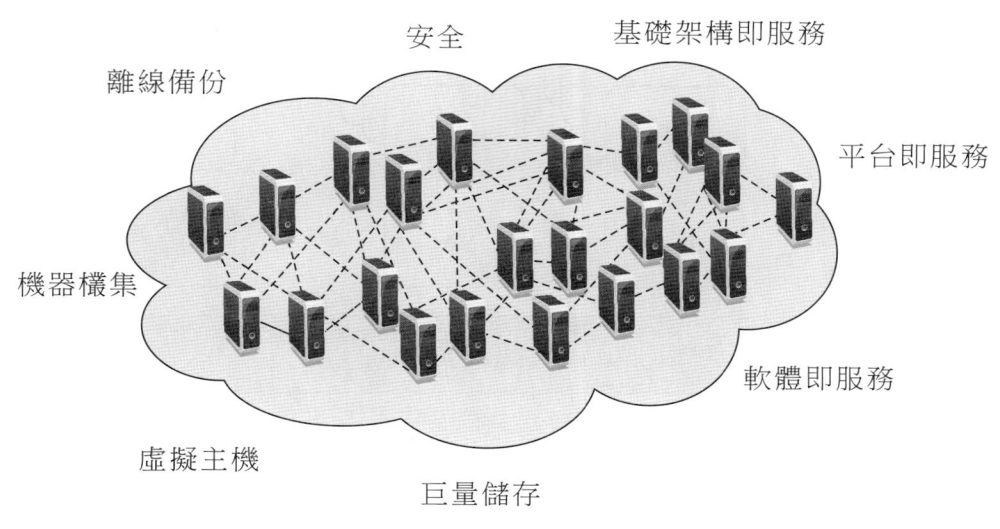

圖 14.1 雲端計算示意圖

用其平台建置其應用軟體，並負責應用軟體的佈建與管理，平台即服務提供者則提供網路、伺服器、儲存空間及客戶所需之服務。

SaaS

軟體即服務 (Software as a Service, SaaS) 是一種提供「隨選軟體 (On-Demand Software)」服務的方式；在一個軟體即服務環境中，軟體及其關係的資料被放置在雲端，當使用需要使用此軟體時，他／她即利用網際網路來執行與存取。目前許多軟體即服務企業應用如，將辦公室作業應用軟體 (Office)、客戶關係管理系統 (Customer Relationship Management, 簡稱 CRM)、管理資訊系統 (Management Information Systems, 簡稱 MIS) 或企業資源規劃 (Enterprise Resource Planning, 簡稱 ERP) 系統等轉換成雲端軟體即服務的系統。

雲端計算的主要技術特點包含虛擬化 (Virtualization)、**多租賃** (Multi-tenancy) 及分散計算 (Distributed Computing)。圖 14.2 是雲端計算基本架構。虛擬化 (Virtualization) 是提供資源共享之平台的技術，雲端計算最主要的技術特點是**虛擬主機** (Virtual Machine)，虛擬主機是一套電腦模擬 (Emulation) 軟體，虛擬主機可以基於一部實體電腦 (或稱實體主機) 的功能與架構來運

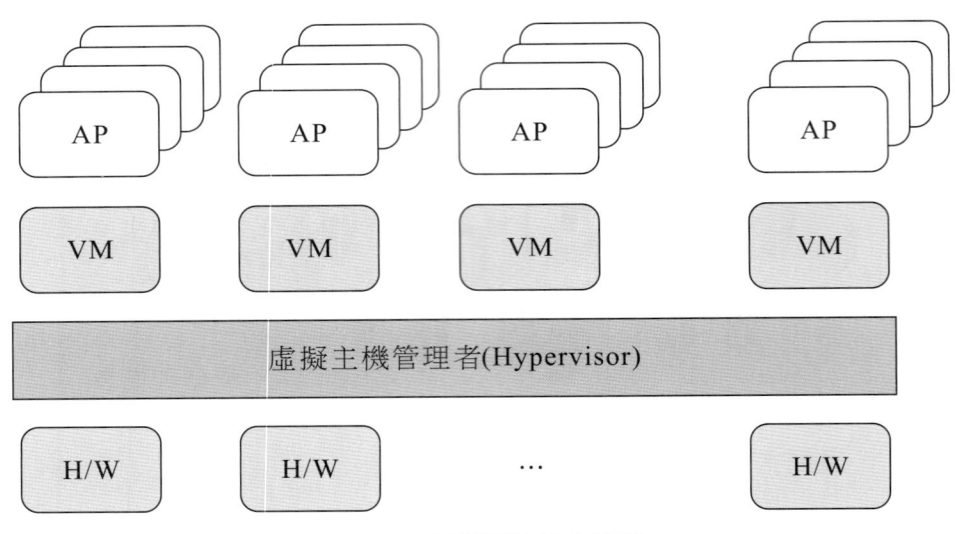

圖 14.2　雲端計算基本架構

作，讓虛擬主機的應用系統或使用者覺得好像在一部他原來所要的實體電腦上執行。在雲端計算中，一部實體主機可以執行多個虛擬主機；**多租賃** (Multi-tenancy) 是指，藉由虛擬主機技術，一個虛擬主機可以服務（執行）多個應用系統。虛擬化讓硬體主機發揮最大效益，而多租賃可以讓虛擬主機發會最大效益。分散計算是電腦行程 (Process) 經由網路連結的電腦來執行的一種計算方式。雲端計算主要提供幾項優點：

1. 藉由資源分享 (Resources Sharing) 與多租賃 (Multitenancy) 讓資源使用發揮最大效益，幫助企業節省成本，提提昇業務與服務效率。
2. 藉由虛擬化 (Virtualization) 讓使用著更簡單且具成本效益。
3. 分散式計算 (Distributed Computing) 讓應用系統計算效能提昇，可靠度 (Reliability) 增加，提高服務品質 (QoS)。
4. 由於分散計算，讓資訊與網路安全比傳統系統高。
5. 雲端計算之應用系統更容易維護，不需處理個別使用者的環境差異性。
6. 雲端服務提供使用者隨選服務 (Service on Demand)，提供更具彈性的服務。

雲端計算的特性
1. 多租用 (Multi-tenancy) 與資源共享 (Resources Sharing)：讓多使用者在網路上多分享資源。
2. 極佳擴充性 (Mass Scalability)：提供系統、網路頻寬及儲存空間等極大衝能力。
3. 彈性 (Elasticity)：讓使用者可以快速增加或減少其計算所需的資源，若使用者不再需要時，也能快速而方便釋回資源。
4. 用多少付多少 (Pay as you go)：使用者僅需支付實際使用資源之費用。
5. 自我調配 (Self-provisioning)：提供使用者可以自我調配其計算所需之資源，諸如，計算能力 (含 CPU 效能)、儲存、軟體及網路資源等。

14.2　雲端計算安全

　　由於許多雲端計算技術也持續發展中，使得雲端計算安全帶來新的機會與挑戰。雲端計算安全包含電腦安全、網路安全及資訊安全等領域的安全議題。圖 14.3 是描述雲端計算安全的範疇。雲端計算安全範疇包含雲端資料安全性、雲端網路安全威脅、雲端內部資安管制及應用雲端處理安全等領域。

CSA 雲端計算七大安全威脅與對策

　　雲端安全聯盟 (Cloud Security Alliance, 簡稱 CSA) 對雲端計算提出七大安全威脅。同時也針對此七大安全威脅提出對應的對策。

濫用及誤用之非法的行為

　　此一威脅主要是針對雲端計算服務的供應者而言之威脅。雲端計算服務供應商 (尤其是 IaaS 與 PaaS 供應商) 為了降低使用的門檻，通常並不會要求使用者必須經過嚴格的資料審查過程，就可以直接使用其所提供的資源，有些服務供應商甚至提供免費使用的功能或試用期；這些做法雖然可以有效推

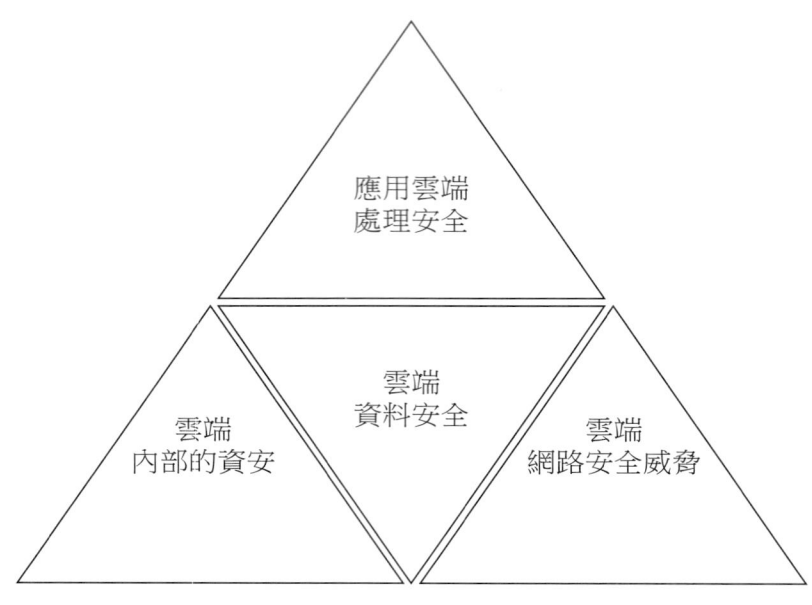

圖 14.3　雲端計算安全範疇

廣雲端計算的業務，卻也容易成為有心份子利用的管道，而進行非法行為。事實上，目前文獻顯示，已經有包含殭屍網路、木馬程式等的惡意程式運行於雲端計算的系統中。

不安全的介面與應用程式介面

當使用者進行雲端計算的服務時，使用者透過使用者介面或是應用程式介面 (APIs) 與雲端計算服務進行互動，因此這些介面與 APIs 是否安全直接影響到雲端計算服務本身的安全性。使用者介面的認證 (Authentication)、存取控制及加密等機制等存取 APIs 都必須要能對抗外界之攻擊。此外，如果有使用第三方的加值服務，這些服務的介面與 APIs 的安全性也必須一併考量。

惡意的內部人員

內部人員所造成的資訊安全問題，這幾年來已經成為許多組織關注的重點，採用雲端計算將會讓內部人員所產生的問題更形嚴重；一個最主要的原因在於使用者無法得知雲端計算服務供應商如何規範與管理其內部員工，若雲端計算服務供應商之內部管理不善或疏失，造成的安全問題將更大更廣。

以安全的角度來說,「未知」絕對不是一種幸福,而是一種芒刺在背的威脅,更何況以雲端計算的業務性質而言,惡意內部人員絕對是有心分子眼中的肥羊,所以惡意內部人員的比例應當會比一般組織來的更高。

資料遺失或外洩

資料遺失與外洩對於一個組織的影響常常不只在於實際上的金錢損失,更在於如企業形象之類的無形損失。資料遺失與外洩通常是因為不適當的存取控制或加密不夠嚴密等造成。雲端計算因為其多租用特性,使得資料遺失或外洩的議題面臨更加嚴峻的考驗。因應方式包含檢視是否擁有足夠的 AAA (驗證、授權、稽核)、是否採用適當且足夠的加密技術、資料持續性的需求、如何安全地刪除資料、災難復原、甚至是司法管轄的問題,都是必須認真加以考量的問題。

共享環境造成的議題

雲端計算服務的重要特點是多租用 (Multi-tenancy) 與資源分享,雖然在使用雲端計算的服務時,使用者好像擁有獨立的計算環境,但是這些環境都是從共享的實體環境方式,透過虛擬化的技術所建構出來的。虛擬化的平台能否將不同的使用者進行有效地隔離,以避免彼此之間相互干擾其服務的正常計算,甚至是避免彼此之間可以存取對方的資源,對雲端計算的安全來說是一個嚴格的挑戰。

帳號或服務被竊取

對於傳統系統來說,帳號或服務被竊取的問題始終都存在的問題,然而這類問題對於雲端計算來說更具威脅性。首先,因為雲端計算不像傳統的資訊系統架構般擁有實體,因此,一旦雲端計算之帳號或服務被竊取後,除非有其它的方式加以證明,否則惡意分子可以完全取代原先使用者的身份,在雲端環境進行惡意行為,雲端之系統卻很難察覺。在傳統的資訊系統環境中,使用者至少還擁有硬體的控制權,所以即使發生帳號或服務的竊取行為,使用者還是可以進行一些事後的補救措施，但是這些補救措施在雲端計算的架構下可能無法執行。

「未知」風險架構

「未知」風險架構之威脅主要來自於雲端服務缺乏透明度所造成的，以安全的角度來說，「未知」是一種芒刺在背的威脅。以雲端計算來說，為了讓使用者使用便利，不管是 IaaS、PaaS、SaaS 都是透過虛擬化將服務建構成一個使用者不需了解的系統，讓使用者專注於如何「使用」該系統即可；然而，這樣的便利性，也讓使用者無法了解這些服務所使用的網路架構、安全架構、軟體版本等等各式各樣的重要資訊，這些資訊對於評估安全狀態是很有幫助的，欠缺這些資訊將使得安全性評估無法被有效地進行；使用者也無法依所處的環境判斷這些威脅的影響，並且也無法採取適當的控制措施。

CSA 針對雲端計算七大安全威脅提出對應的對策。表 14.1 是 CSA 雲端計算七大安全威脅與對策。基本上，傳統系統的資安問題在運端計算系統環境仍然會發生，由雲端計算之虛擬化與多租用等特性，甚至會更嚴重。雲端計算之安全問題此七大安全威脅中，共享環境造成的議題是新的資安威脅議題，這是雲端計算之資源共享（或稱技術共享）所發生的新資安議題。面對雲端計算七大安全威脅，除了資訊安全技術仍待持續提昇之外，加強企業之資安管理制度與落實將是更重要的工作。

CSA 組織提供一個雲端安全之指導原則。CSA 所提之指導原則分成兩大部份，一個是雲端計算的治理方式，另一部分是雲端計算之營運維護。CSA 所提之雲端計算的治理方式提供企業可以一個依循的雲端安全相關領域治理方式。表 14.2 CSA 雲端計算的治理方式。CSA 所提之雲端計算的治理方式主要著重在雲端環境之策略面與政策面的管理。

表 14.1　CSA 雲端計算七大安全威脅與對策

安全威脅	對策
濫用及誤用之非法的行為	・嚴格審查與資安監控
不安全的介面與 APIs	・遵循開發安全準則與加強安全機制
惡意的內部人員	・實施 ISMS (Information Security Management System)
資料遺失或外洩	・強化資訊資全機制與 APIs ・實施 ISMS
共享環境造成的議題	・虛擬化環境安全 ・資安監控
帳號或服務被竊取	・實施 ISMS 並嚴禁帳號共用 ・強化身份認證 (Authentication) 機制
「未知」風險架構	・強化企業之資訊安全管理制度 ・資安專業能力與持續注意與追蹤分析

表 14.2　CSA 雲端計算的治理方式

雲端計算的治理方式	說明
治理與企業風險管理	企業導入雲端計算所應具備的治理與風險管理能力。諸如，法規依循、資產管理及敏感性資料(機密資料)之保護與管理等能力。
法律：合約與電子化追蹤	係指當採用雲端計算時潛在法規議題。諸如，資訊與電腦系統的保護規定，機密資料、私密資料等保護法規。
法規與稽核	係指當採用雲端計算時維護與確保合法性之議題。諸如，評估雲端計算對內部安全政策之影響與確保合法性。另外，藉由稽核確保合法性等也屬於此範疇。
資訊管理與資料安全	係指對於放至於雲端之資料的管理。諸如，資料管控、資料安全管理(私密性、資料完整性、可用性)等之管理。
可攜式和互通性	資料與服務自一個服務提供者搬移到另一個提供者的能力。這種能力在於服務提供者之系統間的互通性。

　　CSA 組織提供一個雲端安全之指導原則之另一部分是雲端計算之營運維護。雲端計算之營運維護主要著重在雲端計算環境之戰術面的安全議題與實作。表 14.3 是 CSA 所提之雲端計算之營運維護之指導方針。

　　美國國家標準暨技術局 (NIST) 針對其定義 NIST 雲端計算 (Cloud Computing Reference Architecture)，定義其架構所對應之 NIST 雲端安全參考架構 (Cloud Security Reference Architecture)—NIST SP800-299；如圖 14.4

表 14.3　CSA 雲端計算之營運維護

雲端計算之營運維護	說明
傳統安全、營運持續性和災難恢復	係指關於實施安全措施、營運持續性和災難恢復等議題，雲端計算對企業之營運作業與流程有何影響。諸如，探討雲端計算可能之風險；或協助人們了解在雲端計算上哪些風險會減少，哪些會增加等議題。
資料中心營運	係指如何評估服務提供者的架構與營運方式。例如，幫助使用者找出哪些是不利於長期服務之資料中心的特點，哪些事適合長期服務之資料中心的特點。
事件回應、通告和補救措施	係指是當的事件回應、通告和補救措施。例如，讓服務提供者及使用者能夠處理意外事件且能取得證據。
應用安全	確保雲端環境之應用程式之執行與開發的安全。例如，雲端應用程式之移植與設計是否安全，何種型態環境 (SaaS、PaaS、IaaS) 對其應用程式較安全。
加密與金鑰管理	採用適當的加密與金鑰管理機制。資源與資料的保護始終都是重要議題。
身份與存取管理	係指管理身份與存取控制等議題。評估管理雲端為基礎的身份、權力及存取等價值。
虛擬化	虛擬化是雲端計算之特點。此部份著重在多租用、虛擬主機隔離、虛擬主機互存、虛擬主機管理系統弱點等風險議題。

NIST 雲端安全參考架構所示。

在 NIST 定義雲端安全參考架構中，對雲端參與角色定義其應提供之安全服務；針對各角色應提供之安全服務描述如下：

雲端消費者 (Cloud Consumer)

雲端消費者端機制必須提供即時 (Real-Time) 且連續的安全控制，且應提供授權 (Authorization) 管理機制；另外，應該提供分享協議與完善之結構來實作雲端消費者端機制。

- 功能層安全 (Secure Functional Layers) (PaaS/IaaS)
- 雲端消費管理安全 (Secure Consumption Management)

雲端提供者 (Cloud Provider)

雲端提供者應提供整體雲端系統在安全及隱私等方面之安全服務，對虛擬主機管理者 (Hypervisor)、虛擬主機 (Virtual Machine) 及虛擬儲存 (Virtual Storage) 等資源抽象 (Resource Abstraction)，必須提供有效率且安全的管理，只有已授權之使用者才能存取系統、服務或資料。雲端提供者應確保雲端系統、雲端服務管理及實體資源等單元之安全。

1. 雲端生態系統安全 (Secure Cloud Ecosystem Orchestration)
2. 佈建與服務層安全 (SaaS/PaaS/IaaS)
3. 資源抽象與控制層安全 (Secure Abstraction and Control Layer)
4. 雲端服務管理安全 (Secure Cloud Service Management)

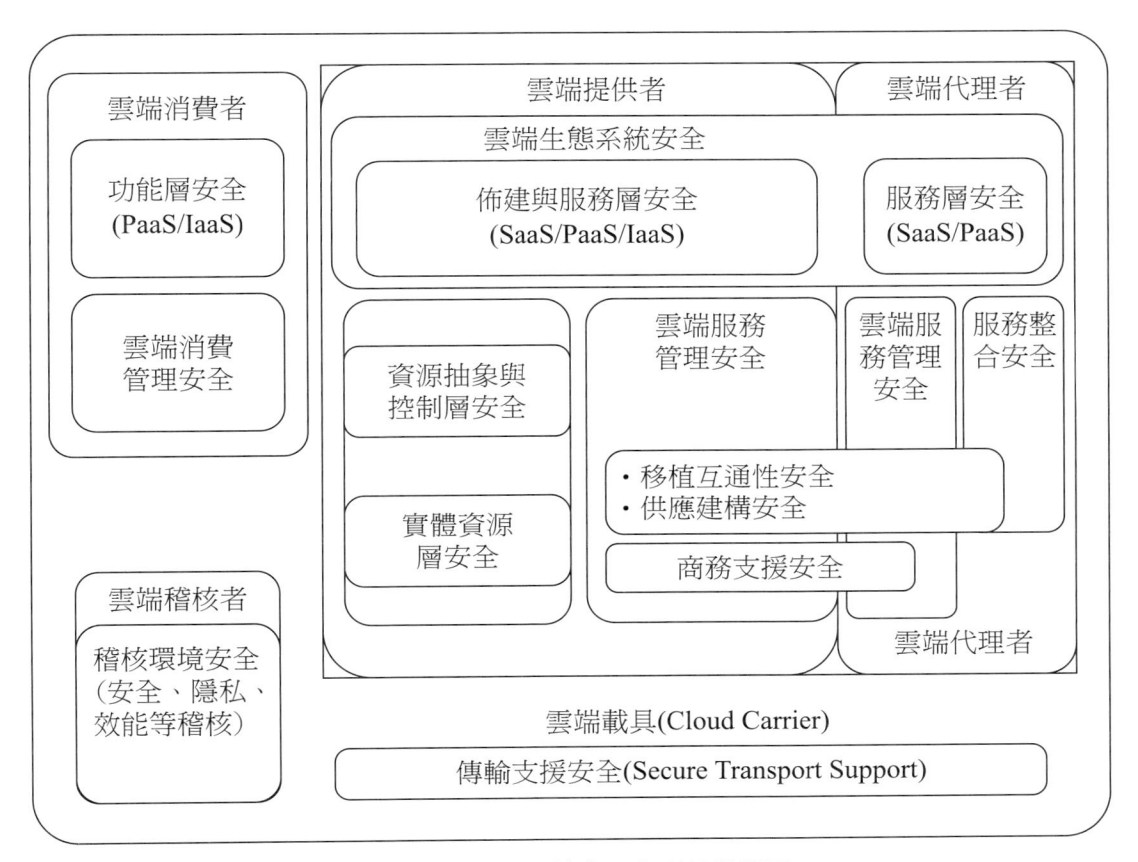

圖 14.4　NIST 雲端安全參考架構所示

5. 移植互通性安全 (Secure Portability Interoperability)
6. 供應建構安全 (Secure Provisioning Configuration)
7. 商務支援安全 (Secure Business Support)
8. 實體資源層安全 (Secure Physical Resource Layers)

雲端代理者 (Cloud Broker)

雲端代理者必須基於消費者安全策略，確保消費者與多雲端提供者間之資料移動之安全，同時應確保雲端系統、雲端服務管理及服務整合等單元之安全。

雲端生態系統安全

1. 服務層安全 (Secure Service Layers) (SaaS/PaaS)
2. 雲端服務管理安全 (Secure Cloud Service Management)
3. 服務整合安全 (Secure Service Aggregation)

雲端載具 (Cloud Carrier)

雲端載具係指透過網路 (Network) 或電信通訊 (Telecommunication) 等傳輸 (Transmission) 與連線 (Connect Line)，雲端提供者或雲端代理者應確保雲端傳輸 (Transport) 之安全。

傳輸支援安全 (Secure Transport Support)

NIST 希望藉由此雲端安全參考架構之參與角色應提供之功能定義與說明，讓雲端參與者能夠明確知道且發展其安全服務的能力與機制，並且提供其相關角色間之雲端計算的相容性 (Compliance)。

14.3　結語

　　雲端計算已越來越受到重視。雲端計算雖然具備節省成本與提高服務效率等優點，但是也帶來潛在更大的安全性威脅與新的安全性問題。資源共享是雲端計算之特點，但也帶來新的安全性問題。在雲端計算環境，傳統系統的資安問題在運端計算系統環境仍然會發生，由雲端計算之虛擬化與多租用等特性，甚至會更嚴重。針對各種資安問題，CSA 組織提供一個雲端安全之指導原則，希望提供雲端計算的服務提供者與企業一個指導方針，藉由這個指導原則將有助於企業在採用運端計算時所需之安全管理的依循。隨著雲端計算的發展，相信基於雲端計算所需之近更完善的資訊與網路安全技術將會被發展出來，屆時雲端計算將更普及且受人們信賴。

習 題

1. 美國國家標準與技術研究院 (NIST) 對雲端計算定義了哪三種服務模式？

2. 雲端計算有哪幾項優點？

3. 雲端計算有哪些特性？

4. 雲端計算安全的範疇為何？

5. 請簡述 CSA 雲端計算七大安全威脅與對策。

6. 請簡述 CSA 所提之雲端計算之營運維護之指導方針。

APPENDIX

系統安全實務

本章大綱

A.1　SNORT 安裝實務

A.2　Wireshark 安裝與實務

A.3　OWNS 安裝實務

A.4　nmap 安裝與實務

A.1 SNORT 安裝實務

Snort 是一套非常普及的開放原始碼之網路型入侵偵測系統 (Network-Based Intrusion Detection Systems)。Snort 有 Linux、Unix、Windows 等版本。此節我們示範 Snort 之安裝。

Win7 之 SNORT 所需之套件版本

由於 Windows 之 SNORT 所需之各套件版本經常更新，不同版本之 Snort 所支援之各套件版本不盡相同，讀者可以依自己所使用之 Snort 版本，搭配其所支援版本之各套件。本節安裝示範之環境是 Microsoft Win7。本節安裝示範之所採用之各套件版本及下載網址如下：

1. 安裝 AppServ：appserv-win32-2.5.10.exe

    AppServ 官網：http://www.appservnetwork.com/ 內。AppServ 內含 Appache2.2 HTTP Server、PHP5 及 MySQL。

2. 安裝 WinPcap_3_0.exe

    網址：http://www.winpcap.org/install/bin/WinPcap_3_0.exe。

3. 安裝 Win7_Snort_2_9_2_Installer.exe

    網址：http://www.snort.org/snort-downloads。

4. 安裝 acid-0.9.6b23.tar.gz

    網址：http://acidlab.sourceforge.net/

5. 安裝 adodb461.zip

    網址：http://prdownloads.sourceforge.net/adodb/

6. 安裝 jpgraph-1.17.tar.gz

    http://jpgraph.net/download/

Win7 之 SNORT 及其所需套件之安裝步驟

1. 安裝 appserv-win32-2.5.10.exe。安裝完成之後，打開 Internet Explorer IE，網址輸入 IP 位址 (或 http://localhost) 測試 AppServ 是否安裝成功。

2. 安裝 Snort_2_9_2_Installer.exe。

3. 安裝 WinPcap_3_0.exe。

4. 以 IE 執行 http://localhost/phpMyAdmin，新增 Snort 使用者。

5. 建立 snort 與 snort_archive 資料庫。

6. 匯入 C:\Snort\schemas 內之 create_mysql 作為 snort 與 snort_archive 資料庫結構。

7. 將 jpgraph-1.17.tar.gz 解壓縮至 C:\Appserv\php\jpgraph 目錄中。

8. 將 adodb461.zip 解壓縮至 C:\Appserv\php\adodb 目錄中。

9. 將 acid-0.9.6b23.tar.gz 解壓縮至 C:\Appserv\www\acid 目錄中。

10. 編輯 C:\Appserv\www\acid\acid_conf.php 檔案如下：
    $DBlib_path="c:\appserv\php5\adodb";
    $alert_dbname = "snort";
    $alert_host = "localhost";
    $alert_port = "";
    $alert_user = "root";
    $alert_password = "YourPassword";
    $archive_dbname = "snort_archive";
    $archive_host = "localhost";
    $archive_port = "";
    $archive_user = "root";
    $archive_password = "YourPassword";
    $ChartLib_path = "c:\AppServ\php5\jpgraph\src";

11. 建立 ACID 所需要的資料庫，使用 IE 執行 http://localhost/acid/acid_db_setup.php，依照指示建立即可。

12. 編輯 C:\Snort\etc\snort.config，把對應 classification 之 #include 之註解符號 # 拿掉，如下：
    include c:\Snort\etc\classification.config

13. 在 Windows 命令提示字元將目錄換至 C:\Snort\bin 目錄底下，新增 runsnort.bat 檔案，內容如下：

snort -c "c:\snort\etc\snort.config" -l "c:\snort\log" -d -e
14. 在 Windows 命令提示字元 C:\Snort\bin 目錄底下執行 runsnort。
15. Snort 執行後勿關閉視窗。利用 Internet Explorer IE 輸入 http://localhost/acid 觀看 Snort 之偵測情形。

Win7 之 SNORT 安裝程序

完成安裝 AppServ 之後，在 AppServ 套件中已內含 Appache HTTP Server、PHP5 及 MySQL。接下來就可以安裝 Snort 及其所需之各套件。首先，我們進行 Snort 的安裝，Snort 的安裝只要執行 Snort 安裝器 (Installer) 即可，Snort 安裝器進行安裝的畫面依序如圖 A.1 設定與資料庫系統連結、圖 A.2 設定安裝目錄及 A.3 Snort 安裝完成。

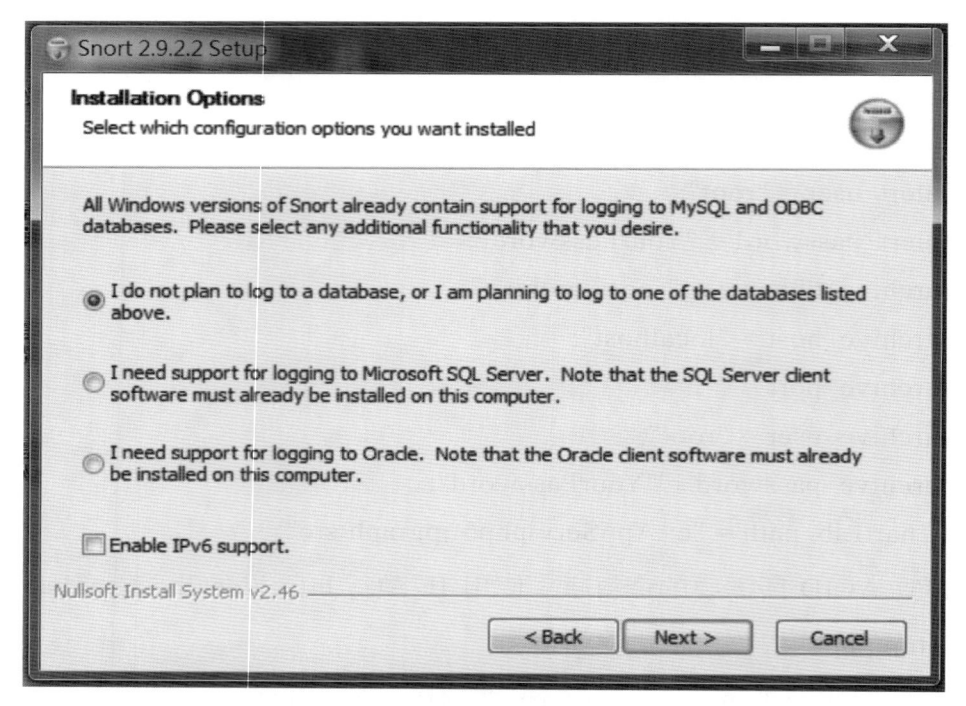

圖 A.1　設定與資料庫系統連結

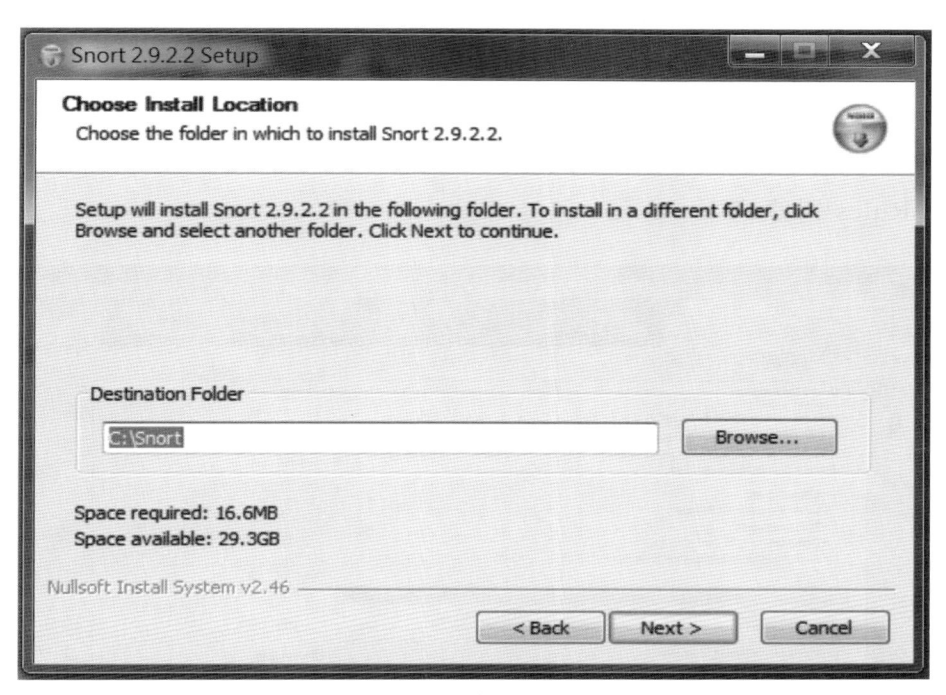

圖 A.2　設定安裝目錄

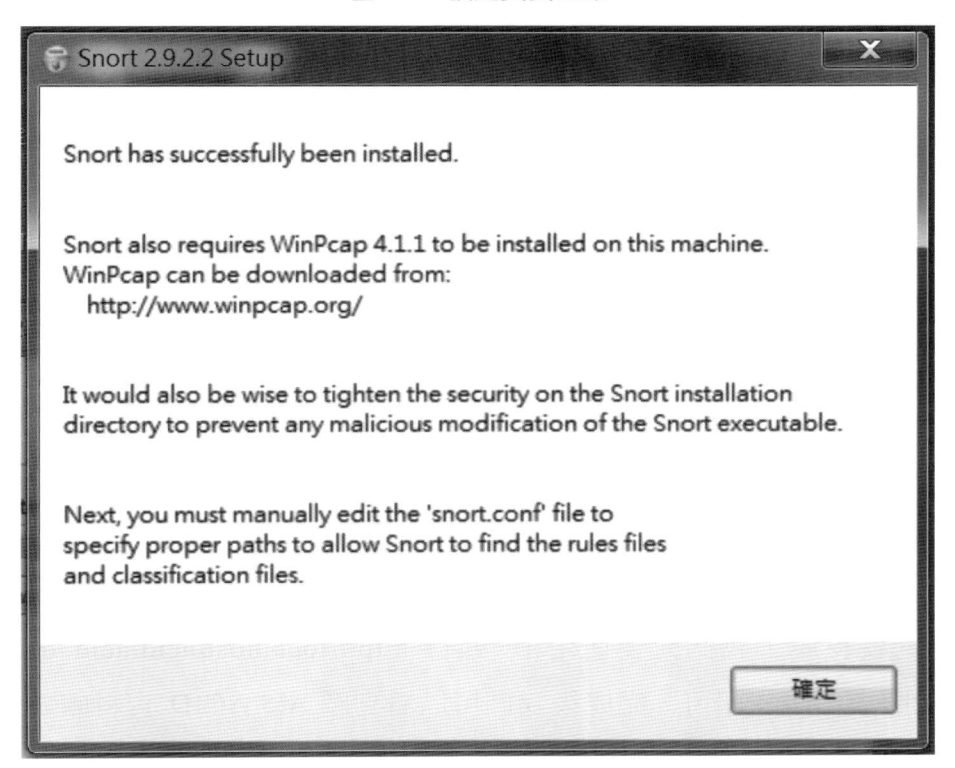

圖 A.3　Snort 安裝完成

Snort 安裝完成之後，我們要安裝網路封包擷取軟體 WinPcap。WinPcap 安裝完成之後，我們下載 Snort Rules；Snort Rules 也是在 www.snort.org 網站下載，如下圖 A.4 Snort Rules 下載所示，我們將 Snort Rules 下載到 C|Snort\Rules 目錄底下。

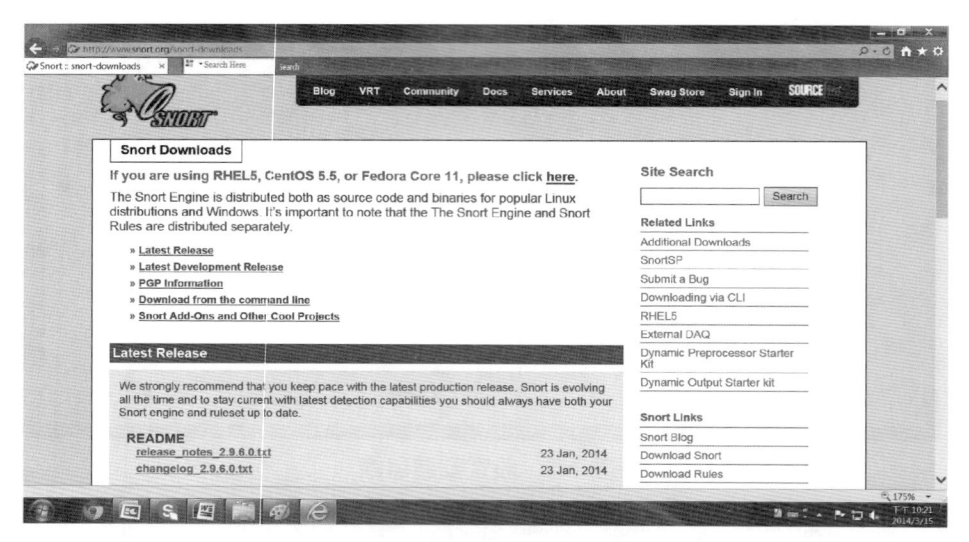

圖 A.4　Snort Rules 下載

　　Snort 安裝完成之後，我們可以利用 IE 執行 http://localhost/phpMyAdmin 來新增 Snort 使用者。接下來，則要建立 snort 與 snort_archive 資料庫。然後，匯入 C:\Snort\schemas 內之 create_mysql 作為 snort 與 snort_archive 資料庫結構。完成 snort 與 snort_archive 資料庫結構之後，分別將 adodb461.zip 解壓縮至 C:\Appserv\php\adodb 目錄中，將 jpgraph-1.17.tar.gz 解壓縮至 C:\Appserv\php\jpgraph 目錄中，以及將 acid-0.9.6b23.tar.gz 解壓縮至 C:\Appserv\www\acid 目錄中。完成 ACID 下載之後，編輯 C:\Appserv\www\acid\acid_conf.php 檔案，依照 Win7 之 SNORT 及其所需套件之安裝步驟段落之說明，設定資料庫路徑、資料庫名稱及密碼等參數。然後，建立 ACID 所需要的資料庫，我們只要使用 IE 執行 http://localhost/acid/acid_db_setup.php，依照指示建立即可，完成後我們可以看到圖 A.5 ACID 資料庫安裝。最後，編輯 C:\Snort\etc\snort.config，把對應 classification 那一行之 #include 之

註解符號 # 拿掉後如下所示：

include c:\Snort\etc\classification.config

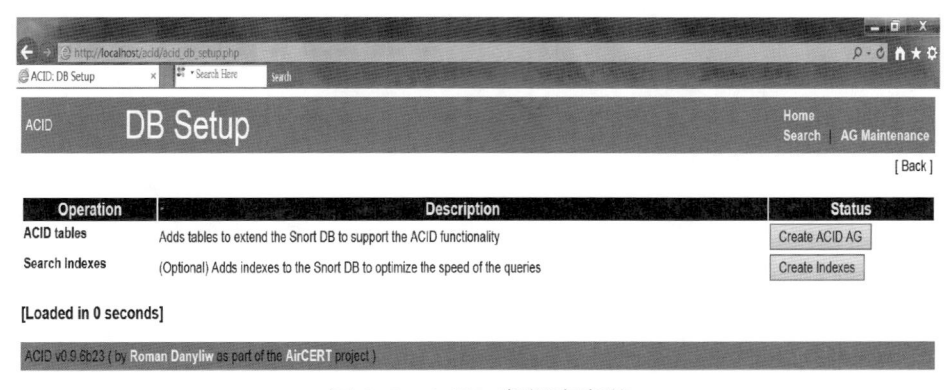

圖 A.5　ACID 資料庫安裝

完成以上程序，我們即可執行 Snort 了。為了方便，可以在 Windows 命令提示字元將目錄換至 C:\Snort\bin 目錄底下，新增 runsnort.bat 檔案，內容如下：

snort -c "c:\snort\etc\snort.config" -l "c:\snort\log" -d -e

此後，只要在 Windows 命令提示字元 C:\Snort\bin 目錄底下執行 runsnort 即可。圖 A.6 是 Snort 執行之畫面。

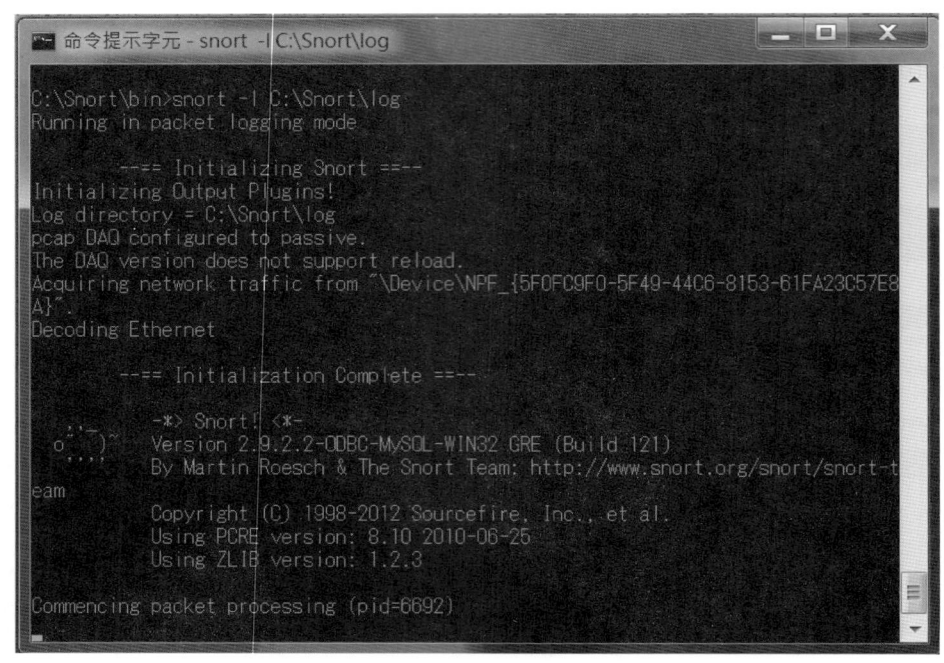

圖 A.6　Snort 執行

Snort 執行之後請勿關閉視窗，我們回到 Internet Explorer IE 輸入 http://localhost/acid 觀看 Snort 之網路偵測與監控情形，A.7 是 ACID 進行監控之主控畫面。

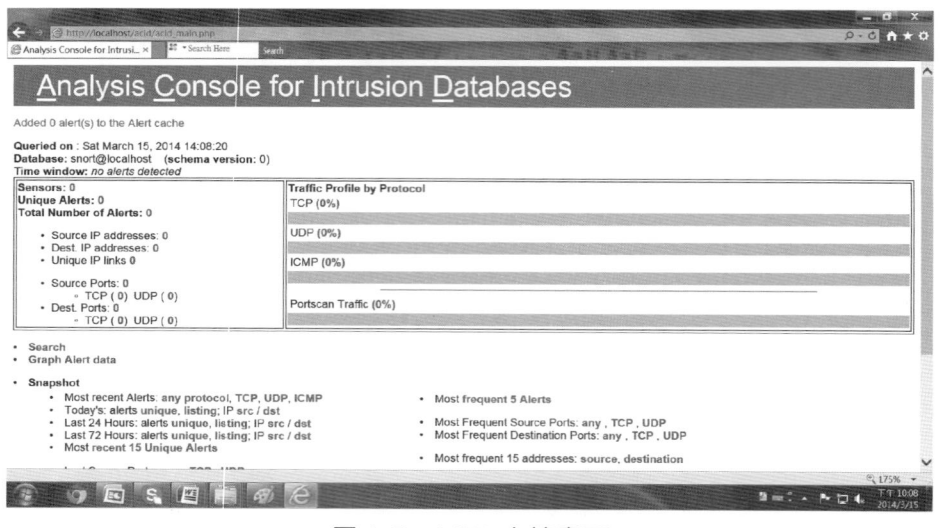

圖 A.7　ACID 主控畫面

我們也可以用 IE 輸入 http://localhost/acid_qry_main 觀看其查詢結果，如圖 A.8 所示。

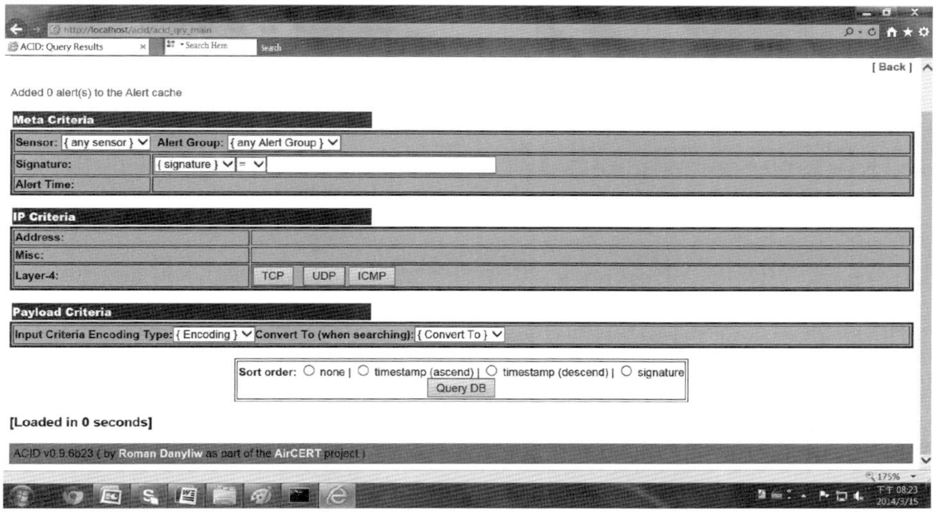

圖 A.8　ACID 查詢 SNort 偵測結果

A.2　Wireshark 安裝與實務

Wireshark 是非常有名的網路封包分析軟體。Wireshark 是一套開放原始碼 (Open Source) 軟體，採用 GNU Public License (GPL)。開放原始碼在 GPL 授權下可以自由下載及使用，而且可以依自己需要修改。Wireshark 適用於 UNIX、Linux 或 Windows 等作業系統。目前已有許多種網路封包擷取軟體，然而 Wireshark 原始碼是公開且免費取得，又能輕易將各種通訊系統融入 Wireshark，使得 Wireshark 成為非常受歡迎的封包分析軟體。只要利用 Wireshark 軟體，我們可以直接在網路上擷取封包並進行分析。Wireshark 是一種靜態的監看系統，它不會更改網路封包內容，也不會送封包到網路上。Wireshark 不是入侵偵測系統 (IDS)，但可以仔細分析其所擷取的封包，有助管理員瞭解網路行為。Wireshark 支援大多數網路協定，它有豐富的過濾語言，易於查看 TCP 會談 (Session) 經重建後的數據流。

Wireshark 在 Windows 平台之安裝

在 Windows 作業系統上，Wireshark 需要利用 WinPcap 函式庫來存取網路鏈結層 (Link Layer) 的封包，所以除了安裝 Wireshark 程式之外，還需下載安裝 WinPcap 程式。目前新版的 Wireshark 安裝時，它會在安裝過程詢問是否要安裝 WinPcap，使用者不用另外自行安裝 WinPcap 套件。以下將介紹 Wireshark 的安裝步驟：

1. 首先到 Wireshark 官方網站 (http://www.wireshark.org) 下載 Wireshark 主程式。安裝檔名是 wireshark-win64-1.12.2.exe。下載完成之後，執行起來會出現圖 A.9 歡迎安裝畫面。

圖 A.9　歡迎安裝畫面

2. 接下來會出現授權宣告畫面，宣告本軟體授權相關的資訊，圖 A.10 授權宣告畫面。若同意其宣告之授權事項，則可以按 [I Agree]。

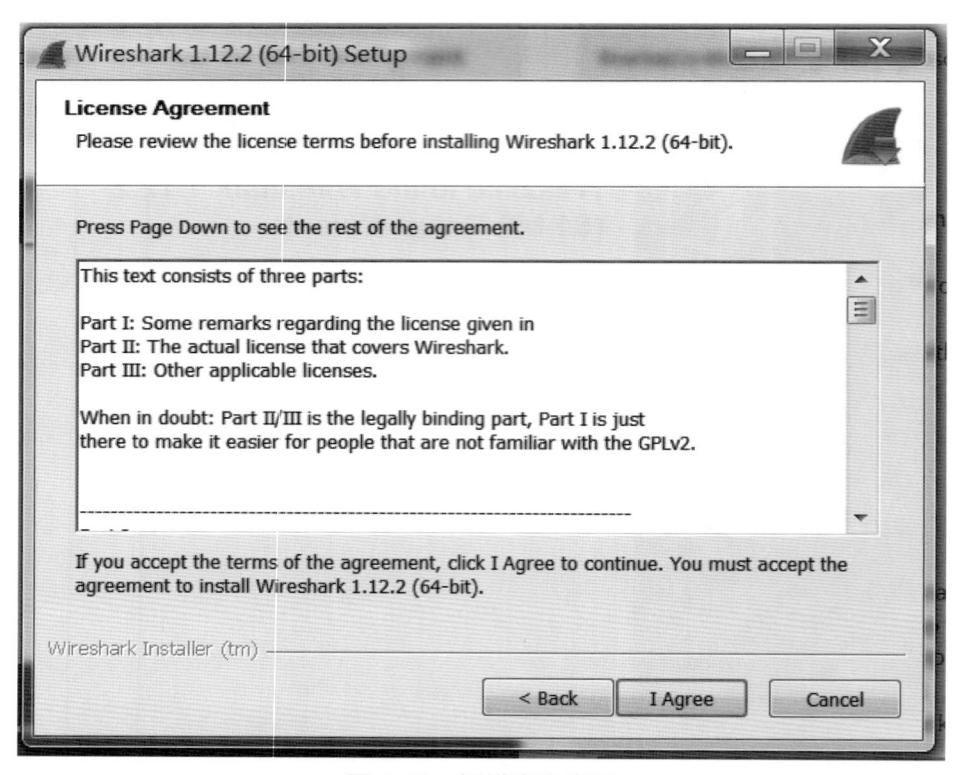

圖 A.10　授權宣告畫面

3. 接下來，會出現 Wireshark 組成元件選擇畫面，我們可以利用此畫面來選擇想要安裝的 Wireshark 元件，圖 A.11 Wireshark 組成元件選擇畫面。

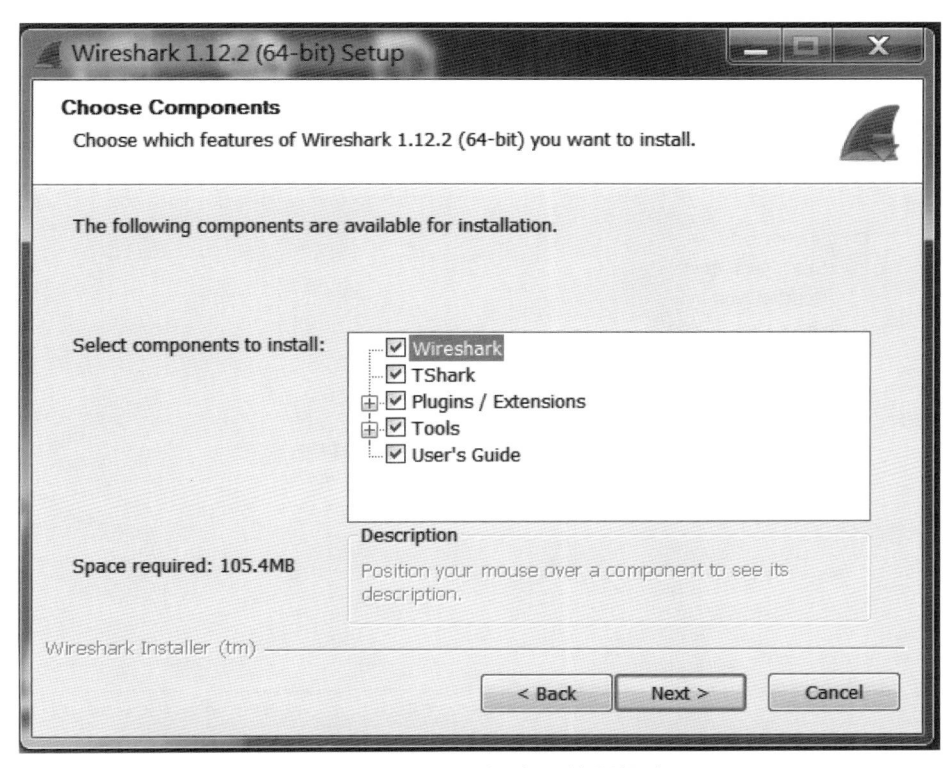

圖 A.11　Wireshark 組成元件選擇畫面

4. 圖 A.12 是 Wireshark 建檔捷徑選項畫面，建議使用預設值即可，在操作上會更方便。

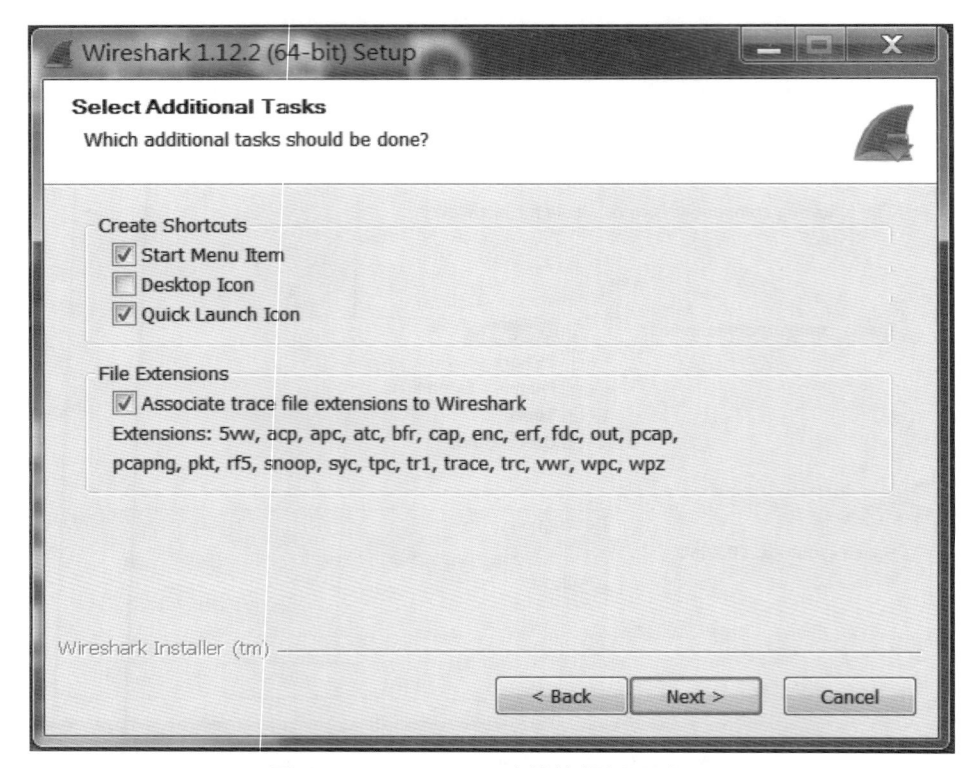

圖 A.12　Wireshark 建檔捷徑選項畫面

5. 接下來，會出現設定安裝目錄畫面，建議直接採用圖 A.13 設定安裝目錄畫面之預設值即可。

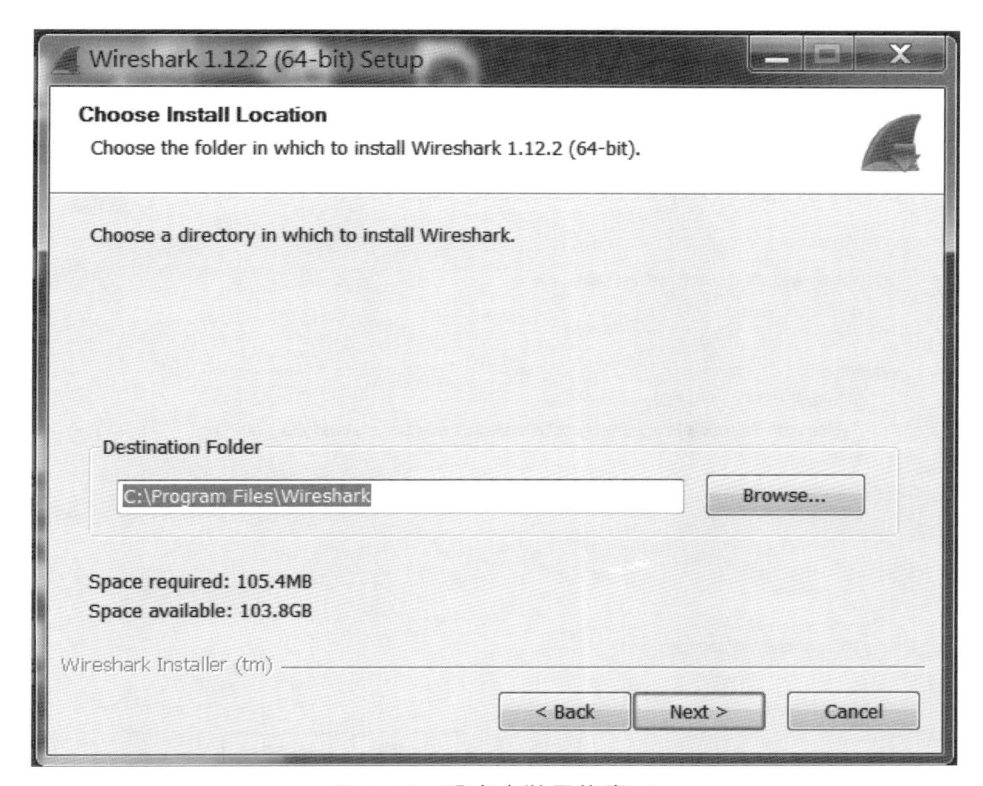

圖 A.13　設定安裝目錄畫面

6. 然後，會出現詢問是否需要安裝 WinPcap。如果使用者已安裝 WinPcap，則此畫面之操作可以跳過去不安裝。 圖 A.14 即是此詢問是否需要安裝 WinPcap 畫面，使用者可以依實際需要來設定。

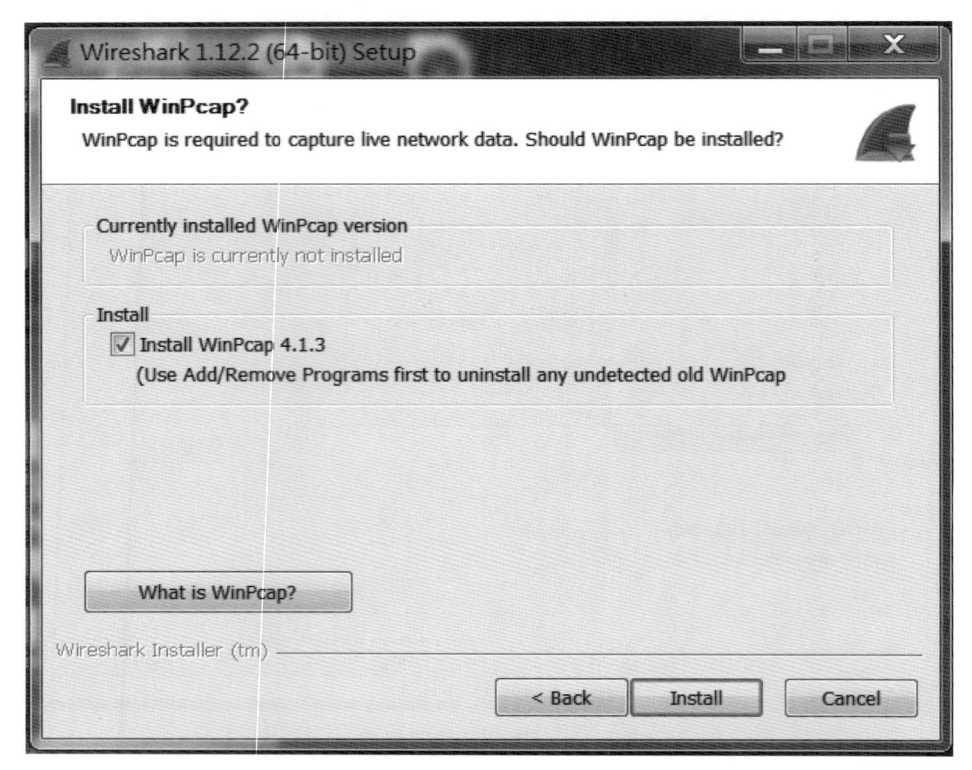

圖 A.14　詢問是否需要安裝 WinPcap 畫面

7. 若選擇安裝 WinPcap，安裝程式會彈出 WinPcap 安裝視窗。當 WinPcap 安裝完成後，會進行 Wireshark 安裝，圖 A.15 是 Wireshark 安裝進行顯示畫面，顯示 Wireshark 安裝仍正在進行中，很快地 Wireshark 在這個畫面停止後並顯示"Setup was completed successfully"即表示完成安裝。

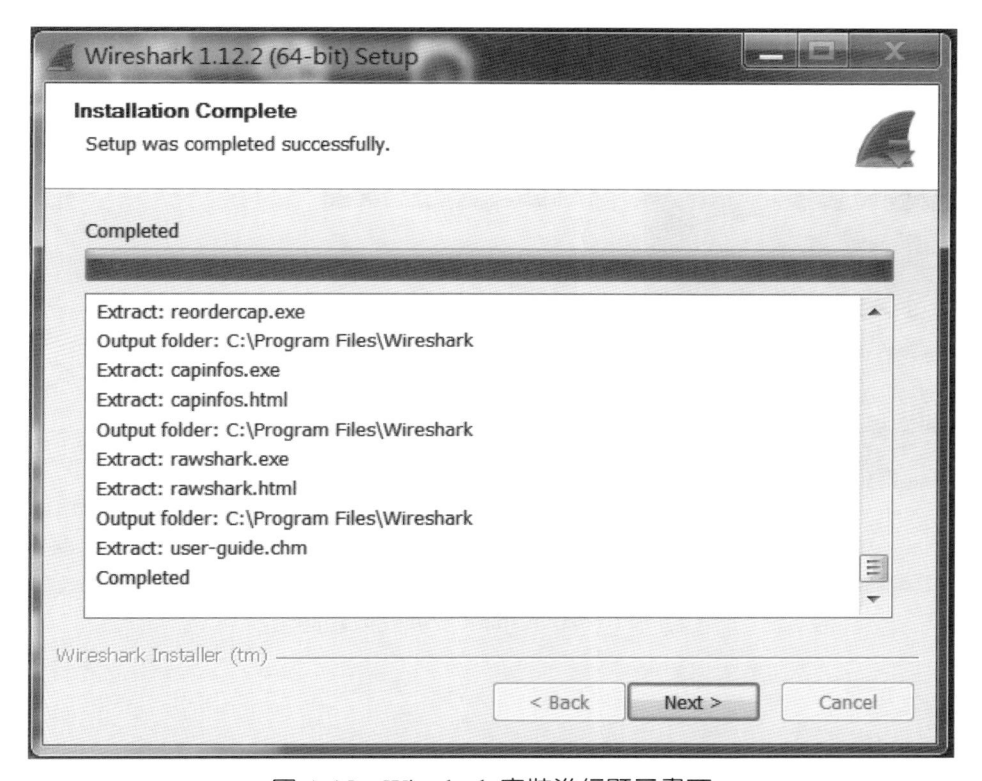

圖 A.15　Wireshark 安裝進行顯示畫面

8. 最後 Wireshark 已經安裝完成，並且可以準備執行。圖 A.16 Wireshark 安裝完成畫面。

圖 A.16　Wireshark 安裝完成畫面

9. 我們可以點選 Windows 之 [開始] 按鈕，然後選擇執行 Wireshark，即圖 A.17 Wireshark 執行路徑畫面。

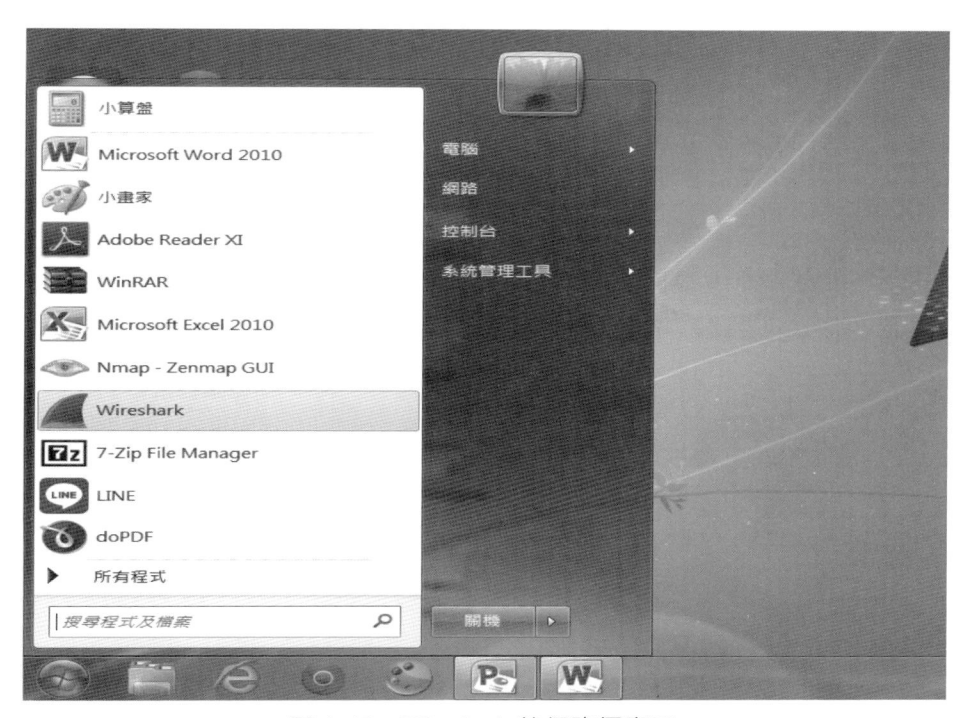

圖 A.17　Wireshark 執行路徑畫面

Wireshark 操作實務

目前 Wireshark 可支援 680 多種網路協定與封包種類，Wireshark 支援區分為 protocols（例如，TCP）和 protocol fields（例如，tcp.port）。每一個支援之 protocol 頁面都附有支援顯示這個協定的清單，可以幫助我們了解其資料類型與版本資訊等資訊。圖 A.18 是 Wireshark 主畫面。

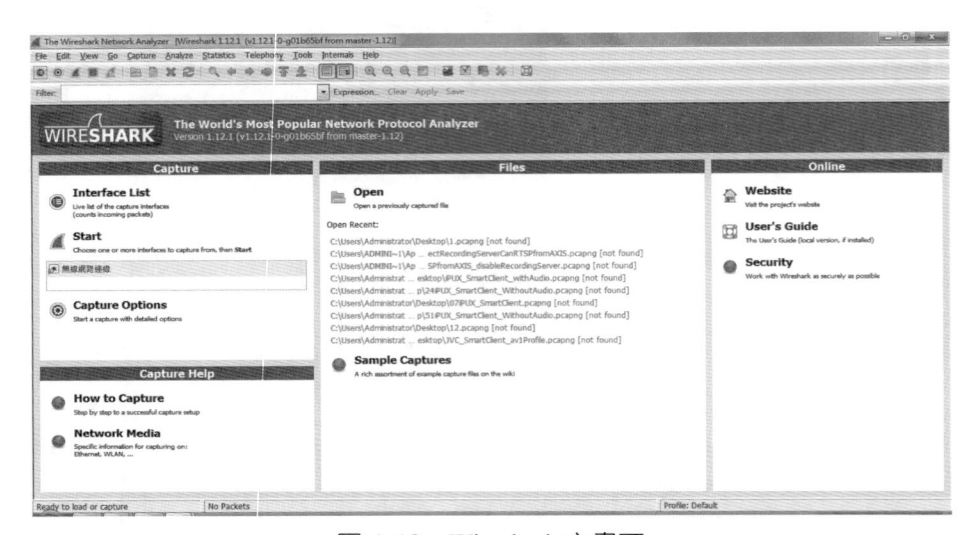

圖 A.18　Wireshark 主畫面

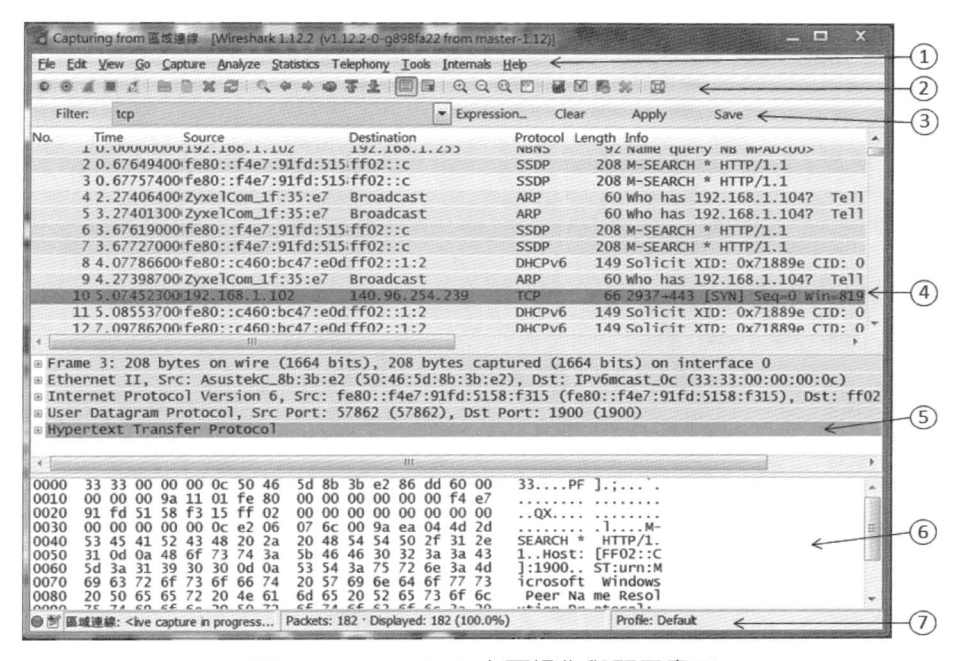

圖 A.19 是 Wireshark 主要操作與顯示畫面。主要操作與顯示畫面由上而下分別分成功能表列、封包清單窗格 (Packet List Pane)、封包內容窗格 (Packet Details Pane) 和封包位元窗格 (Packet Bytes Pane) 等四部分。

圖 A.19　Wireshark 主要操作與顯示畫面

1. 功能表列：執行 Wireshark 各項功能之表列。

2. 一般功能列：快速啟動功能表列之常用的功能列。

3. 篩選工具列：在 Filter 欄位中輸入特定篩選語法來過濾所要過濾的封包。

4. 封包清單窗格 (Packet List Pane)：它顯示封包表列，所列示的是目前擷取的封包，或是在此之前存檔的封包清單。

5. 封包內容窗格 (Packet Details Pane)：它會依封包清單窗格所選的封包而顯示內容，Wireshark 將該封包內容解碼後，會以分層形式顯示出來。

6. 封包位元組窗格 (Packet Bytes Pane)：顯示內容其實和封包內容窗格相同，只是以位元組 (Bytes) 格式來呈現；當使用者選取封包內容窗格中的協定欄位時，此窗格相對應的位元組會反白。

7. 狀態列：顯示目前程式的狀態和其它資訊。

若在圖 A.19 是 Wireshark 主要操作與顯示畫面之功能列，點選 [Capture] 且往下拉，我們若再點選 [Options]，會出現 Wireshark 擷取選項對話盒，如圖 A.20 Wireshark 擷取選項畫面所示。在圖 A.20 畫面中，我們可以點選所要擷取封包的網路介面 (Interfaces)。在 Capture Filer 欄位，可以指定擷取過濾器運算式，設定擷取想要的特定封包。

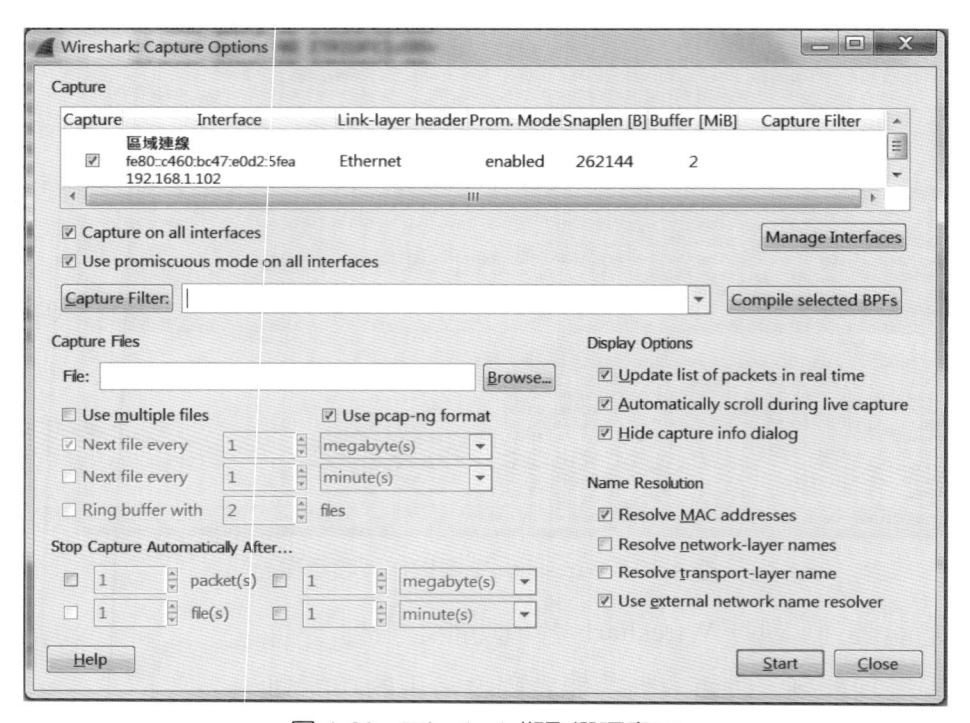

圖 A.20　Wireshark 擷取選項畫面

在圖 A.19 Wireshark 主要操作與顯示畫面之 [Capture] 往下拉,點選 [Interfaces],可以看到目前主機所連線之網路介面資訊。圖 A.21 是 Wireshark 擷取網路介面畫面。

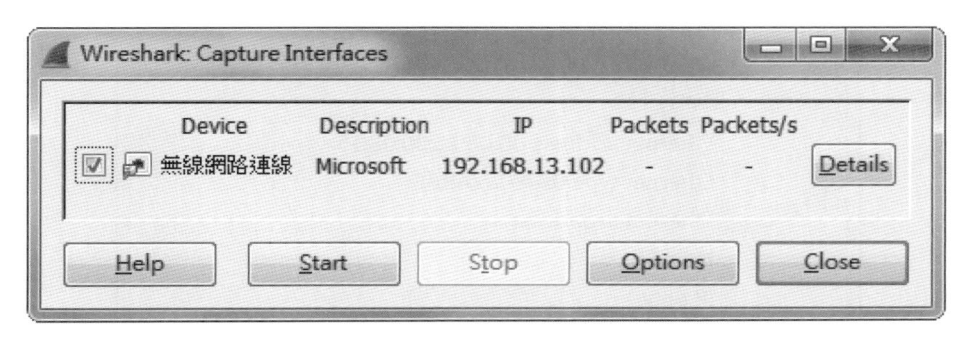

圖 A.21　Wireshark 擷取網路介面畫面

Wireshark 提供使用者過濾 (Filter) 他有興趣的封包,隱藏他不感興趣的封包。在圖 A.19 Wireshark 主要操作與顯示畫面之 [Capture] 往下拉,點選 [Capture Filters],可以選取擷取過濾器資訊。圖 A.22 是 Wireshark 擷取過濾器畫面。

圖 A.22　擷取過濾器畫面

在圖 A.19 Wireshark 主要操作與顯示畫面之功能列 [Analyze] 項目，選取 [Display Filters]，會出現 Display Filters 對話盒，如圖 A.23 檢視過濾資訊畫面。

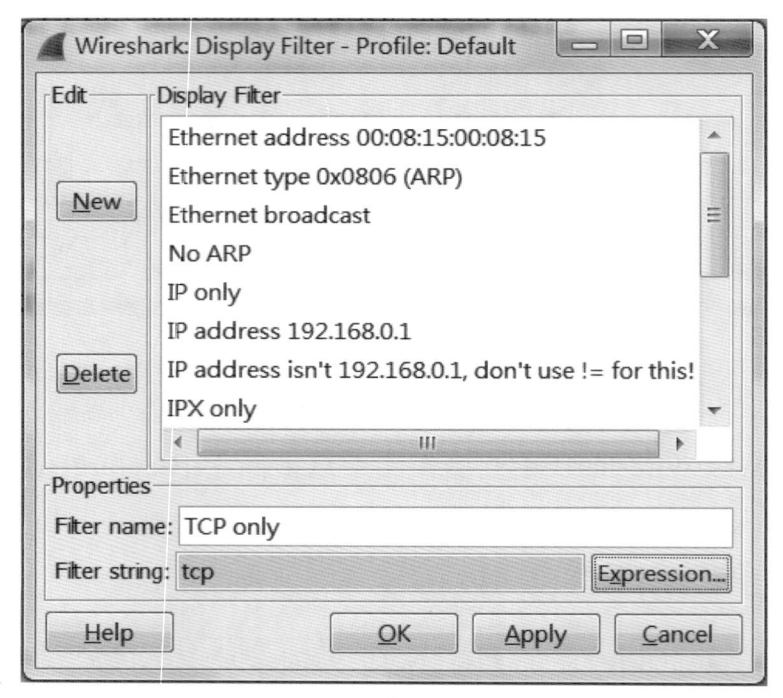

圖 A.23　檢視過濾資訊畫面

在圖 A.19 Wireshark 主要操作與顯示畫面之 [Filter] 欄位後面，有一個 [Expression] 按鈕，若點選 [Expression…] 按鈕，會出現一個 Filter Expression 的對話視窗，如圖 A.24 過濾運算式選擇畫面所示，可以選擇過濾運算式 (Filter Expression)。

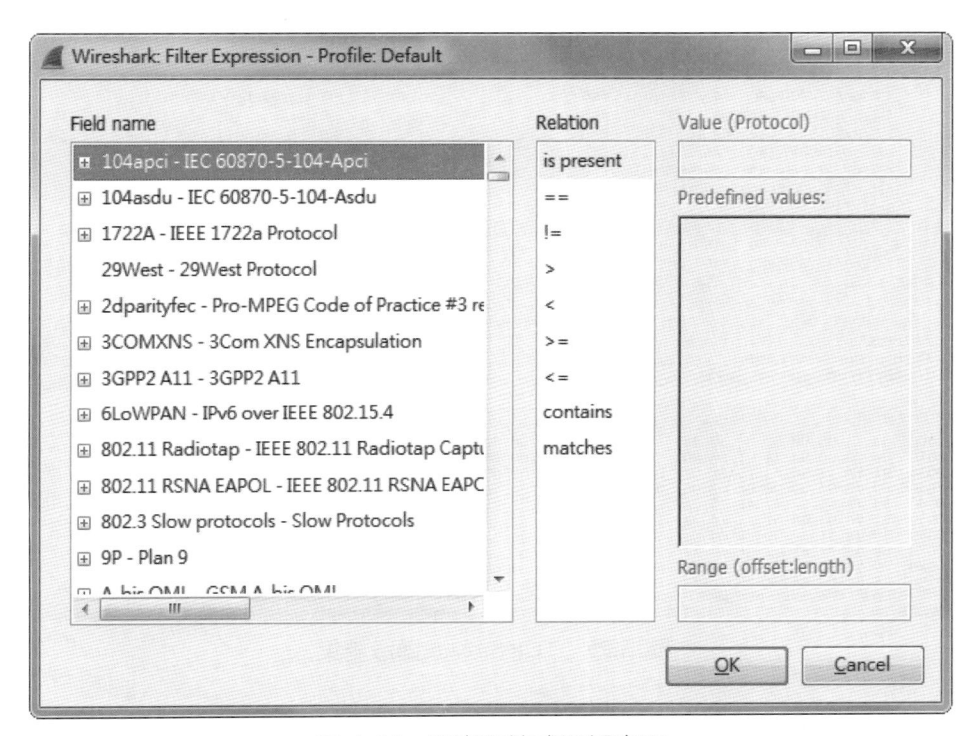

圖 A.24　過濾運算式選擇畫面

選定過濾資訊資後，即可開始執行 Wireshark 之封包擷取。圖 A.25 是 TCP Stream 擷取結果。

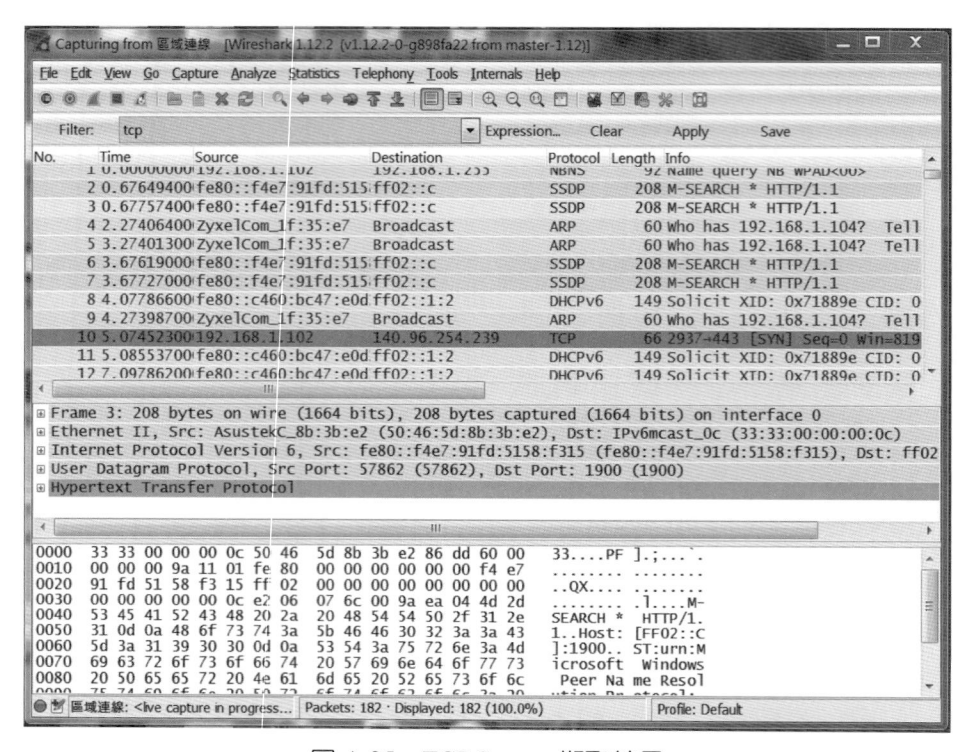

圖 A.25　TCP Stream 擷取結果

A.3　OWNS 安裝實務

OWNS 全名是 One Way Network Sniffer，OWNS 不但可以擷取網路封包，而且可以重組封包還原成原始檔案，他更可以針對特定通訊協定擷取有意義的資訊，例如，它可將經由 HTTP 協定所傳送的圖片獨立儲存。目前 OWNS 支援擷取封包的網路協定有 HTTP、POP3、NNTP 等協定。OWNS 可以根據來源 IP 位址或目的 IP 位址分別重組網路所傳送之 HTTP 瀏覽器訊息或 POP3 電子郵件訊息，或 NNTP 新聞群組訊息，並以檔案形式儲存於指定目錄內。OWNS 原始碼是以 Borland Delphi/Kylix 所撰寫，可以跨平台執行，它可以在 Linux 或 Windows 作業系統上執行。

本節將介紹 OWNS 在 Windows 環境之安裝與操作。在 Windows 作業系統下：

1. 首先下載及安裝最新版的 WinPcap (http://www.winpcap.org/install/default.htm)
2. 下載 Windows 版的 OWNS (owns-0.4.zip) 壓縮檔
3. 將 OWNS 壓縮檔解壓縮到其目錄 (owns-0.4) 下
4. 在 owns-0.4 目錄下執行 owns.exe

執行 OWNS 之後，將會出現圖 A.26 OWNS 網路監視軟體畫面。

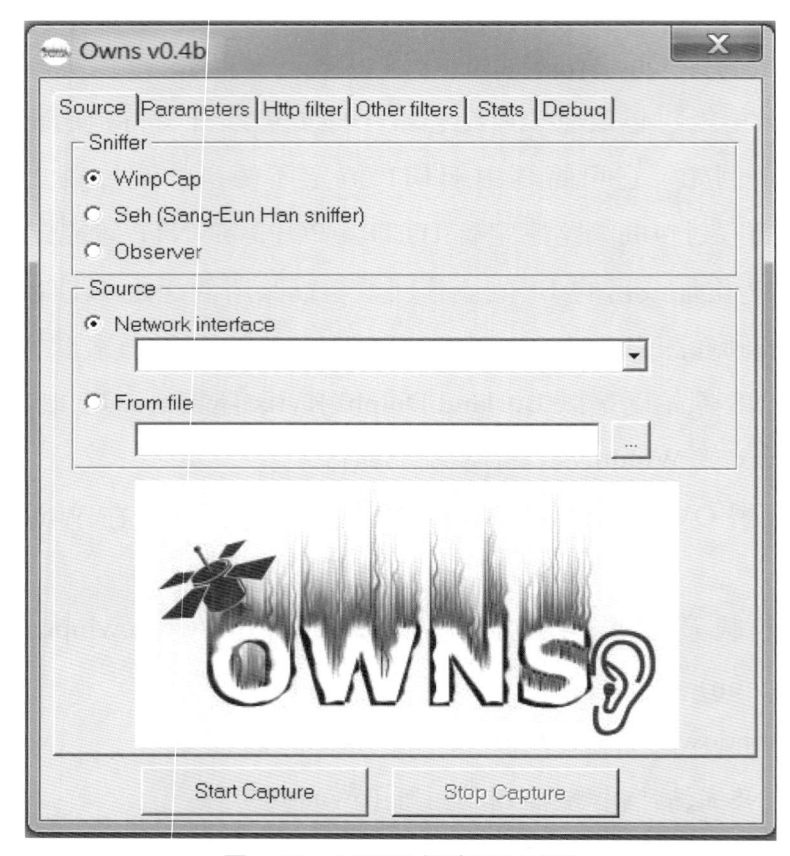

圖 A.26　OWNS 網路監視軟體

接下來，在 [Parameters] 項選定 [Output directory]。然後，選擇 [Http filter] 設定。首先設定 [Save http]，選取 [Save http headers] 之 [for all HTTP Connections]，然後再對 [Save files] 設定，將所要儲存的檔案類型選定起來。圖 A.27 是 OWNS 之 HTTP 參數設定。

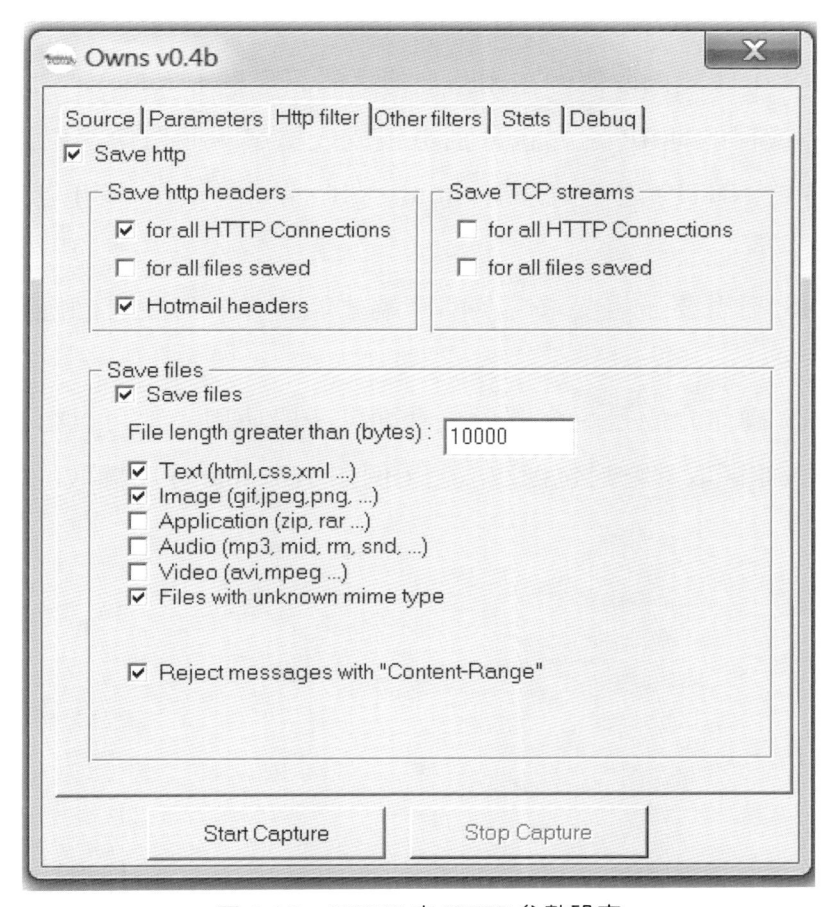

圖 A.27　OWNS 之 HTTP 參數設定

當設定完之後，即可開始擷取與分析。按下 [Start Capture] 會開始接取封包並立即分析，並儲存其分析內容。OWNS 擷取結果會放在 owns-0.4 目錄底下的檔案目錄內。

OWNS 屬於被動型的網路監視軟體，它只能攔截封包，不能讓特定使用者主動發送封包。OWNS 主要特色如下：

1. OWNS 不僅能擷取每個在網路上傳送的訊息框 (Frame)，它也可以將來源 IP 或目的地 IP 之封包分別重組成成檔案，並依傳送協定 (HTTP、POP3 或 NNTP) 之不同分別 (html、gif、jpeg、mails 等) 儲存於硬碟之中。

2. OWNS 不需要通信要求端及回應端才能運作，只要有回應資料它就可以運作。

3. OWNS 操作介面是視窗圖形化介面，一般使用者都可以容易使用，它能載入並擷取其它封包擷取軟體 (例如 Wireshark) 所擷取的網路封包檔案。

A.4　nmap 安裝與實務

　　對網路之攻擊首先會判斷該主機所採用的作業系統版本及開啟埠口 (Port)。nmap 可以針對網段 (Network Segment) 上之 TCP 或 UDP 之多主機進行掃描測試，能提供上線 (On-Line) 主機所採用的作業系統版本及已開啟服務的埠口。nmap 是一套網路掃描軟體，用以評估網路系統之安全。nmap 也是套開放原始碼程式，它可以支援 Linux、Windows 及 Mac OS X 等作業系統。nmap 主要功能是識別網路主機、埠口掃描 (Port Scan)、網路裝置之作業系統及硬體特徵偵測、識別埠口之應用程式版本偵測、友善的操作介面等功能。nmap 支援多種進階網路掃描與偵測技術，可在各種防火牆及路由器等網路環境中運作，找出可能的網路安全漏洞，並提供主機或伺服器的系統版本、應用程式名稱版本與所使用的服務與連接埠等各種資訊。nmap 是一套操作簡易的掃描軟體。 接下來，我們將介紹 nmap 的安裝與使用實務。

Windows 版 nmap 安裝

1. 首先到 nmap 官方網站 (http://nmap.org) 下載 nmap。nmap-6.47-setup.exe 程式執行起來並接受授權宣告之後,會出現 nmap 組成元件選擇畫面。圖 A.28 即是 nmap 組成元件選擇畫面。假設部分元件已安裝,可以選擇跳過去不選擇。

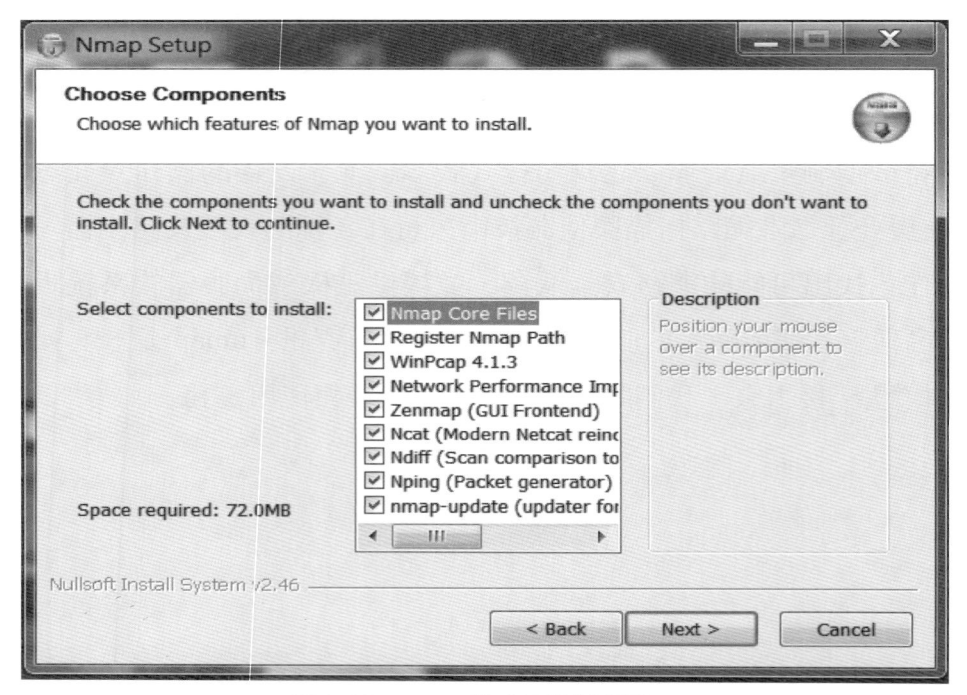

圖 A.28　nmap 組成元件選擇畫面

2. 接下來，會出現設定安裝目錄畫面，建議直接採用圖 A.29 nmap 設定安裝目錄畫面之預設值即可。

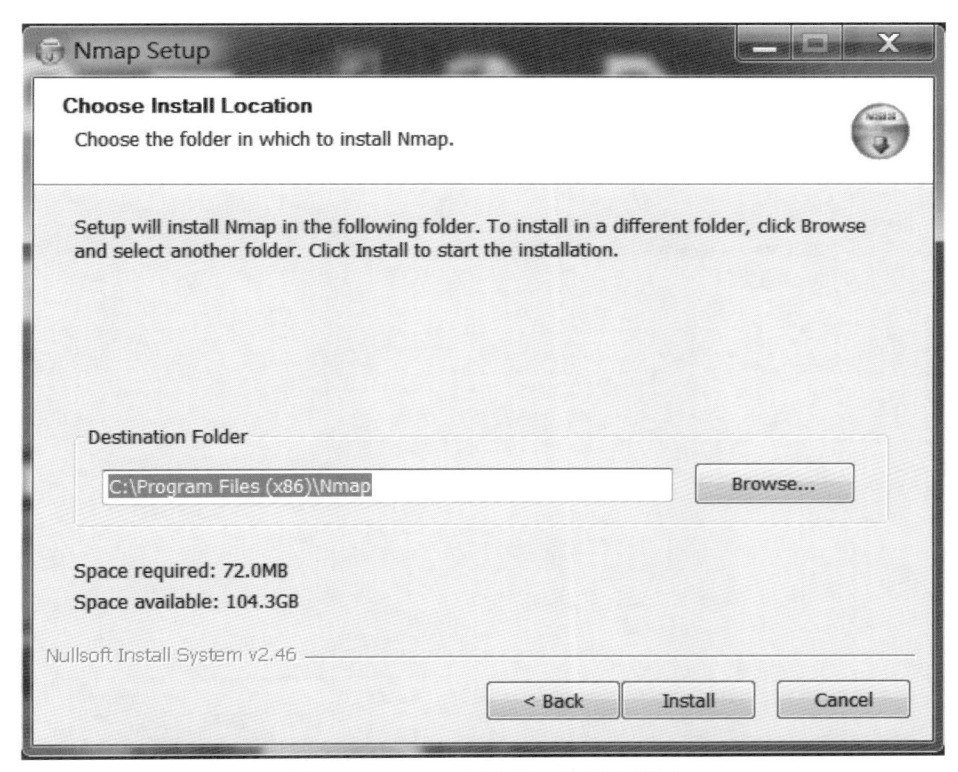

圖 A.29　nmap 設定安裝目錄畫面

3. 圖 A.30 是 nmap 建檔與操作捷徑選項畫面，建議使用預設值即可，在操作上會更方便。

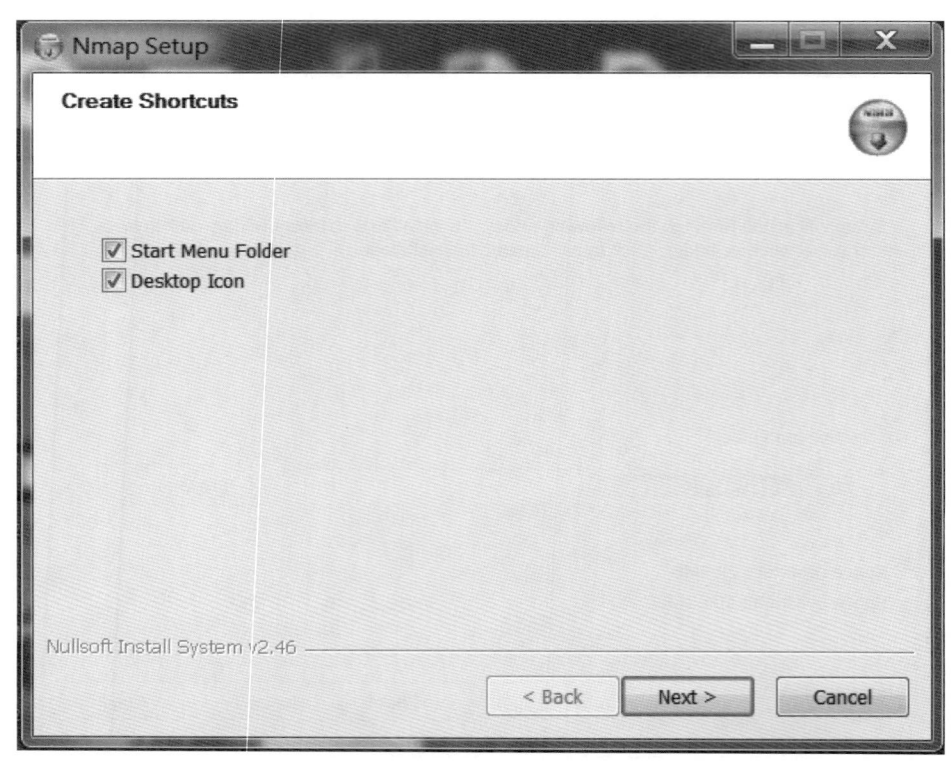

A.30　nmap 建檔與操作捷徑選項畫面

4. nmap 安裝完成之後，即可將 nmap 執行起來。圖 A.31 是 nmap 執行起來的主畫面。

Windows 版 nmap 使用實務

圖 A.31 是 nmap 執行起來的主畫面。在 A.31 畫面中，最上面是功能表列，主要包含 [Scan]、[Tool]、[Profile] 及 [Help] 等主要功能。[Scan] 主要有新建掃描 [New Scan]、關閉目前掃描 [Close Scan] 及儲存掃描結果檔案 [Save Scan] 等功能。[Tool] 主要包含 [Compare Results]、[Search Scan Results] 及 [Filter Host] 等功能。[Compare Results] 可比較兩次掃描結果，[Search Scan Results] 可以搜尋以掃描之結果，[Filter Host] 可以設定想要過濾掃描的主機。[Profile] 可以依不同需求選擇掃描參數，這些掃描參數所設定的掃瞄範圍即是掃描 Profile。

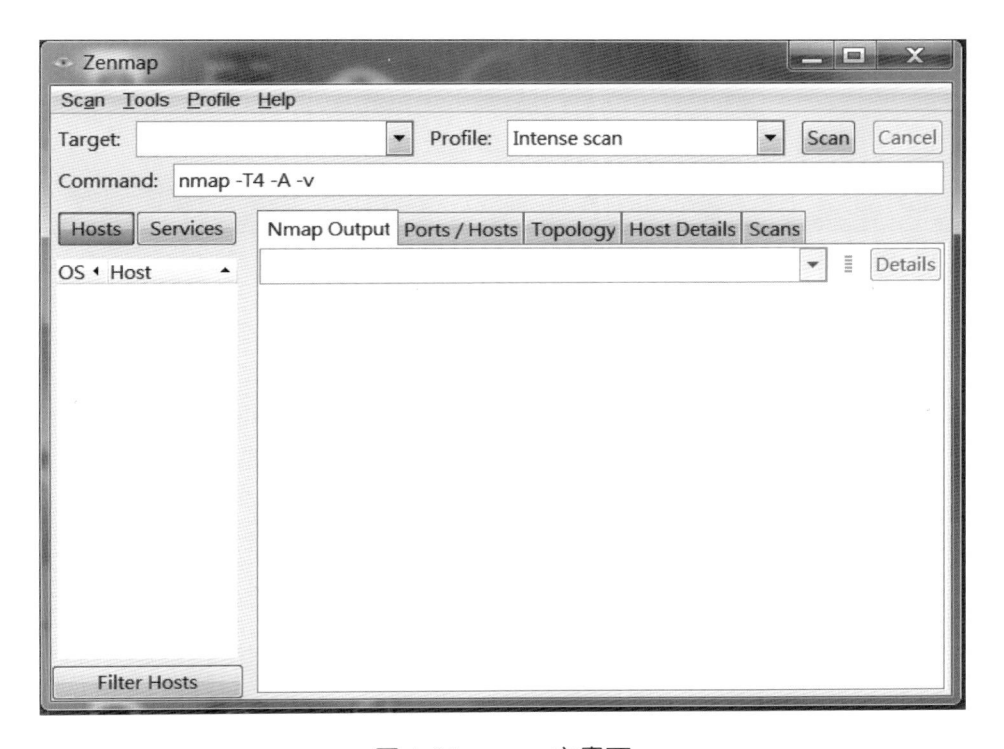

圖 A.31　nmap 主畫面

我們可以點選圖 A.31 nmap 主畫面之 [Profile] 功能選項，會出現圖 A.32 之 nmap Profile 編輯與設定畫面。在圖 A.32 之畫面中，我們可以選擇掃描功能之選項。例如，我們可以選擇掃描 [Scan] 參數、設定 ping 封包之參數及所要掃描之目標主機 [Target] 之參數等選項。

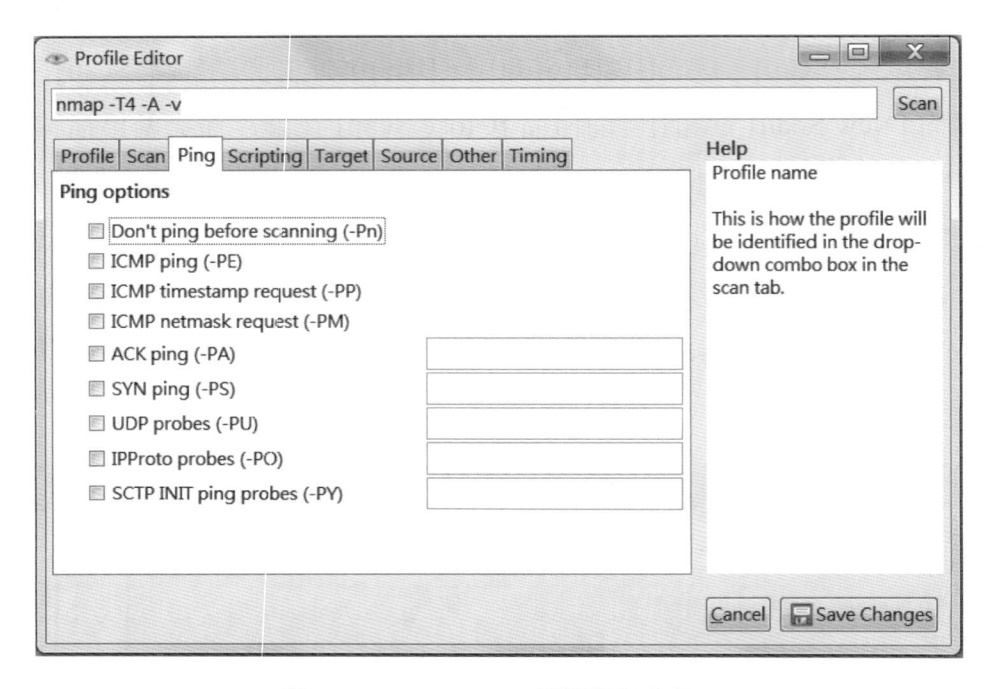

圖 A.32　nmap Profile 編輯與設定畫面

圖 A.33 是以 localhost 為範例掃描所得到的結果，如圖 A.33 nmap 掃描結果畫面所示。

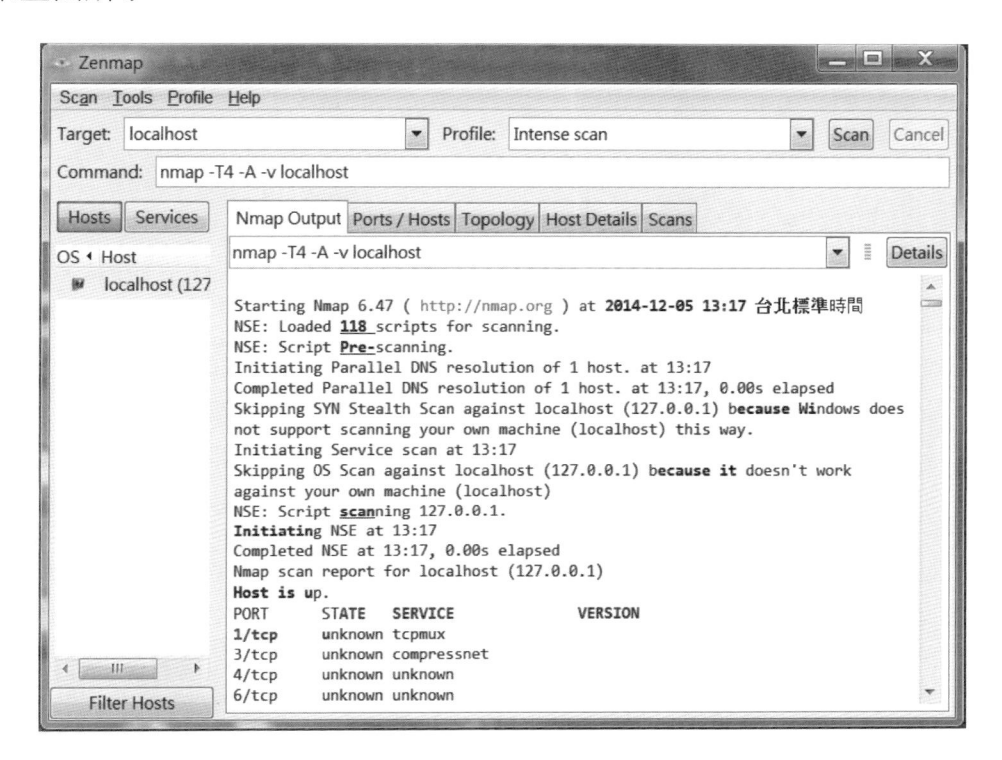

圖 A.33　nmap 掃描結果畫面

參考文獻

[1] 楊中皇，網路安全理論與實務，學貫行銷，2009.

[2] 賴溪松，韓亮，張真誠，近代密碼學及其應用，旗標，2004.

[3] 王旭正、楊中皇、雷欽隆、ICCL 資訊密碼暨建構實驗室，電腦與網路安全實務，博碩文化，2012.

[4] 潘天佑，資訊安全概論與實務 (第三版)，碁峰，2012.

[5] A. R. Sankaliya, V. Mishra and A. Mandloi, "Implementation of Cryptographic Algorithms for GSM Cellular Standard," Ganpat University Journal of Engineering & Technology, Vol.-1, Issue-1, PP.14-18, Jan-Jun-2011.

[6] Christos Xenakis, "Security Measures and Weakness of the GRRS Security ArChitecture," International Journal of Network Security, Vol. 6, No.2, PP.158-169, Mar.2008.

[7] Denning, D. "An Intrusion-DeteCtion Model," IEEE Transactions on Software Engineering, Feb. 1987.

[8] Douglas R. Stinson, Cryptogaphy Theory and Practice, Chapman & Hall/CRC, 2006.

[9] ElGamal, T. "A Public-Key Cryptosystem and a Signature Scheme Based on Discrete Logarithms," IEEE Transactions on Information Theory, July 1985.

[10] Guillaume Lehembre, "WEP, WPA and WPA2 Security," www.hakin9.org/.

[11] H. M. Sun and M. C. Leu, "An Efficient AuthentiCation Scheme for Access Control in Mobile Pay-TV Systems, " IEEE Transactions on Multimedia, Vol.11, NO.5, PP.947-959, August, 2009.

[12] H. M. Sun and M. C. Leu, "Low-Exponent Encryption for Video Protection Using Context-Key Control, " Journal of Information Assurance and Security (JIAS), Vol. 5, PP. 595-602, 2010.

[13] William Stalling, Cryptography and Network Security Principles and Practices Pearson Education Inc, 2003.

[14] Karen Sarfone and Peter Mell, "Guide to Intrusion Detection and Prevention Systems," National Institute of Standards and Technology (NIST) U. S., NIST SP800-94, 2007.

[15] R. L. Rivest, A. Shamir and L. Adleman, "A Method for Obtaining Signatures and Public-Key Cryptosystems," Comm. of ACM, Vol. 21, No. 2, PP.120-126, 1978.

[16] R. L. Rivest, "The RC5 Encryption," Proceedings of the Second International Workshop on Fast Software Encryption (FSE), PP. 86-96, 1994e.

[17] C. Adams and S. Farrell, "Internet X. 509 Public Key Infrastructure Certificate Management Protocols, " RFC 2510, Mar. 1999.

[18] "Guidelines on Firewalls and Firewall Policy," NIST SP800-41.

[19] "Guide to Malware Incident Prevention and Handling," NIST SP800-83.

[20] M. Solamki, S. Salehi and A. Esmailpour, "LTE Security: Encryption Algorithm Enhancement," 2013 ASEE Northeast Section Conference Reviewed Paper. Norwich University, Mar. 2013.

[21] G. ORHANOU, S. E. HAJJI, Y. BENTALEB and J. LAASSIRI, "EPS Confidentiality and Integrity mechanisms Algorithmic Approach," IJCSI International Journal of Computer Science Issues, Vol. 7, ISSUE 4, No. 4, July 2010.

[22] ITU X. 800, http://www.itu.int/rec/T-REC-X.800-199103-I/en/.

[23] 3GPP TS33.102,http://www.3gpp.org/.

[24] 3GPP TS 43.020, http://www.3gpp.org/.

[25] 3GPP TS 55.216, http://www.3gpp.org/.

[26] 3GPP TS 55.226, http://www.3gpp.org/.

[27] 3GPP TS 33.120, http://www.3gpp.org/.

[28] 3GPP TS 3GPP TR 33.900, http://www.3gpp.org/.

[29] 3GPP TS 35.205, http://www.3gpp.org/.

[30] 3GPP TS 35.201, http://www.3gpp.org/.

[31] http://www.3gpp.org/.

[32] ETSI TSl33 102, http://www.etsi.org/.

[33] ETSI TS l00 929, http://www.etsi.org/.

[34] ETSI TS 133 402, http://www.etsi.org/.

[35] http://www.ietf.org/.

[36] http://en.wikipedia.org/wiki/Advanced_Encryption_Standard.

[37] http://en.wikiedia.org/wiki/Caesar_cipher.

[38] http://en.wikipedia.org/wiki/Vigen%C3%A8re_cipher.

[39] http://en.wikipedia.org/wiki/Rail_Fence_Cipher.

[40] http://en.wikipedia.org/wiki/Block_cipher_mode_of_operation.

[41] http://en.wikipedia.org/wiki/RC5.

[44] http://en.wikipedia.org/wiki/Data_Encryption_Standard.

[45] http://en.wikipedia.org/wiki/Digital_Signature_A1gorithm.

[46] http://en.wikipedia.org/wiki/RSA_(algorithm).

[47] http://www.certicom.com/index.php/ecc.tutorial.

[48] http://en.wikipedia.org/wiki.X. 509.

[49] http://tools.ietf org/pdf/rfc5280.pdf.

[50] http://en.wikipedia.org/wiki/Pretty_Good_Privacy.

[51] http://en.wikipedia.org/wiki/MD5.

[52] http://en.wikipedia.org/wiki/SHA-1.

[53] http://en.wikipedia.org/wiki/Hash-based_message_authentication_code.

[54] http://en.wikipedia.org/wiki/Transport_Layer_Security.

[55] http://en.wikipedia.org/wiki/IPsec。

[56] IP Encapsulating Security Payload (ESP), http://tools.ietf.org/html/rfc4303.

[57] Security Architecture for the Internet Protocol, http://tools.ietf.org/html/rfc2401.

[58] ETSI/SAGE UEA2, UIA2 and SNOW 3G Specification, http://www.qtc.jp/3GPP/SpecS/etsi_sage_docl_vl_1.pdf.

[59] http://en.wikipedia.org/wiki/Public-key_infrastructure.

[60] http://en.wikipedia.org/wiki/IEEE_802.1li-2004.

[61] http://en.wikipedia.org/wiki/SNOW.

[62] http://csrc.nist.gov/archive/wireless/ S10_802.1li%20Overview-jwl.pdf.

[63] NIST SP800-83, http://csrc.nist.gov/publications/nistpubs/800-83/SP800-83.pdf.

[64] http://en.wikipedia.org/wiki/IEEE_802.1X.

[65] NIST SP500-299, http://collaborate.nist.gov/twiki-cloud-computing/pub/CloudComputing/CloudSecurity/NIST_Security_Reference_Architecture_2013.05.15_vL.0.pdf.

[66] http://cloudsecurityalliance.org/.

[67] http://tools.ietf.org/html/rfc1991.

[68] http://tools.ietf.org/html/rfc2104.

[69] http://tools.ietf.org/html/rfc1321.

[70] http://tools.ietf.org/html/rfc4880.

[71] http://www.ieee.org/index.html.

[72] http://en.wikipedia.Org/.

索引

RSA 公開金鑰加密系統　70

四畫

不可否認性 (Non-repudiation)　4, 75, 118, 172

公正 (Notarization)　4

分散式服務阻絕攻擊 (Distributed Denial of Service Attack, DDOS)　134

切線 (Tangent Line)　80

尤拉函數 (Euler's Totient Function)　20

尤拉定理 (Euler's Theorem)　20

木馬程式　136

木馬程式攻擊 (Trojan Horse Attack)　136

五畫

主動式攻擊 (Active Attacks)　5

加法群 (Additive Group)　79

加密 (Encipherment)　4

巨集病毒　187

平台即服務 (Platform as a Service, PaaS)　248

六畫

交換群 (Abelian Group)　17, 18

列的位移 (Shift Rows)　55, 61

同餘 (Congruent Modulo n)　16

同餘運算 (Modular Arithmetic)　16

多租賃 (Multi-tenancy)　249, 250

存取控制 (Access Control)　3, 4, 102, 104

安全區域 (Demilitarization Zone, DMZ)　143

有限體 (Finite Field)　17, 18, 19, 80

行的混合 (Mix Columns)　55

七畫

快取時序攻擊法 (Cache-Timing Attack)　6, 66

八畫

取代位元組 (Substitute Bytes)　55, 58

服務阻絕攻擊 (Denial of Service Attack, 簡稱 DOS 攻擊)　132

狀態矩陣 (State Matrix)　58

盲簽章 (Blind Signature) 77, 176

社交工程攻擊 (Social Engineering Attack) 139

阻絕服務 (Denial of Service, DoS) 5

非對稱加密系統 (Asymmetric Encryption System) 70

九畫

封包過濾防火牆 140

後門 (Backdoor) 135, 184

後門攻擊 (Backdoor Attack) 135

流量分析 (Traffic Analysis) 5

流量附加位元 (Traffic Padding) 4

重送 (Replay) 5

十畫

乘法反元素 23

差分攻擊法 (Differential Attack) 6, 36

時序攻擊法 (Timing Attack) 6, 54, 233

能量攻擊法 (Power Attack) 6, 233

訊息內容洩漏 (Release of Message Contents) 5

訊息內容修改 (Modification of Message Content) 5

訊息認證碼 (Message Authentication Code 簡稱 MAC) 94, 96, 97

特洛伊木馬 (Trojan Horse) 184

記憶體常駐型病毒 187

高斯有限體 (Galois Field) 18

十一畫

偽裝 (Masquerade) 5

副頻道攻擊法 (Side-Channel Attacks) 6, 66, 233

基礎架構即服務 (Infrastructure as a Service, IaaS) 248

密碼學分析法 (Cryptanalysis) 5

被動式攻擊 (Passive Attacks) 5

軟體即服務 (Software as a Service, SaaS) 249

十二畫

惡意行動碼 (Malicious Mobile Code) 186, 188

惡意程式 (Malware) 145, 184

無限遠點 (Point at Infinity) 79

無限體 (Infinite Field) 18

虛擬主機 (Virtual Machine) 249

費馬小定理 (Fermat's Little Theorem)　20

進階加密標準 (Advanced Encryption Standard, 簡稱 AES)　54

開機型病毒　187

雲端消費者 (Cloud Consumer)　256

雲端代理者 (Cloud Broker)　258

雲端生態系統安全　258

雲端載具 (Cloud Carrier)　258

十三畫

傳輸支援安全 (Secure Transport Support)　258

圓點 O　78

新增回合密鑰 (Add Round Key)　55, 58

群 (Group)　79

資料完整性 (Data Integrity)　4

資料保密性 (Data Confidentiality)　4

路徑控制 (Routing Control)　4

零點 (Zero Point)　79

電子郵件病毒　188

電腦病毒 (Virus)　184, 185

電腦殭屍 (Zombie)　184, 186

電腦蠕蟲 (Worm)　184, 186

十四畫

實數域 (Real Number Domain)　80

維度 (Order)　18

網址假冒攻擊 (IP Spoofing Attack)　137

網路竊聽攻擊 (Sniffing Attack)　138

認證性 (Authentication)　3, 114, 118

認證訊息交換 (Authentication Exchange)　4

十五畫

數位簽章 (Digital Signature)　4, 75

線性攻擊法 (Linear Attack)　6, 36, 236

質數 (Prime Numbers)　19

質數測試 (Prime Test)　21

十六畫

橢圓曲線密碼學 (Elliptic Curve Cryptography, 簡稱 ECC)　70, 78

頻率分析法 (Frequency Analysis)　6

十七畫

應用代理閘道防火牆　141

應用層防火牆　141

檔案型病毒　187

殭屍 (Zombies)　135

十八畫

雜湊函數 (Hash Function)　86, 97, 98

離散對數 (Discrete Logarithm)　72, 74, 75, 82

二十三畫

體 (Field)　17

邏輯炸彈 (Logic Bomb)　184, 185